U0201227

现代实用
养鸭
技术大全

郑嫩珠　程龙飞　辛清武　主编

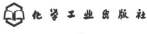

化学工业出版社

·北京·

图书在版编目（CIP）数据

现代实用养鸭技术大全 / 郑嫩珠，程龙飞，辛清武
主编 . —北京：化学工业出版社，2022．4（2024.7重印）
ISBN 978-7-122-40817-4

Ⅰ.①现… Ⅱ.①郑… ②程… ③辛… Ⅲ.①鸭 - 饲
养管理 Ⅳ.① S834.4

中国版本图书馆 CIP 数据核字（2022）第 027262 号

责任编辑：邵桂林
文字编辑：邓　金　师明远
责任校对：边　涛
装帧设计：关　飞

出版发行：化学工业出版社
　　　　　（北京市东城区青年湖南街 13 号　邮政编码 100011）
印　　装：北京建宏印刷有限公司
850mm×1168mm　1/32　印张 12½　字数 369 千字
2024 年 7 月北京第 1 版第 2 次印刷

购书咨询：010-64518888
售后服务：010-64518899
网　　址：http : //www.cip.com.cn
凡购买本书，如有缺损质量问题，本社销售中心负责调换。

定　　价：79.00 元

编写人员名单

主编

郑嫩珠　程龙飞　辛清武

副主编

陈瑞清　周东辉　缪中纬

其他参编

朱志明　李　丽　章琳俐　傅秋玲　刘荣昌
江南松　陈红梅　黄勤楼　黄种彬　卢立志
殷光文　王　松　吴晓平　缪文远

前言

　　随着我国经济的快速发展及人们生活水平的提高，消费者对鸭产品的需求量和消费量越来越大，养鸭业成为仅次于养鸡业的第二大家禽养殖产业，其发展速度越来越快。中国是世界上最大的鸭生产、消费和贸易国，鸭产业规模居世界第一。据国家水禽产业技术体系统计，2019年我国肉鸭出栏量44.3亿只，年产鸭肉944.44万吨，肉鸭总产值达1425.3亿元；蛋鸭年存栏1.87亿只，年产鸭蛋309.3万吨，鸭蛋总产值达382.2亿元。我国鸭肉的生产量和消费量是仅次于猪肉和鸡肉的第三大肉类产品，对我国民众的肉类消费、多元化市场的供应发挥了巨大作用。

　　近两年非洲猪瘟对我国生猪产业造成了重大影响，猪肉产量大幅下滑，猪肉及相关产品的供应严重不足，人们对禽肉特别是鸭肉及相关产品的需求大幅增加，从而促进了养鸭业的发展。鸭的饲养量及鸭产品产量逐年增加，2019年我国肉鸭的出栏量较2018年增加了33.2%，鸭肉产量较2018年增长了33.8%。但与此同时，养鸭相关知识、技术的缺乏仍然是制约养鸭业发展的一个瓶颈，为此，我们结合多年的科学研究及生产的工作经验，收集、整理了国内外养鸭业的最新技术资料，编写了本书，向读者详细介绍养鸭的相关技术及要点，力求体现实用性、科学性及先进性。

　　本书不仅适用于鸭场的饲养管理人员、广大养鸭专业户、养鸭合作社人员的学习，也可满足畜牧兽医工作者特别是养鸭专业技术人员的工作需要，同时可作为大中专院校及养鸭培训班的辅助教材和参考书。

　　由于编者水平所限，加之时间较紧，书中定有不妥之处，请广大读者批评指正。

　　本书受福建省家禽产业技术体系（2019—2022）资助。

编者

2022年4月

目录

第三章　现代鸭种的繁育

第七章 鸭的养殖模式 162

第十一章　鸭病的实验室检测技术　　234

第十二章　鸭病的主要类型、特点和防治策略 257

第十三章　常见鸭病及防治 270

第十四章　鸭场经营管理

参考文献

视频目录

第一章

鸭的外貌、生理特点和生态习性

 第一节　鸭的外貌

鸭的外貌特征见图 1-1。

1. 头

肉鸭头部粗大，眼凹陷；蛋鸭头小、清秀，眼突出。喙长而扁平，呈筒状，是采食和自卫的器官。喙分上、下两片，上大下小，相邻的边缘有锯齿状的空隙，可以借舌的运动来吸水、排水和洗涤食物。上片喙前端向下有一坚硬的角质豆状突起，颜色较暗称为喙豆。在采食时，锯齿状的上、下喙合拢，可钳住较大的饲料。喙基两侧为鼻孔开口处。除喙以外，脸部、耳朵覆盖有短的羽毛，这样头部在进入水中时，水不至于浸入耳中。鸭眼睛圆大，虹膜发达。

2. 颈

为适应在水中采食的生活环境，鸭颈通常细而长。头与颈连接灵活，平常呈直角，在采食时则可近似呈一直线。还可以左右翻转，梳理除头和上颈部以外任何地方的羽毛。一般情况下蛋鸭颈相对细而长，肉鸭颈相对短而粗。

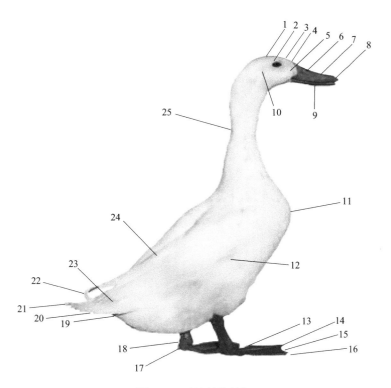

图 1-1　鸭的外貌特征

1—头；2—眼；3—前额；4—面部；5—颊部；6—鼻孔；7，8—喙；9—下颚；10—耳；
11—胸部；12—主翼羽；13—内趾；14—中趾；15—蹼；16—外趾；17—后趾；18—距；
19—下尾羽；20，23—尾羽；21—上尾羽；22—性羽；24—副翼羽；25—颈部

3. 体躯

　　体躯披有松而厚的羽毛，肉鸭呈长方形，蛋鸭呈琵琶形或梯形，可以浮于水面。体躯可以分为胸、背、腰、荐、肋、腹、尾等部分，因品种、性别、年龄不同，各部分情况也不同。肉鸭嘴长而直，体躯深、宽而下垂，前躯稍稍提起，肌肉发达。蛋鸭体型较小，体躯细而长，后躯发达。肉蛋兼用型鸭体躯介于肉鸭、蛋鸭之间。公鸭体型大，胸深肩宽，身体呈长方形。母鸭体型比公鸭小，身长，胸宽而深，臀部近似方形。不同品种、生产类型的鸭，体轴角存在差异。体轴角是指体躯的中轴与地平面所构成的角度。一般体型窄小的鸭，体轴角较

大，举止轻巧灵活；体型宽大的鸭，体轴角较小，举止比较笨拙。

4. 翅

翅又称翼，由轴羽、主翼羽、副翼羽、覆主翼羽和覆副翼羽组成。在翅的中部有 1 根最短的羽毛为轴羽；由轴羽向翅尖方向为主翼羽，共有 10 根；由轴羽向肩部方向为副翼羽，有 14 根。覆盖在主翼羽上面的羽毛为覆主翼羽，覆盖在副翼羽上面的羽毛为覆副翼羽。公麻鸭的副翼羽中比较明亮、有绿色光泽者为镜羽。

5. 腿

腿较短，位于体躯后部。腿便于母鸭产蛋时后躯加重而保持平衡，也便于倒立时拨水，以利深水采食。鸭脚胫部、趾部皮肤裸露，角质化呈鳞片状，两脚各有 4 个趾，3 前 1 后，前 3 个趾间有蹼，在水中前进时缩拢并向后弯曲，减少阻力；划动时张开，似桨划水，推动身体前进。在浅水中，它可连同趾尖的爪，扒开稀泥采食。

6. 羽毛

除喙、眼、腿以外，鸭全身外表披有羽毛。按其形状结构可分为正羽、绒羽和纤羽。正羽包括翅梗毛和毛片；绒羽都是绒毛；纤羽数量很少，形似毛发。羽毛重量约占体重的 6%，而体积占鸭总体积的一半。羽毛疏松、柔软，能防止鸭轻度机械损伤；绒羽可以在相互的间隙间贮存一些空气，而外部的正羽紧贴绒羽，故有很好的保温作用。到了热天，外部的正羽稍稍松开颤动，可以散热。头部与颈部羽毛较短，背、腹部的羽毛较长。翼较短小，主翼羽尖狭而坚硬，副翼羽较大。腹、臀部绒羽较多，质地柔软，尾羽不发达。公鸭在尾羽中央有 2 ~ 4 根向上卷曲，称雄性羽，又称卷羽或性羽，由此可用来鉴别雌雄。

第二节　鸭的生理特点

一、消化生理

鸭的消化器官包括喙、口腔、咽、食管及食管膨大部、胃（腺胃和肌胃）、小肠、大肠、泄殖腔、肝脏、胆囊和胰腺等。鸭的消化道较短，肠管为体长的 4 ～ 5 倍，其中空肠的长度最长，约占肠道总长的 45% ～ 68%。鸭消化系统见视频 1-1。

1. 喙

鸭靠喙采食饲料，鸭的喙长而扁、末端呈圆形，便于啄食饲料，喙被覆有角质膜，大部分为较厚而又柔软的皮肤，称为蜡膜。上、下喙边的角质板形成锯齿状的横褶，鸭在水中采食时，可通过横褶快速将水从喙的两侧滤出，而将食物留在口腔内。在横褶的蜡膜以及舌的边缘上，分布着丰富的触觉感受器。鸭嗅觉不发达，寻食主要靠视觉和触觉。

2. 口腔、咽

口腔的顶壁为硬腭，因无软腭，硬腭向后与咽的顶壁直接相连，合成口咽腔。口腔底有舌，鸭舌较鸡长而软，内有发达的舌内骨，采食时舌参与吞咽作用，鸭的舌上没有味觉乳头，因而鸭的味觉不是很发达。鸭的口腔内没有牙齿，食物摄入口腔后不经咀嚼而在舌的帮助下直接咽下。所以鸭采食时常常需要饮水，以湿润食物帮助吞咽。

鸭的舌黏膜上典型的味蕾细胞较少，对苦、甜、酸均感觉不灵敏，对咸也能忍耐。所以，如果用香料作为添加剂促进鸭的食欲，效果会很差。试验证明，鸭有缺什么摄取什么的特点，能量不足时选择糖液饮，钠不足时选择喝食盐水，钙不足时选择采食石子。

3. 食管及食管膨大部

鸭的食管是一条从咽到胃、细长而富有弹性的管道，食管壁由外膜、肌膜和黏膜构成，食管腺位于食管壁黏膜下，可以分泌黏液。食管肌肉的收缩作用可使食物沿消化道向下蠕动。

鸭食管下端为膨大部，呈纺锤形，主要起储存食物的作用，可储存大量纤维性饲料，因此鸭具有很强的耐粗饲和觅食能力。此外，鸭的食管膨大部也起着湿润和软化食物的作用。鸭吞咽食物时抬头伸颈，借助重力、食管壁肌肉的收缩力以及食管内的负压，将食物和水咽下，到达食管膨大部并停留 2 ～ 4 小时后，逐渐向后流入胃内。食管膨大部中存在的混合微生物产生乳酸，可抑制食物的腐败发酵。由于家禽不属于逆呕动物，因此一旦发生药物中毒，不宜使用催吐剂排毒。

4. 腺胃及肌胃

鸭胃分腺胃和肌胃两部分。腺胃呈纺锤形、壁薄，腺胃黏膜表面的乳头上分布着发达的腺体，能分泌胃液（盐酸、黏蛋白及蛋白酶）等，可将食物进行初步消化。由于腺胃的体积小，食物在腺胃停留的时间较短，胃液的消化作用主要是在肌胃内进行。

肌胃俗称"砂囊"，是禽类特有的器官。鸭的肌胃又称鸭肫。肌胃的胃壁很厚，呈侧扁圆形，表面覆有腱质，肌肉发达，收缩力强，主要对食物起磨碎作用。肌胃的磨碎作用，一是靠肌肉强有力的收缩；二是靠肌胃内一层很厚而结实的黄色角质膜（也称内金），此膜在磨碎饲料过程中起机械作用，又能保护肌胃黏膜不受坚硬饲料的损伤；三是靠采食时吞进的沙砾。这些沙砾在肌胃内滞留的时间较长，增加了肌胃的磨碎作用，使鸭能有效利用谷物和粗饲料。如将沙砾除去，消化率会降低 25% ～ 30%，粪便中也可见到整粒的谷物，俗称"过料"。所以在配合饲料中要加入 2% 的沙砾，或在舍内放置沙槽任鸭自由采食。

肌胃的运动是有节律的，一般每分钟收缩 2 ～ 3 次。但在饥饿和饲料种类不同的情况下有差异，如硬的或纤维性饲料能使肌胃收缩的时间间隔变短；饱时肌胃的收缩频率也较饥饿时的频率略高。这种收缩和碾碎声，用听诊器在体外即可听到。肌胃有两个开口：前面是贲门，与腺胃相通；后面是幽门，与小肠相连。随着肌胃的收缩，磨碎的食物被推入小肠。

5. 小肠

鸭的消化吸收作用主要在小肠内进行。小肠与肌胃相连，可明显分为十二指肠和空肠，回肠与空肠无明显区别，因此合称为空回肠。鸭的小肠短，成年鸭的小肠约 140 厘米。十二指肠位于腹腔右侧，来回盘曲，中间夹着粉红色的胰腺。胰腺有 2 条导管，和胆管一起开口于十二指肠末端，通常以此开口处作为十二指肠与空肠分界的鸭的空肠较长，回肠较短而直，与空肠无明显的分界。小肠壁的黏膜上有大量的绒毛，有很强的吸收能力。胃液流入十二指肠后，使这部分肠内容物变成食糜。食糜进入空肠和回肠后，混入胰液、肠液和胆汁。胰液和肠液中有分解淀粉、蛋白质和脂肪的酶。在各种酶和胆汁酸的作用下，饲料中的营养物质被消化，进而被肠壁吸收。小肠依靠蠕动和分节运动，将残余的食糜送入大肠。

6. 大肠

大肠包括两条发达的盲肠和一段短而直的直肠。小肠和直肠交界处有一对中空的小突起称为盲肠，内有黏稠流动物，具有消化纤维的功能。盲肠内有微生物，未被消化的食糜可在盲肠内微生物的作用下进一步消化，产生氨气、胺类和有机酸，盲肠内微生物可利用非蛋白氮合成菌体蛋白、B族维生素及维生素K等。盲肠具有吸收水分、电解质、钙、磷等的能力。盲肠粪呈巧克力色，一天内于早晚两次排出。鸭的直肠较短，主要作用是吸收未消化食糜中的水分，收集未消化食糜和消化道内源代谢产物，形成粪便。

食物在消化道中停留时间短，食物通过胃肠道的速度，一般鸭2～4小时，产蛋鸭8小时。添加在饲料或饮水中的药物也同样如此，较多的药物尚未被吸收进入血液循环就被排出体外。因此，在生产实际中，为了维持较长时间的药效，常常需要长时间或经常性的添加药物才能达到目的。

7. 泄殖腔

泄殖腔是禽类消化、泌尿和生殖的共同通道，内有输尿管和生殖导管的开口。鸭无膀胱，没有单独的尿道，粪尿都积蓄在泄殖腔的背侧，经吸收水分后，一同排出体外，粪和尿液不易区分。粪便的状态是衡量鸭健康的重要标志，肠粪不分昼夜排出，粪上常有白色附着物，这是尿中的尿酸盐遇空气后的凝固物。

8. 肝脏与胆囊

肝脏是鸭最重要的消化器官之一，位于腹腔前部，分左右两叶，有两条导管。左叶的导管直接开口于十二指肠，叫肝管；右叶的导管连接胆囊，通过胆管开口于十二指肠。肝脏分泌的胆汁贮存于胆囊中，在消化过程中由胆管排入十二指肠。胆汁能激活脂肪酶，使脂肪乳化，有助于鸭对脂肪和脂溶性维生素的吸收。同时，肝脏还可参与糖原、蛋白质的合成与分解，能贮藏一部分糖、蛋白质、多种维生素和一部分铁元素，并有解毒作用。

9. 胰腺

胰腺又称胰脏，具有消化和内分泌双重功能。胰腺位于腹腔前部，十二指肠盘曲圈内，形状细长，色泽蛋黄或粉红，质地柔软，胰腺能分泌胰液，胰液内含有消化酶，胰液通过胰导管进入十二指肠末端。

食物中的营养物质在消化道内经胃液、肠液、胰液和胆汁等的综合作用下，被消化分解，产生氨基酸、脂肪酸和单糖等，最后被小肠绒毛的毛细血管和淋巴管末端吸收，经肝脏的门静脉流入心脏，然后运送至全身各处。葡萄糖在经过肝脏时，大部分变成肝糖原贮藏起来，一部分运送到全身，供给各器官活动的能量。输往身体内各组织器官的氨基酸，也可再度综合起来形成鸭体和蛋的蛋白质，或者有一部分转化为糖和脂肪，以维持体温和作为能量的来源。消化吸收的矿物质和水分，主要用于维持各器官功能的正常进行、促进代谢作用、形成骨骼和蛋壳等。吸收的维生素可贮存在肝和卵中，也有少量存在于各器官中。未被消化的物质和代谢产物，则形成粪便随尿液排出体外。鸭消化道不同部位分泌的酶类情况见表1-1。

表1-1　鸭消化道不同部位酶类分泌情况

部位	分泌物质或酶类	作用底物
口腔	唾液腺分泌唾液、少量淀粉酶	淀粉
腺胃	分泌盐酸和黏蛋白、蛋白酶	蛋白质
肝脏	胆汁	激活脂肪酶，乳化脂肪
胰腺	淀粉酶、胰蛋白酶、糜蛋白酶、脂肪酶、肽酶等；胰岛素和胰高血糖素	淀粉、蛋白质、脂肪、肽类等
小肠	淀粉酶、蛋白酶、糜蛋白酶、脂肪酶、肽酶等	淀粉、蛋白质、脂肪、肽类等

二、生殖生理

鸭进行体内受精、卵生，胚胎在体外发育。由于家鸭（除番鸭外）均已失去就巢性，因此必须进行人工孵化。

1. 公鸭的生殖生理

公鸭的生殖器官由睾丸、附睾、输精管和交媾器官组成，没有副性腺和精索等结构。

（1）睾丸　鸭的睾丸左右成对，呈椭圆形或蚕豆状，通常左侧比右侧略大，随着鸭的年龄和性活动的不同有较大变化。幼鸭时只有米粒大小，呈淡黄色，到性成熟时大为增加，到繁殖季节时显著增大，因其中含有大量精子，此时睾丸颜色也转为蛋黄色，质地柔软，在夏秋季节换羽时，睾丸萎缩，颜色较深。睾丸由许多精细管和在其间成群分布的间质细胞构成，许多精细管汇合形成输出管，从睾丸的附着缘走出而与附睾连接。间质细胞能分泌雄激素，雄激素可控制第二性征的发育和性行为的出现。

（2）附睾　鸭的附睾小而不明显，成对，呈扁带状，紧贴在睾丸的背内侧缘，又称睾丸旁导管系统，由睾丸输出管和短的附睾管构成。

（3）输精管　鸭的输精管是一对弯曲的细管，其末端变直且膨大的部分称为脉管体，进入泄殖腔部分乳头突起，称为射精管，位于输尿管外侧。精子由精细管产生，通过精管网到输出管、附睾和输精管，并在输精管内发育成熟，与脉管体分泌的精清混合成为精液。

（4）交媾器官　公鸭交媾器官由阴茎和一对输精管乳头组成。成年鸭的阴茎较发达，呈螺旋状弯曲，在静止时较小，勃起时可达10～15厘米。在阴茎表面有大小螺旋纤维淋巴体按顺时针方向相向旋转排列成一条螺旋状的浅沟，即阴茎沟，沟底部光滑，深约2毫米，沟的末端一直延伸至阴茎的尖部，并与腺管末端的开口相通。

输精管乳头是输精管末端形成的一个尖端向后的圆锥形突起，该乳头开口于泄殖腔的顶壁、输尿管口的下方。当射精时，由输精管乳头排出的精液进入泄殖腔内的裂隙状开口从而进入勃起阴茎的左右基部纤维淋巴体之间的沟，继而进入螺旋状的阴茎沟内，排出体外。

2. 母鸭的生殖生理

母鸭的生殖器官由卵巢和输卵管构成。卵巢和输卵管仅左侧的发育成熟，右侧的退化，少数尚可看到部分退化痕迹。

（1）卵巢　鸭的卵巢位于左肾前端，左肺后方，腹腔腰骨下部，正中线偏左侧，呈紫葡萄状，含成千上万个卵泡，每个卵泡内含有一个卵细胞，但通常只有少数能达到成熟而被排出，接近成熟的卵泡突出于卵巢表面，并以卵巢柄与卵巢相连。

（2）输卵管　是一根长而弯曲的管道，前端接近于卵巢，后端开口于泄殖腔，产蛋期间很发达，占据了腹腔相当大的位置；停产期间萎缩变小。输卵管壁由外到内依次为浆膜层、肌层和黏膜层，其中黏膜层是输卵管最主要的部分。根据输卵管的形态结构、功能特点和排列顺序，可分为漏斗部、膨大部、峡部、子宫部和阴道五部分。

① 漏斗部。又称喇叭口，为输卵管的起始部，状如漏斗，卵巢排出卵黄后会很快被漏斗部接收。饲养肉鸭时，如母鸭经过交配，精子就在此处与卵子结合而受精。

② 膨大部。又称蛋白分泌部，为输卵管中最长最弯曲的一段，其典型特征是管径比漏斗部大得多，故称膨大部。与漏斗部管状区相接处有分支的管状腺，能形成"精子宫"，精子在此处等待与卵子受精。膨大部管壁的黏膜层较厚，形成许多皱褶，且含有许多腺体，卵子在通过这里时被包上蛋白，继续向膨大部的末端行进。

③ 峡部。又称管腰部，位于膨大部与子宫部之间，为输卵管较短的一段。管壁含有丰富的腺体，能分泌角质蛋白，构成蛋白外壳膜，把已包上蛋白的卵黄包围起来。

④ 子宫部。又称壳腺部或蛋白分泌部，相当于家畜的子宫。已包上蛋白、内外壳膜的卵黄在此处形成硬壳。子宫部的后端进入子宫阴道连接部，呈"S"状弯曲，并以其尖端突向阴道。

⑤ 阴道。为输卵管最末端狭窄的肌肉管道，开口于泄殖腔的左侧。阴道对蛋的形成不起作用，仅对蛋产出到外界环境起到一个通道作用。蛋产出时，借助阴道和腹部肌肉的收缩，压迫阴道自泄殖腔翻出。因此，蛋并没有通过泄殖腔。交配时母鸭阴道也同样翻出接受公鸭的交配。

 第三节　鸭的生态习性

1. 喜水性强

鸭属水禽，性喜水，喜欢在水中觅食、嬉戏和求偶交配，只有在休息或产蛋时才回到陆地上。善于觅食水生动植物，下河潜水能捕鱼捉虾。宽阔的水域、良好的水源是饲养好鸭的主要环境条件之一，而在现代化规模饲养下的肉鸭，虽然喜水，但可全部实现旱养。

2. 合群性强，易管理

鸭天性喜群居生活，很少单独行动，且性情温顺，因而经过训练的鸭在放牧条件下可以成群行数里而不乱。若有鸭离群独处，则会高声鸣叫，鸭相互之间也不喜殴斗。因此，这种合群性使鸭适于大群放牧饲养和圈养，管理也较容易。但在喂料时一定要让群内每只鸭都有充分的吃料位置，否则将有一部分个体由于吃料不均匀而消瘦。

3. 耐寒怕热，抗病力强

鸭全身被覆羽毛，这些羽毛起着隔热保温作用，因而鸭的耐寒性比家畜要强。而成年鸭比鸡的羽毛更紧密贴身，且鸭身绒羽浓密、保温性更好，较鸡具有极强的抗寒能力。鸭与鸡的脂肪沉积比较：鸡的脂肪主要贮积在腹部，皮下脂肪层较薄，因而鸡脂肪对于调节鸡的体温作用不大；而鸭的皮下脂肪则比鸡的厚，因而具有更强的耐寒性。鸭的尾脂腺发达，尾脂腺分泌物中含有脂肪、卵磷脂、高级醇。鸭在梳理羽毛时，经常用喙压迫尾脂腺，挤出分泌物，再用喙涂抹于全身羽毛，来润泽羽毛，使羽毛不被水浸湿，起到防水御寒的作用。故鸭即使在 0℃ 左右的冬季低温下，仍能在水中活动，在 10℃ 左右的气温条件下，仍可保持较高的产蛋率。在炎热的夏季，鸭比较怕热，喜欢泡在水里，或者在树荫下休息，因觅食时间减少，采食量下降，产蛋量也下降。但番鸭怕冷而不怕热，即使是成年番鸭，冬季舍温都必须保持在 15℃ 以上。

鸭的抗病力较强，在正常的饲养管理、严格执行兽医卫生防疫制度条件下，发病率比鸡低近 1/3。但常常由于环境不良、饲料营养不全或发霉变质等原因出现应激反应、啄癖等。因此，在鸭的饲养过程中要保证饲料的全价，减少各种应激因素的影响。

4. 喜杂性，消化力强

鸭属杂食性禽类，可利用的饲料品种比其他家禽广，觅食力强，能采食各种精、粗饲料和青绿饲料，昆虫、蚯蚓、鱼、虾、螺等都可以作为饲料，同时还善于觅食水生植物及浮游生物。尤其是对螺等贝壳类食物具有特殊的消化能力，采食后能提高产蛋量与生长速度。但鸭的味觉不发达，对饲料的适口性要求不高，对异物与食物的辨别能力也不强，常常把异物当成饲料采食。因此，对鸭育雏期的管理要求较高，垫草不宜过碎。

5. 灵敏性

鸭具有良好的反应能力，活动节奏表现为极有规律性，但对应激反应敏感，常常因受惊而相互挤压，导致不必要的死亡。在雏鸭阶段，其对突然出现的人或事，甚至强光、艳色等都会表现出惊恐不安，迅速站立拥挤于墙角，因此在育雏阶段应尽可能保持鸭舍环境安静，以免因惊吓而相互践踏造成不必要的损失。产蛋阶段要特别注意防止猫、狗、老鼠等动物进入圈舍而影响产蛋。

6. 夜间产蛋无就巢性

禽类大多数都是白天产蛋，而鸭是夜间产蛋。鸭产蛋多在夜间12时至凌晨3时，产蛋后稍歇即离开，无就巢性（番鸭就巢性仍较强）。鸭产蛋时如多数产蛋窝被占用，有些鸭就会把蛋产到舍内地面或运动场上，因此鸭舍内窝位要足，垫草要勤换。

7. 生长发育快，饲料转化率高

鸭和其他家禽一样，新陈代谢十分旺盛，在众多家禽中肉鸭的早期生长速度最快。在饲料充足、饮水正常、良好饲养管理条件下，大型肉用鸭（如北京鸭、樱桃谷鸭）在45日龄时体重可达3千克左右，相当于初生重的70倍左右，其生长速度明显高于肉用仔鸡。

鸭的食性广，饲料报酬高。如采用舍饲与放牧相结合的方式进行饲养，鸭能采食到大量的天然饲料，因而饲养成本较低。

8. 定巢性

鸭产蛋具有定巢性，第一个蛋产在什么地方，以后仍到什么地方产蛋，如果这个地方被别的鸭占用，则会在门口站立等待而不进旁边空窝。由于排卵在产蛋后0.5小时左右，等待时间过长，延迟排卵，会降低产蛋量。如果没有地方产蛋，鸭会另外找一个比较安静的地方产蛋，这样会使脏蛋和窝外蛋增多。因此，在鸭开产前应设置足够的产蛋箱或产蛋窝。鸭产蛋具有喜暗性，在安静昏暗的地方产蛋有安全感，产蛋也会顺利。鸭产蛋多在后半夜至凌晨，应在产蛋集中的时间增加收蛋的次数。

9. 繁殖率高

良好的肉用型种鸭开产后，40周内可产合格种蛋180个以上，可获得肉用仔鸭120～130只。蛋用型鸭开产日龄在120天左右，年产蛋可达280～300个。

第二章

鸭的品种

    品种的特征是物种内具有共同来源和特有性状，经过长期演变，其遗传性能稳定，且具有同一共性的物质。不同品种具有不同的生产潜能、适应能力和抗病力。

    我国是世界上养鸭历史最悠久的国家，鸭品种资源丰富，其分类方法也多种多样，但目前主要有以下三种分类方法：

    ① 依据经济用途，我国鸭品种分为肉用型、蛋用型、兼用型3种类型。肉用型具有体大躯宽、生长速度快、易育肥、产肉性能好等特点，如北京鸭、番鸭等。蛋用型具有体小躯长、性成熟早、产蛋量多等特点，如绍兴鸭、龙岩山麻鸭、金定鸭等。兼用型体重和产蛋性能介于两者之间，如建昌鸭、高邮鸭、大余鸭等。

    ② 依据体型或体重大小，我国鸭品种分为大、中、小型3种类型。北京鸭、番鸭属于大体型鸭品种，建昌鸭、高邮鸭属于中体型鸭品种，绍兴鸭、金定鸭、龙岩山麻鸭等属于小体型鸭品种。

    ③ 依据品种亲本起源，我国鸭品种分为地方品种、培育品种和引进品种3种类型。地方品种是经长期选育而成，高度适应当地生态条件，且具有特定的优良性状，如绍兴鸭、金定鸭、北京鸭等。培育品种（或育成品种）是对于现有品种通过长期选育、杂交及闭锁繁育形成的一类新品种，在集约化条件下通过水平较高的育种措施培育而成，生产效益好，但要求较高的饲养条件，如Z型北京鸭配套系、"国绍1号"配套系等。引进品种是我国从国外引入的优良品种，如康贝

尔鸭、奥白星鸭等。

在现代养鸭业中一般按经济用途分类。本章按照经济用途对各鸭品种进行分类介绍。

第一节　肉用型鸭主要品种

一、北京鸭

1. 产地及分布

北京鸭（图2-1）俗称白鸭、白蒲鸭，是世界上最著名的肉用型鸭品种，在国际养鸭业占有重要地位，是闻名中外"北京烤鸭"的制作原料。原产于北京西郊玉泉山一带，中心产区为北京市，主要分布于上海、广东、天津、辽宁等地，国内其他地区和国外亦有分布。其育成已有400多年的历史，目前几乎遍及世界各地，成为培育世界各主要商品肉鸭的育种素材，许多肉鸭培育品种（如樱桃谷鸭、丽佳鸭、奥白星鸭、枫叶鸭及天府肉鸭等）都有北京鸭的血缘。

2. 体型外貌

北京鸭体型硕大丰满，体躯呈长方形，头大颈粗，背部宽平，胸部丰满，前胸突出，和地面约呈30°，两翅小且紧贴躯体，尾短微上翘。全身羽毛白色并带有奶油光泽（雏鸭绒毛金黄色，在4周龄左右变为白色），喙、胫、蹼橘黄色或橘红色，虹彩蓝灰色。公鸭尾部有3～4根向背部卷曲的性羽；母鸭腹部丰满，前躯仰角较大，腿粗短、蹼宽厚。

3. 生产性能

经选育而成的Z型北京鸭配套系成年体重公鸭3.5～4.0千克、母鸭3.2～3.45千克，5%开产日龄150～170天，500日龄产蛋量220～240个，蛋重85～90克，蛋壳白色。公母配种比例为1∶（5～6），种蛋受精率达90%以上，受精蛋孵化率80%～90%。商品肉鸭42日龄体重3.2～3.4千克，饲料转化率（2.2～2.3）∶1，胸肉率为 10.5%，腿肉率为 11.0%。

(a) 公鸭

(b) 母鸭

图 2-1　北京鸭（缪中纬提供）

二、天府肉鸭

1. 产地及分布

天府肉鸭（图2-2）是四川农业大学家禽研究室于1986年底开始，利用建昌鸭与四川麻鸭杂交配套经过10年选育而成的二系配套大型肉鸭新品种。广泛分布于四川、重庆、云南、广西、浙江、湖北、江西、贵州、海南等9省、自治区、市。其具有生长速度快，饲料转化率高，胸、腿比例高，饲养周期短，适于集约化饲养的特点。父母代的繁殖性能和商品代的肉用性能分别达到或超过樱桃谷肉鸭和狄高肉鸭的生产水平。天府肉鸭是制作烤鸭、板鸭的上等原料。

2. 体型外貌

天府肉鸭体型硕大丰满，挺拔美观。头大，颈粗中等长，体躯似长方形，前躯昂起与地面呈30°，背宽平，胸部丰满，尾短而上翘。全身羽毛丰满洁白（雏鸭绒毛黄色，至4周龄时变为白色），喙、胫、蹼橘黄色。公鸭有2～4根性羽；母鸭腹部丰满，腿粗短，蹼宽厚。

3. 生产性能

天府肉鸭白羽配套系父母代种鸭成年体重公鸭3.1～3.3千克、母鸭2.9～3.0千克。开产日龄180～190天(产蛋率达5%)，入舍母鸭年产合格种蛋240～250个，平均蛋重85～90克，蛋壳白色，种蛋

受精率达 89% 以上。商品代肉鸭 42 日龄体重 2.9 ～ 3.0 千克，料肉比
（2.2 ～ 2.4）∶1；49 日龄体重 3.2 ～ 3.3 千克，料肉比（2.5 ～ 2.6）∶1。

(a) 公鸭　　　　　　　　　　　　　　(b) 母鸭

图 2-2　天府肉鸭（缪中纬提供）

三、樱桃谷鸭

1. 产地及分布

樱桃谷鸭（图 2-3）是由国外肉鸭育种著名的英国樱桃谷公司育
成的。它是以北京鸭和埃里斯伯里鸭为亲本杂交选育而成的配套系鸭
种。该品种内有 10 个品系，其中白羽系有 L2、L3、M1、M2、S1、
S2；杂色羽系有 CL3、CM1、CS3、CS4。 我国于 1980 年首次引进
一个三系杂交的商品代 L2，现在河南、四川、河北、山东、江苏等
省都有祖代鸭场，樱桃谷公司在我国四川成都设立了分公司——绵
英，目前已被我国收购。除英国本土之外，我国已引进纯系，世界上
也有 100 多个国家和地区在饲养樱桃谷鸭。

2. 体型外貌

樱桃谷鸭因含有北京鸭的血缘，故其体型外貌与北京鸭大致相
同，属北京鸭类的大型优良肉鸭品种。头大额宽，颈、脚粗短，背长
而宽。体躯从肩到尾倾斜，胸部宽而深，胸肌发达。成年鸭全身羽毛

洁白（雏鸭绒毛黄色），喙橙黄色，胫、蹼橘红色。

3. 生产性能

櫻桃谷鸭父母代种鸭成年体重公鸭4.0～4.25千克，母鸭3.0～3.2千克。母鸭开产日龄为172天左右（产蛋率5%）；年产蛋量为210～220个，可提供初生雏160只左右；平均蛋重90克，蛋壳白色。公母鸭配种比例为1：(5～6)，种蛋受精率90%以上。商品代肉鸭49日龄活重3～3.5千克，饲料转化率（2.4～2.8）：1。全净膛率为72.55%，半净膛率为85.55%，瘦肉率为26%～30%，皮脂率为28%～31%。

(a) 公鸭　　　　　　　　　　　(b) 母鸭

图2-3　櫻桃谷鸭（缪中纬提供）

四、奥白星鸭

1. 产地及分布

奥白星鸭（图2-4）是由法国克里莫公司用北京鸭培育的优良肉用型鸭品种，国内也称雄峰肉鸭。该品种主要有重型（53型）、超级重型（63型、2000型），以及与白番鸭杂交生产大型白羽半番鸭的专门化母本M14、M18等品系。我国引进的是奥白星鸭2000型、M14、M18，在山东、四川、福建等地均有饲养。该品种鸭具有体型大、生长快、早熟、屠宰率高等优点，且性喜干燥，能在地上进行自然交配，适于旱地圈养或网上饲养。

2. 体型外貌

奥白星鸭成年鸭外貌特征与北京鸭相似，头大颈粗，胸宽，体躯稍长，胫粗短。雏鸭绒毛金黄色，随日龄增大而逐渐变浅，换羽后全身羽毛白色。喙、胫、蹼均为橙黄色。

3. 生产性能

奥白星鸭2000型父母代种鸭成年体重公鸭2.95千克、母鸭2.85千克。母鸭开产日龄为24～26周龄（产蛋率5%），32周龄进入产蛋高峰。年产蛋量220～230个，300日龄平均蛋重90克，蛋壳白色。公母配种比例为1∶5，种蛋受精率为93%。商品代肉鸭42日龄体重3.3千克，料肉比2.3∶1；49日龄体重3.8千克，料肉比2.5∶1。

(a) 公鸭   (b) 母鸭

图2-4　奥白星鸭（缪中纬提供）

五、枫叶鸭

1. 产地及分布

枫叶鸭（图2-5）又名美宝鸭，是由美国美宝公司培育的优良瘦肉型肉鸭。目前在我国山东、广东、珠海等地都有引种饲养。枫叶鸭具有早期生长快、瘦肉率高、繁殖力强、抗热性能好、毛密而洁白等特点。

2. 体型外貌

枫叶鸭体型较大，体躯前宽后窄，呈倒三角形，体躯倾斜度小，几乎与地面平行。公鸭头大颈粗，背部宽平，腿粗长；母鸭颈细长，脚细短。枫叶鸭雏鸭绒毛淡黄色，成年鸭全身羽毛白色；喙大部分为橙黄色，小部分为肉色；胫和蹼橘红色。

3. 生产性能

枫叶鸭父母代种鸭成年体重公鸭 3.51 千克、母鸭 2.67 千克；母鸭开产日龄为 180 天（产蛋率 5%），年产蛋量 220 个，平均蛋重 87克，蛋壳白色。公母配种比例 1∶6，种蛋受精率 93%，受精蛋孵化率90%～91%。每只母鸭年提供商品代鸭苗 160 只以上。商品代肉鸭42 日龄活重 3.75 千克，料肉比 2.04∶1，胸肉率 16.7%，胸肉重 454克。49 日龄活重 3.25 千克，料肉比（2.6～2.8）∶1；半净膛率 84%，全净膛率 75.9%，胸肌率 9.11%，腿肌率 15.19%，腹脂率 1.95%。

(a) 公鸭 　　　　　　　　　　　　　(b) 母鸭

图 2-5　枫叶鸭（缪中纬提供）

六、狄高鸭

1. 产地及分布

狄高鸭（图 2-6）又称旱地鸭，是澳大利亚狄高公司引入北京鸭选育而成的大型配套系肉用型鸭。该鸭于 20 世纪 80 年代引入我国，我国广东省每年从澳大利亚引进父母代种鸭。该品种具有生长快、早熟易肥、体型硕大、屠宰率高等特点，性喜干燥，能在陆地上自然交配，适于丘陵地区旱地圈养和网上饲养。

2. 体型外貌

狄高鸭体型与北京鸭相似。头大稍长，颈粗，背长阔，胸宽，体躯稍长，胸肌丰满，尾稍翘起，性羽有 2～4 根。雏鸭绒毛黄色，成年鸭羽毛白色。喙黄色，胫、蹼橘红色。

3. 生产性能

狄高鸭成年公母鸭体重为 3.5 千克，母鸭开产日龄为 160～180 天，在 33 周龄左右进入产蛋高峰，产蛋率达 90% 以上，年产蛋量在 200～230 个，平均蛋重 88 克，蛋壳白色。公母配种比例 1：（5～6），种蛋受精率 90% 以上，受精蛋孵化率 85% 左右。父母代母鸭可提供商品代雏鸭苗 160 只左右。商品代肉鸭 7 周龄活重 3.0 千克，料肉比 1：（2.9～3.0）；半净膛率 92.86%～94.04%，全净膛率 79.76%～82.34%。

(a) 公鸭　　　　　　　　　　　　(b) 母鸭

图 2-6　狄高鸭（缪中纬提供）

七、丽佳鸭

1. 产地及分布

丽佳鸭（图 2-7）是由丹麦育种中心培育而成，有 L_1、L_2、L_B 三种配套系，其中 L_1、L_2 配套系种鸭为新型优良肉用配套系，L_B 为瘦肉型鸭配套系。其具有耐热、耐寒、适应性强等特性，适于舍饲与半放牧。在我国的福建省泉州市建有父母代鸭场。

2. 体型外貌

丽佳鸭体型大，体长而宽，羽毛洁白，头大颈粗，背宽翅小，胸部丰满而突出，胸骨长而直，母鸭腹部丰满、腿粗短、蹼宽厚。雏鸭羽毛嫩黄色，成年鸭羽毛白色并带有奶油光泽。喙、胫、蹼橘黄色或橘红色。

3. 生产性能

丽佳鸭父母代 L_1、L_2 和 L_B 三品系母鸭开产体重分别为 2.9 千克、2.7 千克和 2.15 千克；公鸭性成熟体重分别为 3.8 千克、3.2 千克和 3.2 千克；40 周龄入舍母鸭的产蛋量分别为 200 个、220 个和 220 个。商品代 L_1 品系 49 日龄体重达 3.7 千克，料肉比为 2.75∶1；L_2 品系 49 日龄体重达 3.3 千克，料肉比为 2.60∶1；L_B 品系 49 日龄体重达 2.9 千克，料肉比为 2.41∶1。

(a) 母鸭   (b) 公鸭

图 2-7　丽佳鸭（缪中纬提供）

八、南特鸭

1. 产地及分布

南特鸭（图 2-8）是由法国奥尔维亚集团进行杂交配套育成的优

良肉用型鸭品种，具有生长快、饲料报酬高、易饲养、疫病少等特点。目前该鸭的 ST5M 和 NT6 品系在我国山东、四川、湖北、福建等主要养鸭地区均有饲养。

2. 体型外貌

南特鸭外貌与北京鸭相似，身形健壮、羽毛丰满、毛色纯正、眼神明亮、活泼好动。

3. 生产性能

以 ST5M 品系为例，其父母代种鸭成年体重公鸭 4.25 千克、母鸭 3.2 千克。母鸭开产日龄为 25 ～ 26 周龄，年产蛋量 292 ～ 312 个，平均蛋重 87 克，蛋壳白色。公母配比 1∶5，种蛋受精率 93%，受精蛋孵化率 90%。每只母鸭可提供商品代雏鸭苗 200 只以上。商品代肉鸭 7 周龄活重 3.7 千克，料肉比为 2.3∶1，半净膛率 84%，全净膛率 74.9%，胸肌率 9.11%，腿肌率 15.04%。

图 2-8　南特鸭（缪中纬提供）

九、番鸭

1. 产地及分布

番鸭（图 2-9、图 2-10），又称瘤头鸭、疣鼻鸭、麝香鸭，在中国俗称番鸭或洋鸭。原产于中美洲和南美洲的热带地区。早在 1729 年前已由洋人的轮船引入福建，至今已有 290 多年历史。除福建外，我国广东、浙江、江西、江苏、湖南、广西等省（自治区）均有饲养。番鸭与普通家鸭同科不同属，属鸭科、栖鸭属，是新大陆属的唯一代表，也是驯养鸭中唯一保留就巢性的鸭种。

2. 体型外貌

番鸭外貌与家鸭有明显区别，体躯前后窄、中间宽，如纺锤形，站立时体躯与地面平行。头中等大小，喙较短而窄、呈"雁形喙"。喙基部和头部肌肉两侧有红色或黑色皮瘤，不生长羽毛，公鸭的皮瘤比母鸭发达。头顶有一排纵向长羽，受刺激时会竖起。胸部宽而平，后腹不发达，尾狭长，翅膀长达尾部，腿短而粗壮。番鸭羽毛颜色有黑色、白色和黑白花三种，少数呈银灰色和赤褐色。羽色不同，体型外貌亦有一些差别。

白番鸭全身羽毛纯白（雏鸭绒毛金黄色），头部皮瘤鲜红而肥厚，呈链珠状排列，喙呈粉红色，虹彩呈浅灰色，胫、蹼呈橙黄色。

黑番鸭的羽毛为黑色（雏鸭绒毛黑色），有墨绿色光泽，仅在主翼羽或副翼羽中有少量的白羽，皮瘤颜色黑里透红，且较单薄，喙呈红色有黑斑，虹彩呈浅黄色，胫多黑色。

黑白花番鸭的羽毛黑白不等，常见的有背羽为黑色，颈下、主翼羽和腹部带有数量不一的白色羽毛，还有全身黑色，间有白羽。皮瘤红色，喙多为黄色带有黑斑，胫、蹼呈暗黄色。

3. 生产性能

番鸭公母体重差异大。父母代种鸭成年体重公鸭 3.5 ～ 4.0 千克、母鸭 2.0 ～ 2.5 千克，开产日龄为 180 ～ 210 天（产蛋率 5%），年产蛋数 80 ～ 120 个，最高可达 160 个，蛋重 70 ～ 80 克，蛋壳玉白色。公母鸭配种比例为 1∶（6 ～ 8），孵化期比普通家鸭长，为 35 天（普通家鸭 28 天），种蛋受精率 88% ～ 95%，受精蛋孵化率 85% ～ 95%，母鸭就巢性较强。商品代肉鸭 70 日龄体重公鸭 3.5 ～ 4.5 千克、母鸭 2.0 ～ 2.5 千克，料肉比（2.7 ～ 3）∶1，瘦肉率高，其胸、腿肌率高达 30% ～ 33%。

(a) 公鸭   (b) 母鸭

图2-9　白番鸭（缪中纬提供）

(a) 公鸭   (b) 母鸭

图2-10　黑番鸭（缪中纬提供）

十、半番鸭

1. 产地及分布

半番鸭（图2-11）是河鸭属的家鸭与栖鸭属的番鸭杂交的属间杂种，无繁殖能力，俗称骡鸭、土番鸭、泥鸭等。我国半番鸭的生产主要分布在福建、台湾、广东、广西、浙江等省（自治区）。半番鸭克服了纯番鸭公母体型悬殊、生长周期长的缺陷，表现出较强的杂交优势。具有耐粗易养、生活力强、生长快、体型大、肉质好、营养价值高、适合于填饲生产肥肝等特点。

2. 体型外貌

半番鸭头颈中等长，体躯呈长方形，前胸突出，背宽平、胸骨基本与地面平行。雏鸭绒毛呈黄色，脱换幼羽后，羽色以黑白花为主，少数出现全白和全黑。

3. 生产性能

半番鸭根据母本品种的不同，可生产出三种不同体重的半番鸭，8周龄体重大型为3.3～3.5千克，中型为2.8～3.0千克，小型为1.8～2.0千克。半番鸭抗病力强、耐粗易养、饲养周期短（一般8周龄上市）、肉质细嫩、瘦肉含量高、味道鲜美、脂肪率低，为当今最有发展潜力的肉用仔鸭，也是水禽肥肝生产的理想素材。

图 2-11　半番鸭（缪中纬提供）

第二节　蛋用型鸭主要品种

我国蛋用型鸭品种资源丰富，以麻鸭类为蛋鸭的主体，主要优良品种有绍兴鸭、金定鸭、连城白鸭、莆田黑鸭、龙岩山麻鸭、攸县鸭、荆江鸭、三穗鸭、恩施麻鸭、麻旺鸭、缙云麻鸭、咔叽·康贝尔鸭等。

一、绍兴鸭

1. 产地及分布

绍兴鸭（图2-12），又称绍兴麻鸭、绍鸭，属蛋用型品种。原产地为浙江省绍兴市，中心产区为绍兴、上虞、诸暨、萧山、余姚等市（县），分布于浙江省、上海市郊县、江苏南部，在河北、天津、辽宁、黑龙江等地也有分布。

2. 体型外貌

绍兴鸭体型小巧、体躯狭长，嘴长颈细，背平直腹大，腹部丰满下垂，站立或行走时躯体向前伸展，倾斜呈45°，似"琵琶"状。根据毛色特点不同，可分为"红毛绿翼梢系""带圈白翼梢系"和"白羽系"。

红毛绿翼梢系：颈部、腹部和主翼羽无白色羽毛，即无"三白"现象，虹彩褐色，喙灰黄色，喙豆黑色，胫、蹼黄褐色，爪黑色，皮肤淡黄色。公鸭羽毛以深褐色为基色，头和颈上部墨绿色，性成熟后有光泽；母鸭羽毛以深褐色为基色，腹部褐麻色，翼羽墨绿色，有光泽，称为镜羽；雏鸭绒毛呈暗黄色，有黑头星、黑背线、黑尾巴。

带圈白翼梢系：颈中部有2～4厘米宽的白色羽圈，主翼羽白色，腹下中后部羽毛白色，即"三白"。虹彩灰蓝色，喙橘黄色，胫、蹼橘红色，爪白色，皮肤淡黄色。公鸭羽毛以深褐色为基色，头和颈上部墨绿色，性成熟后有光泽；母鸭羽毛以浅褐色为基色，分布有大小不等的黑色斑点；雏鸭绒毛呈淡黄色。

白羽系：公鸭全身毛色以白色为主，颈中部有长短不一的灰白色羽圈，头部羽毛呈灰白色，喙、胫、蹼呈橘红色。母鸭全身毛色为白色，喙、胫、蹼呈橘红色。雏鸭绒毛呈淡黄色。

3. 生产性能

绍兴鸭成年鸭体重1.35～1.5千克（公母鸭无明显差异）。见蛋日龄在110天，开产日龄为135～145天（产蛋率50%），年平均产蛋数307个，平均蛋重67克，产蛋期蛋料比1∶(2.8～3.0)，蛋壳青色。公母配种比例夏、秋季 1 : 20，早春和冬季 1 : 16。种蛋平均受精率 95%，受精蛋平均孵化率 89%，母鸭无就巢性。

(a) 公鸭　　　　　　　　　　　　　(b) 母鸭

图 2-12　绍兴鸭（卢立志提供）

二、金定鸭

1. 产地及分布

金定鸭（图 2-13）又称绿头鸭、华南鸭。原产地为福建省漳州市龙海区紫泥镇金定村，中心产区为龙海、芗城、同安、石狮、晋江、南安、惠安、漳浦、云霄、诏安等市（县）。国内除海南、新疆、西藏、台湾外均有分布。

2. 体型外貌

金定鸭虹彩呈褐色，皮肤白色，胫、蹼橘红色，爪呈黑色。公鸭头大颈粗，胸宽背阔腹平，身体略呈长方形，腿粗大有力。喙黄绿色。头颈上部羽毛呈深孔雀绿，具金属光泽。腹羽及臀羽灰白色，主翼羽黑褐色，副翼羽有紫蓝色的镜羽，性羽有 3～4 根。母鸭身体窄长，腹部深厚钝圆，身躯丰满。羽毛为赤麻色，主翼羽有黑褐色斑块，副翼羽有紫蓝色的镜羽，头顶部、眼前部的羽毛有明显的黑褐色斑块，羽缘棕黄色。喙呈古铜色。雏鸭绒羽呈黑橄榄色，有光泽。

3. 生产性能

金定鸭成年体重公鸭1.6～1.8千克，母鸭1.75千克。高产系50%开产日龄为139天，500日龄时平均产蛋数为288个，平均蛋重72～75克，蛋壳青色。公母鸭配种比例1：20，种蛋受精率89%～96%，受精蛋孵化率85%～92%。公鸭利用年限1年，母鸭2年。

(a) 母鸭

(b) 公鸭

图2-13 金定鸭（缪中纬提供）

三、龙岩山麻鸭

1. 产地及分布

龙岩山麻鸭（图2-14）俗称龙岩鸭、新岭鸭，属小型蛋用鸭种。原产地为福建省龙岩市新罗区，中心产区为新罗区的龙门、小池、大池、曹溪、适中、铁山、雁石、红坊、白沙、苏坂等乡镇。自20世纪80年代以来，广泛被福建省各地市以及广东、广西、江西、湖南、湖北、浙江、上海等江南蛋鸭主产省（自治区、直辖市）引进，分布于我国十二省（自治区、市）。主要分布于龙岩、三明、南平和宁德等市，在广东、广西、江西、湖南、浙江等省（自治区）也有饲养。

2. 体型外貌

龙岩山麻鸭喙豆呈黑色，虹彩呈褐色。皮肤呈黄色。胫、蹼呈橙黄色，爪呈黑褐色。公鸭喙青黄色，头及颈部上段的羽毛呈光亮的孔雀绿，且有一条白色颈环。胸羽赤棕色，腹羽白色。母鸭喙黄色，羽色多为浅麻色，少数褐麻色、杂色。雏鸭绒毛灰黄色，背颈至尾部毛呈黑色。

3. 生产性能

圈养条件下，龙岩山麻鸭见蛋日龄 84 天，50% 开产日龄 108天；500 日龄时平均产蛋数 299 个，蛋重 66 ～ 68 克。在公母比例 1∶(30 ～ 35) 条件下，种蛋受精率 85% ～ 88%，受精蛋孵化率86% ～ 89%。母鸭无就巢性。

(a) 公鸭   (b) 母鸭

图 2-14　龙岩山麻鸭（林如龙提供）

四、连城白鸭

1. 产地及分布

连城白鸭（图 2-15），又名白鹜鸭，是我国具有稀有特色的地方水禽种质资源之一，属小型白羽蛋鸭变种，是我国唯一集药膳兼用、肉蛋兼用于一体的鸭品种。原产地为福建省连城县，中心产区为莲峰、文亨、北团、四堡、塘前等乡镇。分布于连城县境内的 17 个乡镇以及毗邻的清流、宁化等县。

2. 体型外貌

连城白鸭外貌明显区别于其他鸭种，以"白羽、乌喙、青脚"等特征而著称。公母鸭体型外貌极为相似，体躯细长、紧凑，颈细长，胸浅窄，腰平直，腹钝圆且略下垂，躯干呈狭长形。全身羽毛紧贴，呈白色。头秀长；喙宽、前端稍扁平，呈黑色，部分公鸭喙呈青绿色。眼圆大、外突，形似青蛙眼。皮肤呈白色。胫、蹼均呈黑褐色，爪黑色。成年公鸭尾端有 3 ～ 5 根卷曲的性羽。雏鸭全身绒毛呈暗黄色，喙呈灰黑色，胫、蹼、趾呈褐黑色。

3. 生产性能

连城白鸭成年体重 1.2 ～ 1.5 千克，见蛋日龄为 90 ～ 100 天，开产日龄为 118 ～ 125 天（产蛋率 50%），年产蛋量 260 ～ 280 个，平均蛋重 63 克，蛋壳以白色为主。在公母比例为 1∶（20 ～ 30）（早春 1∶20、夏秋 1∶30）条件下，舍饲鸭群平均种蛋受精率 87.5%，平均受精蛋孵化率 90.8%；放牧鸭群种蛋受精率可达 92% 以上，受精蛋孵化率 93% 以上。母鸭无就巢性。

(a) 公鸭　　　　　　　　　　　　　(b) 母鸭

图 2-15　连城白鸭（缪中纬提供）

五、莆田黑鸭

1. 产地及分布

莆田黑鸭（图 2-16）是我国蛋用型鸭品种中唯一的黑色羽品种。中心产区位于福建省莆田市，主要分布于平潭、福清、长乐、连江、福州郊区、惠安、晋江等地。目前全国各地均有该品种的分布。该品种是在海滩放牧条件下发展起来的蛋用型鸭，既适应软质滩涂放牧，又适应硬质滩涂放牧，且有较强的耐热性和耐盐性，尤其适合于亚热带地区硬质滩涂饲养，在持续 35℃高温情况下，产蛋率可保持在80% 以上。

(a) 公鸭   (b) 母鸭

图 2-16　莆田黑鸭（缪中纬提供）

2. 体型外貌

公母鸭体型轻巧紧凑、行动灵活迅速。全身羽毛以浅黑色居多，喙黑绿色，胫、蹼黑色，爪黑色。公鸭头颈部羽毛有光泽，尾部有性羽，雄性特征明显。

3. 生产性能

莆田黑鸭成年体重公鸭 1.4 千克、母鸭 1.5 千克。50% 开产日龄为 120 ～ 130 天，500 日龄时产蛋数为 283 ～ 296 个；300 日龄蛋重

67～70克，蛋壳为青壳和白壳，少量黑壳。在舍饲公母比例1：20的条件下，种蛋平均受精率为95％，平均受精蛋孵化率为90％。生产上公鸭一般6月龄开始配种，利用1年；母鸭可使用2年，无就巢性。

六、攸县麻鸭

1. 产地及分布

攸县麻鸭（图2-17）属小型蛋用鸭品种。原产地为湖南省攸县境内的洣水和沙河流域一带，中心产区为攸县的网岭、鸭塘铺、丫江桥、大同桥、新市、石羊塘、上云桥等乡镇；在湖北、广东、广西、重庆、江西、河南、贵州等省（自治区）也有饲养。攸县麻鸭具有体型小、生长快、成熟早、产蛋多的优点，是一个适应稻田放牧饲养的蛋鸭品种。

(a) 母鸭

(b) 公鸭

图2-17　攸县麻鸭（由石狮市种业发展中心提供）

2. 体型外貌

攸县麻鸭体形狭长，结构匀称，颈细短，羽毛紧密。虹彩呈浅褐色，胫、蹼呈橙黄色，爪呈黑色。公鸭头和颈上半部为翠绿色带光泽，颈中下部有白环，颈下部和前胸羽毛赤褐色；翼羽灰褐色，腹羽黄白色，镜羽、尾羽和性羽墨绿色；性羽有 3～4 根并向上卷曲。母攸县麻鸭全身羽毛黄褐色且具椭圆形黑色斑块，镜羽墨绿色。

3. 生产性能

攸县麻鸭成年体重 1.2～1.3 千克，公母鸭相似。性成熟较早，母鸭开产日龄为 100～110 天，公鸭性成熟为 100 天左右。500 日龄产蛋数：放牧条件下 230～250 个，圈养条件下 270～290 个（最高可达 310 个）。蛋重 61～62 克，料蛋比 2.93∶1，蛋壳以白色居多。公母配种比例 1∶25，平均种蛋受精率 93%～95%，平均受精蛋孵化率 85%；母鸭无就巢性。

七、荆江鸭

1. 产地及分布

荆江鸭（图 2-18），俗称荆江麻鸭，属蛋用型鸭品种。原产地和中心产区为湖北省荆州市的江陵、监利等县（市）及仙桃市，毗邻的洪湖、石首、公安、潜江等县（市）亦有分布。

2. 体型外貌

荆江鸭体小结实，颈细长而灵活；体躯稍长，肩部较窄，背平直向后倾斜并逐渐变宽，腹部深落。喙呈石青色，喙豆呈黄色；皮肤呈淡黄色，胫、蹼呈橙黄色。公鸭头颈部羽毛为翠绿色带光泽，颈中部常有一圈白毛，颈下部至背腰部为深褐色，尾部为淡灰色；有 2～3 根呈弯钩状上翘的黑色性羽。母鸭头颈部羽毛多为灰黄色，眼上方有一长条眉状白毛，背腰部羽毛多为黄色带黑斑、少数个体为褐色带黑斑。雏鸭绒毛呈黄色。

3. 生产性能

荆江鸭平均开产日龄 130 天，年产蛋数 210～300 个，平均蛋重 64 克。公母配比 1∶（20～25），平均种蛋受精率为 93%，平均受精蛋孵化率为 95%。公鸭一般利用一年，母鸭在第 2～第 3 年时产蛋量最高，一般可多利用 3 ～ 4 年，无就巢性。

(a) 母鸭　　　　　　　　　　　　(b) 公鸭

图 2-18　荆江鸭（梁振华提供）

八、三穗鸭

1. 产地及分布

三穗鸭（图 2-19）原产地和中心产区为贵州省三穗县，分布在贵州的镇远、岑巩、天柱、台江、剑河、锦屏、黄平等县。

2. 体型外貌

三穗鸭体形小，羽毛紧凑；头小喙短，颈细长；体长背宽，胸宽而突出，腹大松软，绒羽发达；尾翘，体躯似船形，行走时与地面约呈 50°。部分鸭颈部间有白圈，少量有"凤头"（俗称斗笠鸭）；虹彩呈褐色，胫、蹼呈橙红色，爪呈黑色。公鸭头稍粗大，喙呈黄色，头颈部羽毛为绿色，颈下部至胸部羽毛为棕色，背部羽毛黑褐色，腹部羽毛浅褐色，腹侧部羽毛为墨绿色带光泽，镜羽呈绿色。母鸭喙呈灰色，羽色以深麻色居多，浅麻色、瓦灰色次之，少数为白麻色。雏鸭绒毛呈黑灰色。

3. 生产性能

成年体重公鸭 (1481±223.88) 克、母鸭 (1497±197.32) 克，母

鸭于 120 ~ 140 日龄开产，入舍母鸭平均产蛋量 246 个，平均蛋重 65.95 克。种蛋受精率 90% 以上，受精蛋孵化率 80% 以上。屠宰测定：成年公鸭半净膛率为 69.5%，母鸭半净膛率为 73.9%；成年公鸭全净膛率为 65.6%，母鸭全净膛率为 58.7%。母鸭可利用 2 ~ 3 年，公鸭一般利用 1 年。

(a) 公鸭　　　　　　　　　　　　　　(b) 母鸭

图 2-19　三穗鸭（由石狮市种业发展中心提供）

九、麻旺鸭

1. 产地及分布

麻旺鸭（图 2-20）原产地为重庆市酉阳土家族苗族自治县麻旺镇，中心产区为麻旺镇，主要分布于龙潭、涂市、腴地、泔溪、酉酬、后溪等乡镇，在秀山县、黔江区、彭水县等区（县）也有分布。

2. 体型外貌

麻旺鸭体型较小、紧凑，颈细长，头清秀。喙呈橘黄色，部分呈青色。胫、蹼呈橘黄色，爪呈黑色或黄色。公鸭头部和颈上部羽毛为墨绿色，有金属光泽，颈中部有白色羽圈，背部羽毛为褐色或黑色，尾羽为黑色，镜羽为墨绿色。母鸭羽色以浅麻色为主，少数深麻色。雏鸭绒毛以黄色为主，在头顶、背部、翅部和尾部毛根有褐色或浅褐色。

3. 生产性能

麻旺鸭开产日龄为 100 ~ 120 天，年产蛋数 220 ~ 260 个，蛋重 64 ~ 66 克，蛋壳多数为白壳。少数为青壳。公母配比为 1：（20 ~ 25），种蛋受精率 88% ~ 92%，受精蛋孵化率 87% ~ 92%；母鸭无就巢性。

(a) 公鸭   (b) 母鸭

图 2-20 麻旺鸭（来源于国家畜禽遗传资源品种名录）

十、缙云麻鸭

1. 产地及分布

缙云麻鸭（图 2-21），因全身羽毛呈浅棕灰色似麻雀而得名，俗称草子鸭、水鸭。缙云麻鸭是著名的高产蛋鸭，至今已有 300 多年的历史，原产地在浙江省缙云县一带，具有体形小、耗料省、早熟高产、抗病力强、适应性广、蛋型适中等特点。

缙云麻鸭属蛋用型鸭品种，包括Ⅰ系、Ⅱ系、青壳系 3 个品系。历史上中心产区是浙江省丽水市缙云，分布遍及该省内的奉化、金华、丽水、温州，外省的广东、广西、湖北、江苏、上海等地区。

缙云麻鸭农产品地理标志地域范围包括：缙云县的八镇、八乡。

即五云镇、新建镇、壶镇镇、东方镇、东渡镇、大源镇、舒洪镇、大洋镇；七里乡、双溪口乡、溶江乡、三溪乡、胡源乡、前路乡、方溪乡、石笕乡。东邻仙居县、永嘉县，西与丽水市、武义县毗邻，南至青田县，北接永康市、磐安县。

(a) 公鸭   (b) 母鸭

图 2-21　缙云麻鸭（卢立志提供）

2. 体型外貌

缙云麻鸭体躯小而狭长，蛇头饱眼，嘴长而颈细，前身小、后躯大，臀部丰满下垂，行走时体躯呈 45°，体型结构匀称，肌肉紧凑结实。经过提纯复壮和选种选育，缙云麻鸭形成了Ⅰ系、Ⅱ系、青壳系三个品系。由于品系不同，其外貌特征亦有所区别。Ⅰ系：母鸭以褐色雀斑羽为主，腹部羽毛颜色较浅，喙呈灰黄色、胫、蹼呈棕黄（红）色；公鸭羽毛深褐色，头、颈及尾部羽毛呈墨绿色，有光泽。Ⅱ系：外貌毛色相对于Ⅰ系浅，母鸭以灰白色雀斑羽为主，腹部羽毛为白色，头颈部羽毛有一条带状棕色背线，喙灰黄色、胫、蹼呈橘黄（红）色；公鸭羽毛浅褐色，其中主翼羽、腹部、颈部下方羽毛为灰白色，颈部上方、尾部羽毛呈绿色。青壳系：外貌毛色与Ⅰ系鸭相近，但公母鸭的喙呈青色特征明显。

3. 生产性能

缙云麻鸭具有体型小、产蛋多、饲料省、开产早、适应性强和蛋型适中等特点。Ⅰ系见蛋日龄95～105天，150天达90%产蛋率，500日龄产蛋数310个以上，总蛋重为20千克以上，平均蛋重65克左右，蛋料比为1：(2.8～2.9)；Ⅱ系见蛋日龄85～95天，140天达90%产蛋率，500日龄产蛋数315个以上，总蛋重为21千克以上，平均蛋重65克左右，蛋料比为1：(2.8～2.9)。

缙云麻鸭成年鸭体重1.2～1.4千克，开产日龄120～130天，500日龄时产蛋量300～310个，平均蛋重65～68克，蛋形指数1.35～1.4，蛋壳颜色呈白色和青色，其中青壳系青色蛋比例可达85%～95%。

十一、微山麻鸭

1. 产地及分布

微山麻鸭（图2-22）原产地为山东省南四湖（微山湖、南阳湖、独山湖、昭阳湖）流域，中心产区为济宁市的微山县、鱼台县和任城区的沿湖地带，分布于金乡县、邹城市、滕州市的沿湖乡镇，在毗邻的枣庄市薛城区和台儿庄区也有分布。

2. 体型外貌

微山麻鸭体型紧凑，颈细长，前胸较小，稍向上抬起；尾部略上翘，整个体躯似船形。喙以青色居多、黑色次之，喙豆呈黑色。虹彩以土黄色居多，青灰色较少。皮肤白色。胫、蹼以橘红色居多、少数呈橘黄色，爪呈黑色、少数为灰色。

公鸭颈羽为孔雀绿色，有光泽，颈中段以下至嗉囊羽毛呈红褐色，背羽灰色，腹羽灰白色，主副翼羽红褐色、间有白色。性羽有3～5根，呈黑色。母鸭全身麻羽，分红麻羽和青麻羽。红麻鸭约占40%，羽毛中央有一黑羽线，其边缘为黄褐色，背羽、主翼羽及副翼羽呈红褐色；青麻鸭约占60%，羽毛中央有一黑羽线，其边缘呈暗褐色，背羽、颈羽多为青色，主翼羽和副翼羽为黑色。雏鸭绒毛呈黄色，背部绒毛尖稍带黑点。

3. 生产性能

微山麻鸭平均开产日龄 140 天，按入舍母禽产蛋数计算，放养条件下年产蛋 150 个左右，良好饲养条件下年产蛋可达 180～200 个；按母禽饲养日产蛋数计算，放养条件下为 157 个左右，良好饲养条件下可达 188～205 个，平均蛋重 70 克。在公母比例为 1∶（25～30）条件下，平均种蛋受精率 95%，受精蛋孵化率 90%～95%。微山麻鸭就巢性与年龄有关，当年鸭不发生就巢，中年鸭就巢少，老龄鸭中有就巢性个体约占 5%、持续时间 10～20 天。

(a) 公鸭　　　　　　　　　　　　　(b) 母鸭

图 2-22　微山麻鸭（来源于家养动物种质资源库）

十二、恩施麻鸭

1. 产地及分布

恩施麻鸭（图 2-23）俗称利川麻鸭，原产地为湖北省恩施土家族苗族自治州利川市（原利川县）和来凤县，中心产区为利川市的南坪、汪营、凉雾、柏杨和来凤县的接龙桥、大河、百福司、三胡、绿水等乡镇；主要分布在恩施土家族苗族自治州的恩施、利川、来凤、宣恩、咸丰等市（县）。该品种体型较小，后躯发达，行动灵活，适于山区饲养。

2. 体型外貌

恩施麻鸭头、颈、尾部羽毛蓝黑，颈中部有白色羽圈，胸部红褐色，背部青褐色，腹部浅褐色。母鸭全身羽毛褐色，带黑色雀斑，有赤麻、青麻、浅麻之分。

3. 生产性能

恩施麻鸭成年体重 1.6～2.0 千克，母鸭开产日龄为 150～180 天，年产蛋量 200 个左右，平均蛋重 65 克，蛋壳以白色居多。公母鸭配种比例 1∶20，种蛋受精率 80% 以上，受精蛋孵化率 85% 左右。

(a) 公鸭   (b) 母鸭

图 2-23　恩施麻鸭（来源于家养动物种质资源库）

十三、文登黑鸭

1. 产地及分布

文登黑鸭（图 2-24）属蛋用型鸭品种，原产地为山东省文登区（原文登市）小观、泽头、宋村等沿海乡镇。中心产区为小观、泽头、宋村、泽库、高村等乡镇，分布于文登区及相邻的乳山、牟平、荣成、环翠等市（县）。

2. 体型外貌

文登黑鸭体型中等、紧凑，头方圆形，颈细、中等长，前胸较深，背部宽平，后躯发达。全身羽毛以黑色为主，颈嗉囊部羽毛为白色斑块，称"白嗉"，主翼羽外侧有 3～5 根不等的白羽，称"白翅尖"。喙为青黑色，虹彩多呈深褐色或黑色，皮肤呈浅黄色，胫、蹼为黑色或蜡黄色（橘黄色或黄黑相间）。公鸭头、颈部羽毛呈青绿色，尾部有 3～4 根向上弯曲的性羽。母鸭颈细身长，臀大腹宽，后躯丰满。雏鸭绒毛呈灰黑色，嗉囊呈黄色。

3. 生产性能

文登黑鸭成年体重公鸭为 1.9 千克、母鸭为 1.7 千克。50% 开产日龄平均为 140 天，年产蛋数 210～240 个，蛋重 75～85 克。蛋壳多为淡绿色，少数为白色。公母配比为 1 : (25～30)，平均种蛋受精率 95%，受精蛋孵化率 90%～91%。母鸭就巢率 3% 左右。

(a) 公鸭　　　　　　　　　　(b) 母鸭

图 2-24　文登黑鸭（来源于家养动物种质资源库）

十四、台湾褐色菜鸭

1. 产地及分布

褐色菜鸭（图 2-25）原产地为我国台湾省，中心产区为台湾的宜兰、大林和屏东等县（镇），主要分布于台湾中南部，在其他市（县）也有少量饲养。

2. 体型外貌

台湾褐色菜鸭公鸭头、颈部羽毛呈暗褐色，背部灰褐色，前胸栗色，腹部灰色或灰褐色，主翼羽褐色，尾部有4根向上卷曲的性羽。喙呈黄绿色、黄色或灰色，皮肤呈白色，胫、蹼呈橙黄色。母鸭全身羽毛呈浅褐色，喙呈黄色或灰色，胫、蹼呈橙黄色。雏鸭绒毛呈灰黄色。

3. 生产性能

台湾褐色菜鸭成年体重公鸭为1.3～1.4千克、母鸭为1.3～1.5千克；50%开产日龄为135～140天，年平均产蛋数280～300个，蛋重65～68克，蛋壳颜色以青色居多、少数白色。公母配比1∶30左右，种蛋受精率90%～95%，平均受精蛋孵化率90%，母鸭无就巢性。

(a) 公鸭　　　　　　　　　　　(b) 母鸭

图2-25　台湾褐色菜鸭（缪中纬提供）

十五、咔叽·康贝尔鸭

1. 产地及分布

咔叽·康贝尔鸭（图 2-26）原产于英国，由印度跑鸭母鸭与法国鲁昂公鸭杂交，其后代母鸭再与绿头野鸭公鸭杂交育成；有黑色康贝尔鸭、白色康贝尔鸭和黄褐色康贝尔鸭（即咔叽·康贝尔鸭）3 个变种。国内咔叽·康贝尔鸭为从荷兰引进，现主要分布在江苏和福建等地。

(a) 公鸭   (b) 母鸭

图 2-26　咔叽·康贝尔鸭（来源于国家畜禽遗传资源品种名录）

2. 体型外貌

咔叽·康贝尔鸭体型中等，体躯长而结实，胸腹部饱满。头部轻秀，颈略细长，喙中等大；背宽广、平直、长度中等；胸部饱满，腹部发育良好；两翼紧贴体躯；两腿中等长，站距较宽。公鸭头、颈、翼、肩和尾部羽毛均呈青铜色带光泽，其余羽毛深褐色；喙绿蓝色，胫、蹼橘红色。母鸭羽毛呈褐色，有深浅之别，头颈羽色较深，翼黄褐色，无镜羽；喙绿色或浅黑色，胫、蹼深褐色。雏鸭绒毛深褐色，喙、脚黑色，长大后羽色逐渐变浅。

3. 生产性能

咔叽·康贝尔鸭成年体重公鸭为 2.4 千克、母鸭为 2.3 千克。

50% 开产日龄平均 130 天，年产蛋数 260～300 个，平均蛋重 70 克以上，总蛋重 18～20 千克，蛋壳白色。公母配比为 1 : (15～20)，平均种蛋受精率 85%。公鸭利用年限 1 年；母鸭第一年生产性能较好，第二年生产性能明显下降。

第三节
肉蛋兼用型鸭主要品种

一、高邮鸭

1. 产地及分布

高邮鸭（图 2-27）俗称高邮麻鸭，属兼用型品种。高邮鸭原产地及中心产区为江苏省高邮市，主要分布于周边的兴化、宝应、建湖、金湖等市（县）。湖南、湖北、四川、安徽等省现亦有饲养。

2. 体型外貌

高邮鸭体型较大，体躯呈长方形。喙豆呈黑色，虹彩呈褐色，皮肤呈白色或浅黄色。公鸭背阔肩宽，胸深，体躯长。喙呈青色略带微黄。头和颈上部羽毛为深孔雀绿色，背、腰部羽毛为棕褐色，胸部羽毛为棕黑色，腹部羽毛灰白色；翅内侧为芦花羽，镜羽蓝紫色，尾羽黑色，性羽墨绿色并向上卷曲。胫呈橘黄色。母鸭细颈，长身。喙呈青灰色或微黄色，少数呈橘黄色。全身羽毛为浅麻色，花纹细小，镜羽蓝绿色。胫多呈青灰色。雏鸭绒毛呈黄色，为黑头星、黑线脊、黑尾。

3. 生产性能

高邮鸭成年体重公鸭 1.7 千克、母鸭 1.8 千克。5% 开产日龄为 170～190 天，500 日龄产蛋数 190～200 个，蛋重 84 克，蛋壳为白色或青色。公母配比 1 : (20～30) 时，圈养条件下种蛋受精率为 86%～90%，放牧饲养条件下种蛋受精率为 90%～93%，平均受精蛋孵化率 90%；母鸭无就巢性。

(a) 公鸭   (b) 母鸭

图 2-27 高邮鸭（来源于家养动物种质资源库）

二、建昌鸭

1. 产地及分布

建昌鸭（图 2-28）属兼用型鸭品种。建昌鸭原产地为四川省凉山彝族自治州境内的西昌市及德昌县，中心产区为安宁河流域一带的西昌、德昌、冕宁、会理和喜德等市（县），在广安、巴中等地也有分布。

2. 体型外貌

建昌鸭体型较大，形似平底船，羽毛丰满，尾羽呈三角形向上翘起。头大、颈粗，喙宽、喙豆呈黑色，胫、蹼呈橘黄色，爪呈黑色。公鸭喙多呈草黄色；头、颈上部羽毛及主、副翼羽呈翠绿色，颈部下 1/3 处多有一白色颈圈；颈下部、前胸及鞍部羽毛红棕色；腹部羽毛银灰色；尾羽为黑色，向上翘起，尾端有 2 ～ 4 根性羽向背部卷曲，俗称"绿头红胸、银肚、青嘴公"。母鸭喙多呈橘黄色，全身羽毛以黄麻色居多，褐麻和黑白花次之。建昌鸭中的白胸黑鸭公、母均无颈圈，前胸羽毛为白色，体羽近黑色，喙呈黑色。雏鸭绒毛呈黑灰色，喙呈青色或黄色。

3. 生产性能

建昌鸭成年体重公鸭 2.7 千克、母鸭 2.4 千克。50% 开产日龄为 180 天左右，年产蛋数为 140～150 个，平均蛋重 75 克，种蛋受精率为 92%～94%，受精蛋孵化率为 94%～96%，母鸭无就巢性。

(a) 公鸭　　　　　　　　(b) 母鸭

图 2-28　建昌鸭（来源于家养动物种质资源库）

三、大余鸭

1. 产地及分布

大余鸭（图 2-29）俗称大余麻鸭、大粒麻鸭，属兼用型鸭品种。原产地为江西省大余县，主要分布在大余县和南康区及广东省的南雄市。

2. 体型外貌

大余鸭体型中等偏大，头稍粗，喙以黄色居多、少数青色；皮肤白色。胫、蹼呈青黄色。公鸭颈部粗，头、颈、背部羽毛红褐色，少数头部羽毛墨绿色，镜羽呈墨绿色。母鸭颈部细长，全身羽毛红褐色，有较大的黑色斑点，称"大粒麻"，镜羽呈墨绿色，少数有白颈圈，鞍羽杂有白色。雏鸭全身绒毛呈黄色，背部及头部各有一小块浅黑斑。

3. 生产性能

肉用性能：在舍饲条件下，大余鸭 56 日龄饲料转化比为 (2.4～2.6)：1，初生～21 日龄成活率为 95%，22～56 日龄成活率为 98%。

繁殖性能：大余鸭平均开产日龄为 175 天，开产蛋重 65 克左右，500 日龄产蛋数 190 个，300 日龄平均蛋重为 82 克。种蛋受精率 95% 左右母鸭，受精蛋孵化率 92% 左右，母鸭就巢率 10%～15%。

(a) 公鸭   (b) 母鸭

图 2-29　大余鸭（韦启鹏提供）

四、巢湖鸭

1. 产地及分布

巢湖鸭（图 2-30）又称巢湖麻鸭，属兼用型鸭品种。巢湖鸭原产地为安徽省合肥市庐江县及周边的无为、居巢、肥东、肥西等市（县），中心产区为庐江县白湖、同大、白山、郭河、冶父山、盛桥、龙桥、矾山、金牛和柯坦等镇，广泛分布于整个巢湖流域和长江中下游地区。

2. 体型外貌

巢湖鸭体型中等，羽毛紧密而有光泽，颈细长，喙豆黑色。虹彩呈褐色，皮肤呈白色，胫、蹼呈橘红色，爪黑色。公鸭喙呈橘黄色。头、颈上部羽毛为墨绿色有光泽，颈下部为灰褐色；主翼羽灰黑色，背羽前半部灰褐色、后半部灰色，胸羽浅褐色，镜羽墨绿色有光泽，腹部白色，臀部黑色；性羽灰黑色；尾羽灰色、尾梢白麻色。母鸭喙呈黄绿色或黄褐色。颈羽麻黄色，主翼羽灰黑色，背羽麻黄色，胸羽浅麻色，镜羽墨绿色有光泽，腹部浅麻色，尾羽麻黄色。雏鸭绒毛呈黄色。

3. 生产性能

巢湖鸭成年体重公鸭 1.9 千克、母鸭 1.7 千克。5% 开产日龄为 150 ～ 180 天，500 日龄产蛋数 170 ～ 200 个，蛋重 71 ～ 83 克，蛋壳以白色为主。公母配种比例为 1：(15 ～ 20)，种蛋受精率 92% ～ 95%。受精蛋孵化率 90% ～ 95%。母鸭无就巢性。

(a) 母鸭　　　　　　　　　　(b) 公鸭

图 2-30　巢湖鸭（由石狮市种业发展中心提供）

五、广西小麻鸭

1. 产地及分布

广西小麻鸭（图 2-31）属兼用型鸭品种。原产地为广西壮族自治区，中心产区为百色市西林县，分布于南宁、钦州、桂林、玉林和梧州以及与西林县相邻的云南省广南县、贵州省兴义市。

2. 体型外貌

广西小麻鸭体型小、紧凑。喙豆呈黑色。皮肤呈黄色，胫、蹼均为橘红色，爪呈黑色。公鸭喙为浅绿色，头、颈上半部羽毛为墨绿色，有白颈圈；体羽以灰色居多，副翼羽上有翠绿色的镜羽；性羽有2～4根向上翘起。母鸭喙为栗色，头部羽毛为麻色，有白眉；体羽有麻黄色、黑麻色和白花色3种，以麻黄色居多，约占90%。雏鸭绒毛呈淡黄色。

3. 生产性能

广西小麻鸭在以放牧为主的饲养条件下，3月龄公鸭体重达1650克、母鸭体重达1450克。广西小麻鸭50%开产日龄150天，72周龄产蛋数200个。公母比例1:10，种蛋受精率90%，受精蛋孵化率95%以上，平均蛋重71克，母鸭无就巢性。

(a) 公鸭　　　　　　　　　　(b) 母鸭

图 2-31　广西小麻鸭（来源于家养动物种质资源库）

六、汉中麻鸭

1. 产地及分布

汉中麻鸭属兼用型鸭品种。原产地为陕西省汉中市，中心产区为汉中市和安康市，主要分布于陕西省汉江两岸的城固、汉台、南郑、西乡、勉县、洋县、汉阴等区（县）。

2. 体型外貌

汉中麻鸭体型较小，体躯较长，背部宽大；头清秀，颈细长，腿短粗。羽毛紧凑，以麻褐色居多，约占80%，有少量土黄色、黑色、黑白花及白色。喙呈橙黄色，喙豆呈黑色。虹彩呈黄褐色，皮肤呈黄色。胫、蹼多呈橘红色，少数呈黑色。公鸭头部、主翼羽及颈部上1/3的羽毛多为青绿色，具有翠绿光泽。性羽有2～3根向前上方卷曲，有墨绿光泽。母鸭羽毛颜色为麻黄、麻黑、淡黄或麻褐色。雏鸭绒羽多为橙黄色，少数为土黄色。

3. 生产性能

汉中麻鸭成年体重公鸭1.2千克、母鸭1.4千克。50%开产日龄160～180天，500日龄产蛋数206个，蛋重62～63克，蛋壳以白色为主。公母配种比例1:（8～10），种蛋受精率85%～90%，受精蛋孵化率85%～90%。

七、吉安红毛鸭

1. 产地及分布

吉安红毛鸭（图2-32）属兼用型鸭品种。原产地及中心产区为江西省吉安市的遂川县、吉州区、吉水县，分布于吉安、泰和、安福、永丰、新干、万安等市（县）及赣州、抚州、宜春和鄱阳湖周边地区。

吉安红毛鸭是以加工板鸭为主要用途的肉蛋兼用型品种，是加工"南安板鸭"和"江西板鸭"的最佳原料。具有遗传性能稳定、生产性能良好、耐粗饲、觅食力强、肉嫩、瘦肉率高、羽毛生长与体重增长同步，加工板鸭后成品造型呈桃圆形、皮板色泽白亮如玉、肉质香嫩、成品出口率明显高于其他品种等特点。

2. 体型外貌

吉安红毛鸭体型短圆，镜羽为灰色；虹彩大多呈灰黑色，蹼呈橘红色，皮肤呈白色。公鸭头、颈部羽毛呈灰红色，少数颈部有白圈或半白圈，翅和躯干部羽毛为褐色或棕色，腹羽和尾羽呈灰白色稍带红棕色；喙呈橘红色或青黄色，胫呈橘红色。母鸭的头、颈、翅和躯干部羽毛呈棕色或浅棕色，腹羽和尾羽呈灰白色；喙呈棕色或褐色，胫呈褐红色或棕红色。雏鸭绒毛呈黄色，多数个体头顶及尾端有浅灰色斑块。

3. 生产性能

吉安红毛鸭成年体重公鸭 1.9 千克、母鸭 1.8 千克。5% 开产日龄为 133 ～ 140 天，500 日龄年产蛋量 230 ～ 240 个，300 日龄平均蛋重 71 克，蛋壳颜色以白色居多、少数青色。公母配种比例 1：（20 ～ 25），种蛋受精率 90%，受精蛋孵化率 95%。母鸭无就巢性。

8 周龄前长速与一般麻鸭相似，8 周龄后，长速较缓慢。放牧饲养 17 周龄平均体重为 1.35 ～ 1.55 千克，母鸭一般在 20 周龄开产，29 周龄左右群体产蛋率可达 50%，72 周龄内平均可产蛋 230 ～ 240 个，平均蛋重 63.5 克。健雏率为 98% 左右，雏鸭 4 周龄内的成活率为 97%。120 日龄全净膛率为 75%，屠宰瘦肉率 90 日龄时母鸭 23%、公鸭 21%。

(a) 母鸭　　　　　　　　　　　　(b) 公鸭

图 2-32　吉安红毛鸭（韦启鹏提供）

八、临武鸭

1. 产地及分布

临武鸭（图 2-33）属兼用型鸭品种。原产地为湖南省临武县，中心产区为临武县武源、武水、双溪、城关、南强、岚桥等乡镇。在郴州市及广东粤北一带也有饲养。

2. 体型外貌

体型较大，躯干较长，后躯比前躯发达，呈圆筒状。公鸭头、颈上部和下部以棕褐色居多，也有呈绿色者，颈中部有白色颈圈。腹部羽毛为棕褐色，也有灰白色和土黄色。性羽有 2～3 根。母鸭全身麻黄色或土黄色，喙和脚多呈黄褐色或橘黄色。

3. 生产性能

初生重为42.67克，成年体重公鸭为2.5～3千克、母鸭为2～2.5千克。屠宰测定：半净膛率公鸭为85％、母鸭为87％；全净膛率公鸭为75％、母鸭为76％。160日龄开产，年产蛋180～220个，平均蛋重67.4克，壳以乳白色居多，蛋形指数1.4。公母配种比例1：(20～25)，种蛋受精率80％以上。

(a) 公鸭　　　　　　　　　　　(b) 母鸭

图2-33　临武鸭（来源于家养动物种质资源库）

九、四川麻鸭

1. 产地及分布

四川麻鸭（图2-34）属兼用型鸭品种。原产地及中心产区为四川盆地及盆周丘陵区，20世纪90年代前广泛分布于四川的水稻产区，以成都、绵阳、乐山、宜宾、内江、南充等地最为集中，目前仅少量分布于盆周丘陵区。

2. 体型外貌

体型较小，体质坚实紧凑。母鸭羽色以麻褐色居多，体躯、臀部的羽毛均以浅褐色为底，上具黑色斑点。颈下部有白色颈圈。公鸭有"青头公鸭"和"沙头公鸭"两种。青头公鸭的头、颈部有部分羽毛为翠绿色。腹部为白色羽毛，前胸为红棕色羽毛。

3. 生产性能

成年体重公鸭1.7千克、母鸭1.9千克。5%开产日龄150天，年产蛋数120～150个，蛋重68～72克，蛋壳颜色多为白色、少数青色。公母配种比例1:10，种蛋受精率90%，受精蛋孵化率85%。母鸭无就巢性。

(a) 公鸭　　　　　　　　　(b) 母鸭

图2-34　四川麻鸭（来源于家养动物种质资源库）

十、建水黄褐鸭

1. 产地及分布

建水黄褐鸭（图2-35），俗称酱色鸭、牛屎鸭，属兼用型鸭品种。

原产地及中心产区为云南省红河哈尼族彝族自治州建水县，主要分布于建水县的临安镇、南庄镇、西庄镇、面甸镇、曲江镇等地。

2. 体型外貌

公鸭胸深，体躯呈长方形，头颈上半部为深孔雀绿色，有的颈部有白环，体羽深褐色，腹羽灰白色，尾羽黑色，翼羽常见黑绿色。母鸭胸腹丰满，全身麻色带黄。喙黄色，胫、蹼橘红色或橘黄色，爪黑色，皮肤白色。

3. 生产性能

成年体重公鸭为 1.58 千克，母鸭为 1.55 千克。30～40 日龄仔鸭即可上市。屠宰测定：半净膛率成年公鸭为 86.4％，母鸭为 82.5％；全净膛率公鸭为 78.4％，母鸭为 72.9％。150 日龄左右开产，年产蛋 120～150 个，平均蛋重为 72 克。壳色有淡绿、绿、白色三种，蛋形指数 1.44。公母配种比例 1：12，种蛋受精率为 70％～92％。

(a) 公鸭 　　　　　　　　　　　(b) 母鸭

图 2-35　建水黄褐鸭（来源于国家畜禽遗传资源品种名录）

第三章

现代鸭种的繁育

第一节　现代鸭种的特点

　　鸭是雁形目鸭科鸭亚科水禽的统称，或称真鸭。鸭的体型相对较小，颈短，一些属的喙要大些。腿位于身体后方（如同天鹅一样），因而步态蹒跚。大多数真鸭（包括由于个体大小和体型原因而被不正确称为雁的几种鸟）与天鹅、雁不同，具有下列特征：雄鸭每年换羽两次，雌鸭每窝产卵数亦较多，卵壳光滑；腿上覆盖着相搭的鳞片；叫声和羽毛显示出某种程度的性别差异。所有真鸭，除翘鼻麻鸭和海鸭外，都在头一年内性成熟，仅在繁殖季节成对，不像天鹅和雁那样终生配对。根据其不同生活方式，鸭可分为钻水鸭、潜水鸭和栖鸭三个主要类群。绿头鸭是大部分家鸭的祖先，是最受欢迎的猎禽之一。绿头鸭春天从南方飞到北方产卵，秋天再飞到南方越冬。其被人类驯养后，便失去了迁徙的习性，而且人们为了获得更多的鸭蛋，不让它们停产抱孵。时间一长，家鸭就失去了孵蛋的本领。栖鸭如莫斯科鸭有长爪，是最喜欢树栖的鸭。潜水鸭包括绒鸭、海番鸭，也包括秋沙鸭族。啸鸭不是真鸭，而与雁和天鹅的亲缘关系更密切。

种鸭的生活习性：

一、性成熟早

母鸭年产日龄早熟品种 100～120 日龄，晚熟品种 150～180 日龄；公鸭早熟品种 120 日龄，晚熟品种 160～180 日龄便可配种。

二、产量无明显季节性

鸭一年四季均可产蛋，但 3～5 月份、8～10 月份为产蛋高峰期。

三、繁殖力高

公鸭常年均有性活动能力。1 公可以配多母，即 1 只公鸭均可交配 10 只以上的母鸭。

四、放牧生活有明显的规律性

鸭群放牧表现为浮游、采食、休息 3 个环节有节奏地交替进行。每日共出现 3 次全群积极采食高潮，3 次集中休息。每次休息之后又开始浮游。

五、耐寒怕热

鸭无汗腺，绒羽覆盖紧密，体表散热少，只能通过呼吸散热，因此高温环境对种鸭不利；由于羽毛是良好的隔热层，对寒冷的天气就比较容易耐受。

六、合群性好

种鸭具有高度的合群性。公、母鸭合群，同群与异群合群，相互之间并不发生争啄。因此，在种鸭群中挑选 10 只左右具有"领袖"气质的花龄母鸭作头鸭（谓之"头笋"）。控制好了"头笋"，就有利于控制好整个种鸭群在放牧过程中的停止、前进、采食、转移等活动。

第二节　鸭的选择和淘汰

一、肉（种）鸭的选种标准

1. 肉鸭在选种时先要考虑以下几个性状

早期（3～7周龄）生长速度与体重、成年体重、肉仔鸭的料肉比、羽毛生长速度、屠宰率、半净膛率、全净膛率、胸肌率、腿肌率、脂肪率、开产日龄、产蛋量、种蛋的受精率、受精蛋的孵化率、仔鸭的成活率、种鸭产蛋期的存活率等。

2. 肉鸭在选种时必须要具备以下几个性能

生长速度快，育肥性能好，脂肪分布均匀，肉质优良，繁殖力和适应性强等特点，体型外貌要具有肉用型鸭的品种特征。

（1）种公鸭的选择　应选择体形呈长方形，头大，颈粗，胸部丰满并向前突出，背长而宽，雄性羽发达，性欲旺盛（当提起公鸭双翅后尾向上翘，有明显的性反射）的个体。

（2）种母鸭的选择　应选择体形呈梯形，背略短宽，体长，腿稍短而粗，两翅下翻，羽毛光洁，头颈较细，腹部丰满下垂但不擦地，耻骨间距3指以上，繁殖力强，受精率和孵化率高的个体。

（3）种公鸭选择的注意事项　种公鸭的选择比种母鸭的选择更加重要，俗话说："公鸭好，好一坡；母鸭好，好一窝"。且种公鸭的选择比种母鸭难度要大，母鸭可根据体型外貌进行选择，但公鸭如仅根据体型外貌选择，生殖能力不一定好，如有的公鸭体型虽然很大，外貌也较好，但生殖器官却存在发育不良、畸形或者精液品质不好等问题，养这种公鸭既白白消耗饲料，又干扰其他公鸭的正常配种行为。因此，选择种公鸭时必须进行生殖器官的检查。检查时要两人协同进行，具体方法为：助手将公鸭固定在一张高约70厘米的凳子上，使鸭头向后，鸭尾向前。检查人一只手放在公鸭的背腰上，拇指和其余四指分别按住鸭腰两边，然后向鸭的后方轻轻按摩；同时另一只手的五个手指向相同的方向伸出，略呈圆筒样，用指尖反复触动公鸭的肛门周围，经 8～10 秒的反复按摩后，阴茎便充血胀大，在肛门处突出成团。这时用按在鸭腰两边的手指适当用力，捏住公鸭肛门上部 1/3 的地方，手指头一起用力压拢，使阴茎充分勃起向外伸出。正常的阴茎呈螺旋钩状，颜色肉红，长达 10～15 厘米。阴茎发育不良的、畸形的以及发炎的公鸭均应淘汰。

二、肉（种）鸭的选种方法

选择优良的个体留作种用称为选种。鸭选种的方法主要有两种：一是根据体型外貌和生理特征选种；二是根据系谱和生产记录的资料选种。科研条件好的地方，还可利用遗传标记辅助选种。在育种实践中，应根据选育目标和选择性状的遗传特点，选用适当的选种方法。

1. 根据体型外貌和生理特征选种

体型外貌和生理特征反映了种鸭的生长发育和健康状况，可作为判断生产力的重要依据。此方法适合缺乏记录资料的养鸭场应用，而父母代鸭场一般不进行个体生产性能的记录，因此此种选种方法可用于对父母代种鸭的选择。

视频 3-1

扫码观看：选择初
生雏鸭

（1）雏鸭的选择 初生雏鸭质量的好坏直接影响到生长发育以及群体的整齐度。要选择大小均匀、绒毛整齐、眼大有神、反应灵敏、叫声洪亮、活泼好动、腹圆脐平、体质结实、初生重符合品种标准体重的雏鸭（视频 3-1）。

（2）育雏期末的选择 祖代鸭场在提供配套种鸭时，往往超量提供公鸭，以便在育雏期结束时根据种鸭的体重目标、外形特征进行初选。

公鸭应选择体重大、体质健壮的个体，母鸭应选择体重中等大小、生长发育良好的个体，进入育成期的限制饲养。淘汰多余的公鸭及有伤残、发育不良的母鸭。

（3）种公鸭的选择　要求背直而宽、胸骨正直、体躯呈长方形、体重达标、性欲旺盛、精液品质好等。

（4）种母鸭的选择　要求体形呈梯形、背略短宽、体长、耻骨间距3指以上、繁殖力强、受精率和孵化率高等。

2. 根据系谱和生产记录的资料选种

体型外貌与生产性能虽有密切的关系，但毕竟不是生产力的直接指标。为更准确评定种鸭的生产水平，育种场和原种场必须做好主要经济性状的观测和记录工作，再根据育种记录进行个体选择或者以家系为单位的群体性选择。

（1）根据自身记录选种　自身记录是种鸭在一定饲养管理条件下的性能表现，可作为选种的重要依据。根据鸭个体本身的表型值高低选种，适合于遗传力高的性状，如体重、生长速度、蛋重、蛋壳品质、早熟性等。但对于遗传力较低的性状，如产蛋量、受精率、孵化率、成活率等，个体选择的效果不好。

（2）根据家系的平均记录选种　据家系某性状的平均表型值选种，适用于产蛋量、受精率、孵化率等遗传力较低的性状。家系选择的前提是各家系间的饲养管理和环境条件相一致。

（3）根据亲属的记录选种　对于本身不能表现或者遗传力低的性状，为了提高选种的准确性，可利用祖先、同胞、后代的记录进行亲缘选种。

① 据系谱资料选择。适合于尚无生产性能记录的幼鸭、育成鸭，或在选择公鸭时采用。幼鸭或育成鸭尚不能肯定其成年后生产性能的高低；公鸭本身不产蛋，通过比较其祖代生产性能的记录，可推断其继承祖先生产性能的能力。亲缘关系越近的祖先，对后代的影响越大，亲代的影响比祖代大，祖代比曾祖代大。在利用系谱资料选种时，比较供选个体亲代和祖代的生产性能即可。

② 同胞选择。适合于种公鸭产蛋性状和种鸭胴体性状的选择。种公鸭既不能产蛋，又尚无母仔鸭产蛋，要鉴定种公鸭的产蛋性能，只能根据该种公鸭的全同胞或半同胞姊妹的平均产蛋成绩来间接估计。对于屠宰率和胴体品质等不能活体度量的性状，用同胞选择就更加有意义。对于遗传力低的性状如产蛋量等，统计的全同胞或半同胞个体越多，同胞选择的可靠性就越大。同胞选择只能区分家系的优

劣，而不能鉴别同一家系内个体的好坏。

③ 后裔选择。据子女平均表型值进行选择。后裔选择适用于种公鸭的选择，它不仅可以判断种鸭本身的优劣，而且可以判断其遗传稳定性。后代好坏是种鸭种用价值的有力证据，后裔选择是最可靠的选种方法。后裔选择历时较长，一般种鸭要至少饲养2年以上才可以淘汰，但可据此建立优秀的家系。

（4）根据多个性状的记录选种 对于多目标育种，可以利用多个选择性状的记录选种。根据经济重要性和遗传力把几个选择性状合并成一个指数，然后按指数值高低排队选种。

（5）根据遗传标记选种 分子标记可用于早期选种和对某些性状的间接选择。利用 DNA 标记进行辅助选择是多态性 DNA 探针在鸭育种中的重要应用。它可以最大限度地加快遗传进展，降低回交代数，缩短世代间隔，直接选择具有上位效应和显性效应的标记，充分利用上位效应和显性效应。通过分析受体和供体的带型特征，在对回交后代或 F_2 代选择时保留具有受体带型特征的个体，达到固定导入基因并剔除不利基因的目的。

第三节　鸭繁育的基本方法

鸭繁育的基本方法分为自然交配和人工授精两种方式。

一、鸭的自然交配

自然交配是让公、母鸭在适宜的环境中自行交配的配种方法。自然交配的方法有大群配种、小间配种、同雌异雄轮配、人工辅助交配等。

1. 大群配种

将公母鸭按一定比例合群饲养，群的大小视种鸭群规模和配种环境的面积而定，一般可利用池塘、河湖等水面让鸭嬉戏交配。这种方法能使每只公鸭都有机会与母鸭自由组合交配，受精率较高，尤其是对放牧的鸭群受精率更高，适用于繁殖生产群。但须注意，大群配种时，种公鸭的年龄和体质要相似，体质较差和年龄较大的种公鸭，没有竞配能力，不宜作大群配种用。

2. 小间配种

将每只公鸭及其所负责配种的母鸭单间饲养，使每只公鸭与规定的母鸭配种，每个饲养间设水栏，让鸭活动交配。公鸭和母鸭均编上脚号，让每只母鸭晚上在固定的产蛋窝产蛋，种蛋记上公鸭和母鸭脚号。这种方法能确知雏鸭的父母，适用于鸭的育种，是种鸭场常用的方法。

3. 同雌异雄轮配

常在育种场采用，为了获得配种组合或父系家系，以及对公鸭进行后裔测定，可消除母鸭对后代生产性能的影响，常采用同雌异雄轮配。

实施方法：在一个配种间放入第一只公鸭配种，两周后移走第一只公鸭，于第3周末下午用第二只公鸭精液给每只母鸭输精，第24天下午放入第二只公鸭。前三周孵化种蛋所得的雏鸭为第一只公鸭的后代，第4周前3天的蛋不作孵化用，自第四天起为第二只公鸭的后代，这样在一个半月内即可在同一配种间获得2只种公鸭的后代。若采用两次轮配即可获得3只种公鸭的家系。

4. 人工辅助交配

配种时，将母鸭抓到公鸭笼内，在人的监视下使其进行交配或进行必要的帮助以完成交配的过程。这种方法主要用于自然交配困难、公母鸭体格差异较大，特别是在进行种间杂交时常常采用。如公番鸭与母麻鸭杂交生产半番鸭时，常要采用调教训练、母鸭诱情等技术进行人工辅助交配。

人工辅助交配具体操作如下：把公番鸭赶到靠近交配台的公鸭篱围里，细心地用右手抓住公番鸭的两翅端，避免公番鸭产生剧烈挣扎，左手把握住母鸭胸部，将母鸭身体平放沉于水中并让其头部露在水面上 (也可在陆地上操作)。配种员左臂向前伸直，让公番鸭左右脚并列踩在母鸭背上，右手拉住公番鸭翅端，以防逃脱。待公番鸭发情，啄住母鸭颈部羽毛后，松开右手，拉住母鸭的尾羽，此时，公番鸭就会不断地把尾部从左边向母鸭的泄殖腔口移动，企图交配，配种员把左手略微提高，使公母鸭泄殖腔互相吻合。若公番鸭不交配，就应先用母番鸭来诱导，先让公番鸭站在母番鸭背上，另一人捉住母家鸭在旁边，待公番鸭性冲动，啄住母番鸭颈部羽毛时，就把母番鸭沉于水中，当公番鸭嘴一松开，即把母番鸭从水下移开，马上将母家鸭放在公番鸭腹下，让公番鸭改啄母家鸭的颈部以进行交配。

二、鸭的人工授精

家禽的人工授精是指通过某些手段采集公禽的精液，进行一定的处理（如品质评定、稀释、冷冻等），再把处理后的精液按一定要求输入母禽生殖道内以代替家禽自然交配的一种配种方法。家禽人工授精技术研究开始于 20 世纪 30 年代，并很快在鸡中得很大成就，随后报道在鸭、鹅、火鸡等禽类中也获得成功。由于当时家禽主要采用平养或者小群配种，受精率比较高，且当时的条件采用人工授精提高受精率有一定的局限性，如存在精液的保存、稀释等问题没有得到较好解决，使人工授精技术的推广应用受到了一定的限制。但人工授精技术对火鸡的育种、繁殖起到了极大的推动作用，使用人工授精后，火鸡种蛋的受精率由自然交配的 60% 左右提高到了 90% 以上。

60 年代以来，鉴于养禽业的迅速发展及逐步趋向现代化，部分家禽（特别是种鸡）逐步采用笼养的方式，家禽的育种工作也由培育标准品种转向育成专门化的品系，为了适应这种新的饲养制度及满足家禽育种的要求，家禽人工授精的迫切性和优越性又重新被人们重视起来，这种变化极大推动了家禽人工授精技术的研究和推广应用。世界上许多畜牧业发达的国家逐步应用人工授精技术取代了传统自然交配的配种方式。早在 1971 年笼养母鸡人工授精所获得的种蛋受精率已经高达 96.2%；同时在水禽方面的研究也取得了一定的进展，如在非洲对中国鹅的人工授精研究，其受精率最高也达到了 90%。

我国家禽人工授精技术的研究、应用工作开始于解放初期，1952～1958年四川农学院先后进行了鸡、鸭、鹅、火鸡的人工授精实验，并成功应用到了鸡的育种工作中；1953年福建师范学院进行了鸡的采精方法和外界因素对精子存活时间的影响及输精技术的研究以及家鸭和番鸭的人工授精实验，南京农学院也成功研究了简单而有效的单人采精法。目前在国内的养鸡生产中人工授精技术已经得到了广泛的应用，种鸡场的育种繁殖也主要采用人工授精来完成。但在水禽方面，除番鸭及半番鸭的人工授精技术已经得到推广应用外，在种鸭、种鹅的生产中还未得到推广应用。

在鸭人工授精领域，目前对番鸭人工授精技术研究较多，在公番鸭与母番鸭本品种的人工授精中，人工授精技术的使用使受精率达到了90%左右；在半番鸭生产中，采用公番鸭与母家鸭进行人工授精，受精率由自然交配时的40%左右提高到了70%～80%，已经广泛应用到了实际生产中。鸭的人工授精主要包括种公鸭的选择和训练、种公鸭的采精、精液品质评定、精液稀释及输精方法等过程。

1. 采精输精的用具及试剂

用具：简易采精笼、微量移液器、集精杯、显微镜、血细胞计数板、恒温水浴干燥箱、精密pH试纸、载玻片、盖玻片、镊子、酒精棉球、毛剪等。

试剂：生理盐水、葡萄糖、稀释液等。

2. 种公鸭的选择和训练

种公鸭的选择：种公鸭要选择头大、颈粗、胸部丰满并向前突出、背长而宽、雄性羽发达、性欲旺盛（当提起双翅后尾向上翘，有明显的性反射），适合人工授精的个体。

种公鸭的训练：目前主要采用母鸭诱情法、按摩与母鸭诱情结合法进行训练。

3. 种公鸭的采精

目前提出的采精方法共有5种，即按摩法、电刺激法、母鸭诱情法、假阴道法、按摩与母鸭诱情结合法。

（1）按摩法　采精时将公鸭进行保定，先用左手由背部向尾部按摩，在坐骨部位（引起公鸭性兴奋的部位）处稍加用力，按摩数次后抓住尾羽，再将右手拇指和食指插入泄殖腔两侧，沿着腹部柔软部分上下来回按摩，压迫腹部促使其射精。

（2）电刺激法　此方法是用微弱电流刺激公鸭引起射精以获得精液。这种刺激采精器主要由变压器、伏特计（0～50伏）、毫安计(0～100毫安)、开关和正负电极组成。采精时先固定公鸭，接上电源，正电极插入公鸭的髂骨区皮下，负电极插入直肠4厘米处，并做圆周运动按摩，用交流电30伏、电流强度60～80毫安，每刺激3秒，间歇5秒，重复3～5次。通过刺激，公鸭的阴茎可勃起，待充分勃起后用手挤压泄殖腔使阴茎外翻射精。

（3）母鸭诱情法　即取一产蛋母鸭向公鸭诱情，当公鸭追逐母鸭并踏上背部欲交配时，用集精杯挡住母鸭的泄殖腔，同时挤压公鸭的泄殖腔而采集精液，此法常用于采集番鸭精液。

（4）假阴道法　利用假阴道代替母鸭的生殖道，当公鸭爬跨母鸭，待公鸭阴茎勃起外翻时，使其阴茎插入假阴道，也可于按摩采精时，鸭阴茎伸出插入假阴道内采得精液。

（5）按摩与母鸭诱情结合法　将训练好的公鸭从笼中拿出，在背部按摩1～3分钟，放入有母鸭的采精笼里，一人蹲下将公鸭的左右腿分别用手的食指、中指、无名指、小指握住，大拇指向前伸将母鸭的翅膀撑起来（主要是方便种公鸭的站立，能更快采集到精液），待公鸭啄住母鸭颈部羽毛并爬跨站稳后，尾巴左右频繁摆动，可见公鸭的泄殖腔迅速充血膨大，尾巴停止摆动欲向母鸭的泄殖腔挤压时，操作人员迅速抓住公鸭尾巴，并将集精杯移到公鸭的尾部即可接到精液（视频3-2）。

视频 3-2

扫码观看：种公鸭
人工采精

4. 精液品质评定

精液品质评定的内容包括精液颜色、pH值及精子密度、精子活力等。一般主要参照鸡、番鸭的精液品质评定。

（1）精液颜色　用肉眼进行观察，正常精液的颜色为乳白色略带微黄色。

（2）射精量　用量程为 50～200 微升的吸管测量、读数并记录。因为单只鸭的射精量较小，用带有刻度的集精杯测量误差较大，因此选用吸管来测量种公鸭的射精量。

（3）精子密度　在 400 倍的显微镜下对精液的密度进行检查。检查的方法主要有密度估测法与精子计数法两种，本试验分别采用这两种方法检查精液的密度。

① 密度估测法。用微型移液枪（量程为 50 微升）取一滴精液滴在干净的载玻片上，再用镊子加盖盖玻片，放于显微镜下观察，根据视野中精子的分布情况分为密、中、稀三级。

"密"：精子完全充满整个视野，精子间几乎没有空隙，有时还可观察到精子呈波浪形运动。

"中"：视野中精子之间有比较明显的距离。

"稀"：视野中精子之间有比较大的空隙。

② 精子计数法。运用血细胞计数法，为了准确统计精子数量，在数精子数时应先将精液按 1:200 的倍数稀释。精液稀释液的配制：$NaHCO_3$ 5 克、35% 的甲醛 1 毫升、饱和龙胆紫溶液 0.5 毫升、96% 的酒精 0.5 毫升、加生理盐水至 100 毫升。稀释液中的 $NaHCO_3$ 可溶解精液中的黏液，35% 的甲醛及 96% 的酒精有杀死和抑制精子活动的作用，龙胆紫可提高镜检时的清晰度。在稀释精液前一定要将精液充分混匀，再进行稀释。精液加到血细胞计数器上要至少放置 1 分钟，使精子沉积，以便于计数。

计算精子数的公式为：1 毫升的精子总数 =（5 个大方格内的精子总数 /80 个小方格）×400×10×1000× 稀释倍数

（4）精子的活力　精子的活力是鉴定精液品质最主要的指标之一。所谓活力是指呈直线运动的精子在所有精子中所占的比例。精子活力的测定，采用的是平板压片法。用微型移液枪取 20 微升精液和生理盐水一滴置于载玻片一端混匀，然后用盖玻片盖好并进行检查（视频 3-3）。评分用的是 10 级评分法，当视野中所有精子都呈直线运动时可评为 1，90% 的精子呈直线运动时评为 0.9，依此类推，对鸭精子的活力进行评分。良好的鸭的精子活力应不低于 0.8。

视频 3-3

扫码观看：精子活力检测

（5）pH 值　用 pH 计测量精液的 pH 值。

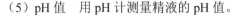

5. 输精方法

目前生产中输精的方法有 3 种，即手指引导输精法、直接插入阴道输精法、输卵管口外翻输精法。

（1）手指引导输精法　助手将母鸭固定在输精台上（可用 50～60 厘米高的木箱或方凳），输精员的右手食指缓缓地插入母鸭泄殖腔内，再向左下侧寻找输卵管阴道口，左手持输精器沿插入输卵管阴道口手指的方向将输精管插入进行输精。此方法较适用于母番鸭的输精，因母番鸭泄殖腔收缩较紧难翻出。

（2）直接插入阴道输精法　助手将母鸭固定于操作台上，使其尾部稍抬起，输精员用左手掌将母鸭尾巴压向一边，并用拇指按压泄殖腔下缘使其张开，右手以拿毛笔式手法持输精管上部。输精管插入泄殖腔后向左方插进便可插入输卵管口，此时左手大拇指放松并稳住输精管，再输入精液。

（3）输卵管口外翻输精法　将母鸭按在地上，输精员用一只脚轻轻踩住母鸭的颈部或把母鸭夹在两腿之间，让母鸭的尾部对着输精员，用左、右手的三手指(除拇指、食指外)轻轻挤压泄殖腔的下缘，用食指轻轻拨开泄殖腔口，使泄殖腔张开。这时，我们可看到两个小孔，右边一个小孔为直肠口，左边一个小孔便是阴道口，腾出右手将输精器导管末端对准阴道插入输精（视频3-4）。

视频 3-4
扫码观看：母鸭人
工输精

6. 精液的稀释

精液稀释的目的主要是扩大精液量，减少采精过程中因精液粘在采精杯上而造成不必要的浪费；同时，还可借助精液稀释液向精液中补充能量物质及通过精液稀释液中和精液中因精子代谢活动而产生的乳酸等有害物质，延长精子的存活时间。在不进行精液稀释时，因公鸭缺乏副性腺，精液中的营养物质含量很少，精子本身内源性能源的储备也很有限，在体外很短的时间内精液品质就会大大降低，这就在很大程度上限制了精子在体外存活的时间。因此，进行家禽人工授精使用不稀释的精液时，一般要求精液在采出后 30 分钟内用完，这就给人工授精的工作带来了一定的困难，限制了优良种公禽在时间和空间上的利用。

　　精液的稀释液首先应该能提供精子在体外存活所需要的能源物质，所以能源物质是稀释液中不可缺少的部分。其次，稀释液的 pH 及渗透压应该接近公鸭精液的 pH 和渗透压；家禽新鲜精液的 pH 一般在 6.5 ～ 7.0 之间，所以要求稀释液的 pH 应在 6.5 ～ 7.5 之间，精子在不断的代谢中产生乳酸会改变精液的 pH 值，影响精液的品质。故稀释液中可以添加具有缓冲性质的弱有机盐，如柠檬酸盐、醋酸盐等。原精液的渗透压与生理盐水的渗透压相等，因此稀释液的渗透压也应与原精液的渗透压相同。稀释液的渗透压一旦偏高或偏低都会对精子造成影响及损害，研究表明低渗的稀释液对精子造成的影响要大于高渗的稀释液。

第四章
鸭营养与饲料配合技术

　　饲料是鸭生活和生产的重要物质基础，如何根据鸭不同时期的不同营养需要科学合理选择和配制饲料，是养鸭生产的一项核心工作，对于充分发挥鸭生产性能、提高养鸭经济效益具有重要意义。

第一节
鸭营养需要和饲养标准

　　鸭营养需要包括维持需要和生产需要。维持需要指处于维持状态下鸭对各种营养物质的需要。简单地说，维持需要即满足鸭自身正常生理代谢活动的养分需要，是动物生产过程中最基本的需要。生产需要指鸭从事产蛋、产肉、长羽等时对各种营养物质的需要。实际生产中应根据鸭的品种、生理特点、生长阶段、生产水平、饲养条件等因素，科学归纳所需要的各种营养物质的数量，形成具有高度科学性、实用性和可操作性的饲养标准。

一、鸭营养需要

　　不同的品种、生长阶段和生产水平的鸭，其营养需要量不同，所需的主要营养物质包括水分、能量、蛋白质、矿物质和维生素等。

1. 水分

水分是鸭体和鸭蛋的重要组成部分，鸭肉的 48% ~ 75% 是水，骨骼的 45% 是水，鸭蛋的 70% 是水，血液的 80% 以上是水。不同生长发育阶段鸭机体的含水量也不一样，如雏鸭体比成年鸭体含水量高。水是各种营养物质的溶剂，在养分的消化吸收与转运及代谢产物的排泄、电解质代谢与体温调节上均起着重要的作用。缺水时鸭生长速度下降，饲料转化率降低，当鸭体内水分损失 10% 会导致严重的代谢紊乱，体内损失 20% 以上的水分很快就会死亡。鸭体内水的来源主要有饮水、饲料水及代谢水，其中饮水是最主要的来源，而鸭的需水量受环境温度、年龄、体重、采食量、饲料成分和饲养方式等多种因素影响，在饲养中必须根据相关影响因素估计鸭对水的需要量，提供足够的清洁饮水。

2. 能量

鸭的一切生理活动过程，如呼吸、消化、吸收、循环、排泄、运动、体温调节、生产产品等都离不开能量的供应。鸭主要通过采食饲料来获得能量，能量主要来源于饲料中的碳水化合物，部分来自脂肪和蛋白质。

碳水化合物是植物性饲料的主要组成部分，包括淀粉、单糖、二糖和纤维等，是鸭体内的主要能量来源，每克碳水化合物在鸭体内平均可产生 17.15 千焦热能；是构成鸭体组织的必需成分，如半乳糖是神经组织的组成成分；可形成体脂肪和糖原，起保护内脏器官、维持体温和改善肉质等作用；提供鸭体内合成非必需氨基酸所需的碳链。

脂肪是鸭体组织细胞原生质的主要成分，所有细胞膜都是由蛋白质和脂肪按一定比例构成的；当体内能量不能满足需要时，体脂肪也可分解用于供能；贮存在皮下、肌肉、肠系膜、肾脏周围的脂肪可起保护内脏器官、防止体热散发的作用；脂肪也是鸭体内某些物质的溶剂，如脂溶性维生素和胡萝卜素只有溶于脂肪中才能进行运输；亚油酸是鸭生长发育不可缺少的营养物质，但在鸭体内不能合成，必须通过油脂来提供。

鸭对能量的需要与鸭性别、不同生长发育阶段、环境条件、饲养水平和饲养方式等因素有关。一般肉用型比同体重蛋用型用于维持需要的能量高，公鸭维持需要的能量比母鸭高，对蛋用型鸭，前期能量需要高于后期，在种鸭育成期和产蛋期需控制日粮能量水平防止过肥。气温较低时，如冬天或放牧时因耗能多能量需要量加大，在一定范围内鸭自身有调节采食量来满足能量需要的本能，这就会影响蛋白质和其他营养物质的摄取量，在日粮配合时应注意确定能蛋比或能量氨基酸比，同时采取添加维生素 C 等方法来减少各种应激反应。

3. 蛋白质

蛋白质是细胞原生质的重要组成成分，是构成鸭生命的物质基础，为必需营养物质，不能由其他营养物质代替。

（1）蛋白质的营养作用　蛋白质的营养作用在于它的各种氨基酸。鸭对蛋白质的需要实质上是对组成蛋白质各种氨基酸的需要。鸭体蛋白质的合成和增长，旧组织的修补和恢复，在代谢过程中起催化作用的酶、具防御和免疫监视功能的抗体和起调节作用的部分激素等活性物质的分泌等均需各种各样的氨基酸，在机体营养不足时，蛋白质也可分解供能，维持机体的代谢活动。现已知组成蛋白质的氨基酸有 20 余种，其中有数种不能在鸭体内合成，而必须通过饲料提供，这些氨基酸被称为"必需氨基酸"，即蛋氨酸、赖氨酸、色氨酸、苏氨酸、缬氨酸、苯丙氨酸、亮氨酸、异亮氨酸、精氨酸、甘氨酸、组氨酸、酪氨酸和胱氨酸。除这些必需氨基酸以外的其他氨基酸，因为都能在机体内合成，故被称为"非必需氨基酸"。在这些必需氨基酸中，往往有一种或几种必需氨基酸的含量低于需要量，且由于其不足从而限制了鸭对其他必需和非必需氨基酸的利用，并影响到整个饲料的利用率，这类氨基酸称为限制性氨基酸。其中比值最低的称为第一限制性氨基酸，之后依次为第二、第三……限制性氨基酸。有的必需氨基酸如赖氨酸和精氨酸也存在相互拮抗作用，如果其中一种氨基酸水平过高，就会导致另一种氨基酸缺乏加剧或需要量显著增大。

蛋白质的营养价值取决于所含氨基酸的种类和比例，如果氨基酸特别是必需氨基酸的种类齐全且比例接近于鸭的需要，蛋白质的营养价值就高。因所含的必需氨基酸全面且比例适当，一般来说，动物性蛋白质营养价值（如鱼粉和肉骨粉）高于动物加工副产物（如血粉、羽毛粉等）和谷类及其他植物性蛋白质。没有一种单一动植物性饲料的氨基酸组成恰好满足鸭的营养需要。实际生产实践中，选择搭配饲料原料时应充分考虑饲料中限制性氨基酸的顺序、必需氨基酸间的相互关系和必需氨基酸与非必需氨基酸的比例，以改善蛋白质的营养价值，提高其利用率。

（2）影响鸭蛋白质营养需要的因素

① 遗传因素。不同品种或品系的鸭对氨基酸的需要量存在着差异，同一品种在不同地区的适应性和选育效果不同也会影响鸭蛋白质的营养需要。

② 生产力水平。鸭对氨基酸的需要量与生长速度和产蛋速度呈正相关，生长速度越快，产蛋量越多，对氨基酸的需要量就越高；反之则越低。

③ 饲料因素。鸭对氨基酸的需要量与饲料中氨基酸是否平衡有关，生产上可通过氨基酸间的互补作用，根据每种饲料所含氨基酸的种类与数量进行合理配比，相互取长补短使氨基酸更趋于平衡，从而达到提高饲料蛋白质利用率的目的。

4. 矿物质

矿物质是动物体内无机物的总称，在动物体内含量低，约占鸭体重 3%～5%，但在鸭正常生长发育等生命活动中不可缺少，是构成鸭骨骼、羽毛和血液等组织必不可少的成分。此外，维持鸭体内渗透压和酸碱平衡、激活酶系统和体内氧的运输等都离不开矿物质。

通常把体内含量不低于 0.01% 的化学元素称为常量元素，如钙、磷、镁、钠、钾等；小于 0.01% 的化学元素称为微量元素，包括铁、铜、锌、碘、硒等。鸭必需的矿物质有 16 种，其中常量元素 7 种、微量元素 9 种，其中一些元素虽然为鸭所必需，但在自然条件下一般不易缺乏。现列举矿物质的主要功能和缺乏症见表 4-1。

表 4-1　矿物质的主要功能和典型缺乏症

矿物质	主要功能	典型缺乏症	备注
钙	构成骨骼和蛋壳的重要成分；与肌肉收缩、神经冲动传递和血液凝固等有关，并且是多种酶的激活剂	发生软骨症、产软壳蛋、产蛋率下降、影响生长	钙在贝粉、石粉和骨粉等饲料中含量丰富
磷	骨骼和卵磷脂的组成成分，血液缓冲物质，参与维持机体酸碱平衡	食欲减退、生长缓慢、骨脆易碎	鸭对无机磷利用能力好
氯化钠、钾	维持体内酸碱平衡、细胞渗透压和调节体温，形成胃液和胃酸，激活消化酶等	缺钠、氯可引起消化不良、食欲减退；热应激时易引起低血钾症	动物性饲料中钠含量丰富，植物性饲料中钾含量较多
镁	构成骨质必需的元素，是多种酶的激活剂，与钙、磷和碳水化合物代谢有密切关系	生长抑制、动作不协调、产蛋鸭产蛋率下降	镁含量过多会扰乱钙磷平衡
硫	主要存在于鸭体蛋白、羽毛及蛋内	食欲降低、多泪脱羽、生长缓慢、产蛋减少	
铁	血红蛋白、肌红蛋白的成分，也是多种辅酶的成分	生长不良、贫血、羽毛蓬乱	铁过量会干扰磷的吸收
铜	参与血红蛋白的合成及某些氧化酶的合成和激活	骨骼发育异常、生长不良、羽毛褪色	铜过量易引起溶血症
锌	多种酶不可缺少的成分，促进胃酸、骨骼形成	生长缓慢、皮肤粗糙，羽毛生长发育不良	主要来源有硫酸锌、氧化锌、碳酸锌、糠麸、饼粕和动物性饲料等
碘	甲状腺的组成成分，可提高蛋白质、糖和脂肪的利用率	甲状腺肿大、代谢功能降低、生长受阻	海洋饲料和鱼粉中富含碘
硒	蛋氨酸转化为胱氨酸所必需的元素，保护细胞膜的完整，起保护心肌作用	血管通透性差、心肌损伤、发生溃疡	最容易缺乏的微量元素之一，需额外补充，一般多用亚硒酸钠，因毒性强需控制添加量
钴	维生素 B_{12} 的成分，可促进血红蛋白的形成	引起鸭生长缓慢和恶性贫血	钴在一般饲料中不缺乏
锰	多种酶的激活剂	雏鸭骨骼发育不良、跗关节肿大、畸形	青粗饲料、糠麸中含量丰富

5. 维生素

虽然鸭的维生素需要量仅占日粮的 1% 以下，但其生物作用很大。维生素是维持鸭生长发育、新陈代谢不可或缺的物质，分为两大类，一类是脂溶性维生素，指不溶于水而溶于脂肪及有机溶剂的维生素，包括维生素 A、维生素 D、维生素 E、维生素 K。在鸭体内有一定贮存，主要贮存于肝脏器官，摄入过量会引起中毒，因此在饲料中需适当添加。另一类是水溶性维生素，指能在水中溶解的一组维生素，常是辅酶或辅基的组成成分，如维生素 C、B 族维生素、生物素、胆碱等，不需消化，直接从肠道内吸收后，通过循环到机体需要的组织中，多余的部分大多由尿液排出，在鸭体内极少贮存，须及时在日粮中供给。维生素的种类和功能及典型缺乏症见表 4-2。

表 4-2　维生素的种类和功能及典型缺乏症

维生素	主要功能	典型缺乏症	备注
维生素 A	保持黏膜正常功能，促进生长发育，增强对传染病和寄生虫的抵抗力	夜盲症、生长缓慢、抗病力弱、运动失调、生产性能下降	最重要且易缺乏的维生素之一
维生素 D	参与钙、磷的代谢，是骨骼钙化和形成蛋壳必需的营养物质	软骨症、生长速度缓慢、蛋壳质量下降、母鸭产蛋性能降低	每天日照 20 分钟可满足鸭对维生素 D 的需要
维生素 E（生育酚）	是一种抗氧化剂、代谢调节剂，维持磷酸化反应，参与核酸代谢、含硫氨基酸代谢等，促进鸭生长发育、提高繁殖率	脑软化、渗出性素质、肌肉营养不良、成鸭繁殖功能紊乱	青饲料、谷物胚芽中含量高
维生素 K	参与催化凝血酶原的形成，与肝脏合成凝血因子有关	出血病	一般不易缺乏
维生素 B$_1$（硫胺素）	构成消化酶的主要成分，参与碳水化合物代谢，维持神经细胞正常功能，促进食欲和生长	多发性神经炎、食欲减退、消化不良、生长缓慢	雏鸭对维生素 B$_1$ 缺乏敏感
维生素 B$_2$（核黄素）	调节体内氧化还原和细胞呼吸，提高饲料利用率	趾向内侧卷曲、关节触地走路、生长不良、产蛋减少	鸭体较易缺乏
维生素 B$_3$（泛酸）	辅酶 A 的组成成分，参与碳水化合物、脂肪和蛋白质的代谢	生长缓慢、羽毛粗乱、皮炎、代谢障碍	与维生素 B$_2$ 的利用有关

维生素	主要功能	典型缺乏症	备注
维生素B_5（烟酸）	所有活细胞都必须有的一种维生素，是抗癞皮病维生素，参与碳水化合物、脂肪和蛋白质的代谢并有助于产生色氨酸	口腔发炎、食欲减退、羽毛发育不良、关节肿大、腿弯曲、产蛋性能降低	雏鸭需要量高
维生素B_6（吡哆醇）	蛋白质代谢中的一种辅酶，参与碳水化合物和脂肪的代谢	神经障碍、生长缓慢、食欲减退、羽毛粗糙	一般饲喂玉米-豆粕型日粮不会出现维生素B_6缺乏
维生素B_{11}（叶酸）	以辅酶形式参与嘌呤、嘧啶和胆碱的合成，对羽毛生长有促进作用；与维生素B_{12}共同参与核酸和核蛋白的形成	生长发育不良、颈部麻痹、羽毛生长不良、胚胎死亡多	动植物性饲料中叶酸含量均丰富
维生素B_{12}（钴胺素）	参与核酸和甲基合成，参与碳水化合物和脂肪的代谢，提高造血功能	雏鸭生长迟缓、贫血、羽毛蓬乱、种鸭孵化率降低	肉骨粉、鱼粉、血粉、羽毛粉等动物性饲料中含量丰富
维生素H（生物素）	多种酶系统的组成成分，以辅酶形式广泛参与脂肪、蛋白质和碳水化合物的代谢	皮炎、生长缓慢、羽毛生长不良、运动失调、种鸭孵化率降低、胚胎畸形	一般不易缺乏
维生素C（抗坏血酸）	促进肾上腺皮质合成，增强机体免疫力，促进肠内铁的吸收，使叶酸还原成四氢叶酸	维生素C缺乏病、生长停滞、关节变软、抗病力下降	应激状态下应增加用量
胆碱	构成磷脂和卵磷脂的成分，与传递神经冲动和肝脏脂肪转运有关，提供蛋氨酸合成所需的甲基	脂肪肝、滑腱症、雏鸭生长缓慢、母鸭产蛋率下降	以玉米为主的配合日粮中应注意添加

二、鸭饲养标准

　　根据鸭不同种类、不同年龄、不同生产水平的营养需要，结合生产实践经验和饲养试验结果，制定相应的饲养标准，可以避免实际饲养中的盲目性，减少饲料的浪费，降低饲养成本，取得最大的经济效益。饲养标准大致可分为两类：国家标准和专用标准。国家标准是由国家规定和颁布，如我国的饲养标准、美国 NRC 标准等；专用标准是各大型育种公司根据培育的品种或品系特点而制定的符合该品种或品系营养需要的饲养标准。从国外引进品种时应有这方面的资料。

饲养标准一般以营养需要的形式表示，主要指标有能量、蛋白质、必需氨基酸、矿物质和维生素等，能量的需要量以代谢能表示，蛋白质的需要量以粗蛋白质表示，同时标出必需氨基酸的需要量，维生素的需要量是按最低需要量制定的，实际生产中要发挥鸭的最佳生产性能和遗传潜力时，应根据生产水平、饲养方式、饲料组成、环境条件，同时考虑动物个体与饲料原料差异及加工贮存过程中的损失因素加一个保险系数来确定维生素的供给量。不同的饲养标准适用于不同的国家和地区，参考应用时应把饲养标准作为指南，根据本地具体条件灵活运用，不能一成不变地照抄照搬。

肉用鸭和蛋用鸭的饲养标准见表4-3。

表4-3　肉用鸭和蛋用鸭的饲养标准

营养成分	肉用鸭			蛋用鸭		
	0~3周	3周以上	种鸭	雏鸭	育成鸭	产蛋鸭
代谢能 /（兆焦 / 千克）	12.134	12.552	11.385	11.715	10.880	11.715
粗蛋白质 /%	20	16	17	20	15	18
钙 /%	1.0	1.0	2.25	1.0	0.6	3.25
磷 /%	0.6	0.5	0.5	0.6	0.6	0.6
食盐 /%	0.3	0.3	0.3	0.3	0.3	0.3
蛋氨酸 /%	0.3	0.25	0.29	0.4	0.3	0.3
蛋氨酸 + 胱氨酸 /%	0.6	0.53	0.55	0.6	0.5	0.7
赖氨酸 /%	1.1	0.95	0.85	0.9	0.7	0.9
色氨酸 /%	0.27	0.26	0.24	0.26	0.24	0.26
维生素 A/（国际单位 / 千克）	4000	4000	4000	4000	4000	4000
维生素 D/（国际单位 / 千克）	220	220	500	220	220	500
维生素 E/（毫克 / 千克）	6	5	8	6	6	8
维生素 B_2/（毫克 / 千克）	4	4	4.5	4	2	4
维生素 B_3/（毫克 / 千克）	11	11	7	11	11	10
维生素 B_5/（毫克 / 千克）	55	55	40	55	50	40
维生素 B_6/（毫克 / 千克）	2.6	2.6	3.0	2.6	2.6	3.0

第二节　鸭饲料与营养成分

鸭饲料是指含有鸭所需要的营养物质成分而不含有有害成分的物质。不同类型的饲料差异很大，各有特性，了解各类饲料的营养特点对合理配制日粮、提高饲料利用率很有意义。

一、鸭饲料分类及常用饲料营养特性

鸭饲料的种类很多，根据营养特性可分为五大类。即能量饲料、蛋白质饲料、矿物质饲料、维生素饲料和饲料添加剂。鸭常用饲料原料见表4-4。

表4-4　鸭常用饲料原料

序号	饲料原料	序号	饲料原料
1	玉米	18	大豆
2	玉米淀粉	19	大豆粕
3	玉米DDGS	20	花生仁粕
4	玉米蛋白粉	21	菜籽粕
5	玉米胚芽饼	22	双低菜籽粕
6	大麦（皮）	23	菜籽饼
7	小麦	24	棉籽粕
8	次粉	25	向日葵仁粕
9	小麦麸	26	亚麻仁粕
10	高粱	27	芝麻饼
11	稻谷	28	棕榈仁饼
12	碎米	29	椰子饼
13	糙米	30	豌豆
14	米糠	31	鱼粉
15	米糠粕	32	肉粉
16	黑麦	33	肉骨粉
17	木薯干	34	羽毛粉

序号	饲料原料	序号	饲料原料
35	血粉	41	大豆油
36	啤酒酵母	42	家禽脂肪
37	苜蓿草粉（CP17%）	43	菜籽油
38	牛脂	44	椰子油
39	猪油	45	棉籽油
40	玉米油	46	棕榈油

1. 能量饲料

凡是干物质中粗纤维含量低于18%、粗蛋白质含量低于20%的饲料均属于能量饲料。这类饲料富含碳水化合物和脂肪，供给鸭所需要的能量，是鸭用量最多的一种饲料，在鸭日粮中的比重较大，可达50%～80%。能量饲料主要包括谷实类（禾本科植物成熟的种子如玉米、稻谷、大麦、小麦及其加工产品）、糠麸类（谷物的加工副产品如米糠、小麦麸、玉米糠等）、块根块茎瓜果类和其他类（油脂和乳清粉等）。

（1）玉米 玉米是主要的能量饲料，号称能量之王，富含无氮浸出物达74%～80%，主要是易消化的淀粉，其消化率高达90%，纤维少，适口性好，价格适中，是鸭的优质饲料，但玉米中蛋白质含量低（7.2%～8.9%），且几种必需氨基酸特别是赖氨酸和色氨酸较缺乏；玉米中脂肪含量高（3.5%～4.5%），含胡萝卜素较为丰富，钙磷含量低，铁、铜、锰、锌、硒等微量元素含量也较低，含维生素A、维生素E较多，而缺乏维生素D和维生素K，维生素B_2和烟酸也较少。目前已培育出高蛋白质、高赖氨酸玉米品种营养价值更高、饲喂效果更好。

玉米在饲粮中一般占35%～70%，使用中注意补充赖氨酸、色氨酸等必需氨基酸。玉米易酸败变质、产生黄曲霉，对鸭危害极大，配制时要现配现用，可使用防霉剂。夏季饲喂蛋鸭时玉米的比例可适当减少，以防蛋鸭过于肥胖影响产蛋量。

（2）小麦 小麦的能量与玉米接近，粗蛋白质含量高（10%～13%），氨基酸比其他谷实类完全，但赖氨酸和苏氨酸不足是较为突出的问题;B族维生素丰富,但不含胡萝卜素,维生素D和矿物质含量也较少,黏性大,因含较多的非淀粉多糖不宜用量过大,否则会引起消化障碍,影响鸭的生产性能,一般用量占日粮的10%～20%在添加β-葡聚糖酶和木聚糖酶的情况下可适当增加比例,但小麦价格较高。

(3)高粱 高粱的能量、B族维生素含量和玉米相近,含钙磷多,但不含胡萝卜素,蛋白质含量略高于玉米,但缺乏赖氨酸和色氨酸。蛋白质消化率低,且含较多单宁,适口性差,一般在鸭日粮中用量不超过10%～15%。

(4)稻谷 稻谷蛋白质含量一般为8%～10%,脂肪含量约2%,粗纤维含量高达9%,适宜磨成粉状饲喂,去壳的稻谷即为糙米,糙米能量高,粗纤维含量低(0.5%～1%),适宜喂鸭,在盛产稻谷的地区可用糙米或碎米代替部分玉米,但作为主要能量饲料时应注意补充胡萝卜素或黄色色素。

(5)米糠 米糠的营养价值随加工大米精制程度而有显著差异,精制程度越高,营养价值也就越高。米糠粗蛋白质含量和品质比玉米高,能值位于糠麸类饲料之首,其所含的脂肪酸多为不饱和脂肪酸,脂肪中还含有天然维生素E,B族维生素含量丰富,但缺乏维生素A、维生素D和维生素C,钙磷比例极不平衡,且因含油脂较多,脂肪酶活性较高,长期贮存易变质,一般在日粮中用量为10%左右,且应饲喂鲜米糠。

(6)小麦麸 小麦麸俗称麸皮,能量较低,麸皮中B族维生素及维生素E的含量较高,适口性好,是鸭的常用饲料,可作为动物配合饲料中维生素的重要来源。但因粗纤维含量高、容积大而具有轻泻作用,用量不宜过多,一般高产鸭和肉鸭不宜超过10%,停产鸭和后备鸭可适当增加,20日龄前雏鸭不宜添加。

(7)块根块茎类 包括马铃薯、甘薯、木薯、胡萝卜、南瓜、甜菜等,种类不同,营养差异大。共性是:新鲜、含水量高、能值低、蛋白质品质较差,经晾晒和烘干后能值可近似于谷实类饲料,一般于散养时使用,在日粮中适当添加有利于降低饲料成本,维护鸭体健康。

(8)油脂 包括豆油、玉米油、菜籽油等,可作为脂溶性维生素的载体，还能提高日粮中能量浓度，降低饲料消耗，提高雏鸭的日增重，保证蛋鸭夏季能量摄入，但易氧化、酸败和变质，且添加时应相应提高其他营养物质的水平。

2. 蛋白质饲料

蛋白质饲料是指干物质中粗纤维含量在18%以下，粗蛋白含量在20%以上的饲料。根据来源可分为植物性蛋白质饲料、动物性蛋白质饲料、单细胞蛋白质饲料和合成氨基酸4类。

植物性蛋白质饲料包括豆科籽实、饼粕类及部分糟渣类饲料，规模化鸭场常使用饼粕类饲料。饼粕类饲料是豆科籽实和油料籽实提油后的副产品，其中压榨提油后的块状副产品称饼，浸提出油后的碎片状副产品称粕。这类饲料粗蛋白质含量高、氨基酸平衡、生物学价值高、粗纤维含量低、B族维生素丰富，但因含有一些抗营养因子使用时应注意。

动物性蛋白质饲料主要是水产品、肉类、乳和蛋加工的副产品、蚕蛹及屠宰场和皮革厂的废弃物等。这类饲料的主要营养特点是蛋白质含量高且品质好、消化率高、矿物质丰富、但因含有一定量的油脂，容易酸败影响品质且容易被病原细菌污染。

以下列出鸭常用蛋白质饲料的特性。

（1）大豆饼粕　大豆饼粕是鸭最好的植物性蛋白质饲料，粗蛋白质含量达40%～50%，氨基酸组成极好，赖氨酸含量高可达2.9%，与玉米配合使用效果好。但蛋氨酸含量偏低，通常是唯一的限制性氨基酸，大豆饼粕中含有抗营养因子影响蛋白质利用，可通过加热处理来破坏有害物质。

（2）菜籽饼粕　是菜籽榨（浸）油后的残渣，蛋白质含量为33%～40%，粗纤维含量12%，氨基酸利用率比大豆饼粕低，适口性差，且含有有毒物质硫代葡萄糖苷、芥子碱等，日粮中不宜过量使用，在加工配合饲料中脱毒后的菜籽饼粕可代替部分大豆饼粕，用量在3%～10%。

（3）棉籽饼粕　以棉籽为原料，脱壳后经压榨或浸提后所得的残渣即为棉籽饼粕。其蛋白质含量为33%～40%，但质量较差，粗纤维含量11%，且含有棉酚，使用量不宜超过配合饲料的5%，经脱毒后可适当增加用量。

（4）玉米蛋白粉　是玉米提取淀粉后的副产品，有时也被称为黄粉，叶黄素含量高，其外观色泽和蛋白质含量受所含浸渍物或玉米胚芽的比例大小影响，蛋白质含量一般为 30% ～ 65%，但适口性一般，优质玉米蛋白粉可提供部分色素。

（5）鱼粉　鱼粉蛋白质、赖氨酸、蛋氨酸、胱氨酸和色氨酸含量高且消化率高，优质鱼粉蛋白质含量可达 55% ～ 70%，钙磷比例好，磷的利用率高；但由于含盐量高且价格较贵，在鸭日粮中配比一般不超过 5%，鱼粉脂肪含量高在贮存中易发生腐败发霉，应注意鱼粉的贮存条件并不宜久贮。

（6）肉骨粉　是指由动物下脚料及废弃屠体经高温高压灭菌后制得的产品。骨骼所占比例和蛋白质含量因来源而有所不同，一般为 20% ～ 55%，蛋白质含量高的称肉骨粉，钙磷含量较低；蛋白质含量低的称骨肉粉，钙磷含量较高。赖氨酸含量丰富，蛋氨酸和色氨酸较少，B 族维生素含量丰富，但缺乏维生素 A、维生素 D、烟酸和泛酸等，鸭日粮中用量在 5% 左右，且易变质，贮存时应防止脂肪氧化，防止沙门菌和大肠杆菌污染。

（7）血粉　屠宰牲畜所得血液经干燥后制成的产品。含粗蛋白质 80% 以上，赖氨酸含量为 6% ～ 7%，异亮氨酸和蛋氨酸含量较低，铁含量多，但钙磷少，适口性差，消化率低，日粮用量过多易引起腹泻，应控制在 1% ～ 3%，发酵血粉添加量可适当提高。

（8）羽毛粉　利用屠宰所得的洁净羽毛经加热加压、水解、干燥粉碎制成的蛋白质产品。蛋白质含量一般为 80% 以上，但品质差，适口性差，赖氨酸、组氨酸、蛋氨酸和色氨酸含量很低，一般日粮用量不超过 3%，使用时应与其他动物性蛋白质饲料配合使用，提高氨基酸的平衡性，水解羽毛粉用量可适当提高。

（9）酵母　粗蛋白含量在 40% ～ 50%，蛋白质生物学价值优于植物蛋白，赖氨酸含量高，B 族维生素丰富，但蛋氨酸含量低，味苦，适口性差，日粮中添加量一般不超过 5%。

（10）合成氨基酸　生产上习惯称氨基酸添加剂，已在饲料工业中广泛使用，是最主要的一类营养型饲料添加剂。目前饲料级氨基酸有蛋氨酸、色氨酸、赖氨酸、苏氨酸、谷氨酸和甘氨酸等，其中最常用的为蛋氨酸和赖氨酸。由于价格很高，市场上常有伪劣氨基酸出现，使用时应注意鉴别真假。可采用灼烧法鉴别真假。

3. 矿物质饲料

含营养物质较为单一，是为了补充植物性和动物性饲料中某种矿物质元素不足而使用的一种饲料，常用的矿物质饲料包括以下几种。

（1）贝壳粉、石灰石和蛋壳粉　贝壳粉含钙多、易吸收，是补充钙的好饲料，雏鸭添加量为 1% 左右，成年鸭 5%～7%。石灰石钙含量高，是补充钙源的廉价矿物质饲料，但应注意镁的含量不宜过高。蛋壳粉是蛋壳经水洗、煮沸、干燥后粉碎制得的产品，吸收率较好，是理想的钙源饲料，鸭育雏及育成阶段日粮用量为 1%～2%，产蛋阶段为 5%～8%。

（2）骨粉、磷酸氢钙　骨粉基本成分是磷酸钙，是很好的钙、磷补充饲料，钙含量约 36%、磷含量 16%，且比例适当，在配合饲料中用量一般为 1%～3%。磷酸氢钙含磷 18.97%，含钙 24.3%，钙磷比例符合鸭的需要。

（3）食盐　主要提供钠和氯，可保证鸭体正常新陈代谢，能调味增进鸭的食欲。食盐一般混入精料中饲喂，用量可占日粮的 0.3%～0.5%，使用鱼粉时应将鱼粉中盐含量计算在内，配方中氯化胆碱和赖氨酸盐酸盐中的氯须予以考虑。

（4）微量元素矿物质饲料　鸭需要量少，生产中不能直接添加到日粮中，一般以添加剂预混料的形式添加。目前常用的有硫酸亚铁、硫酸铜、硫酸锰等，具体使用效果还有待研究。

4. 维生素饲料

为鸭提供各种维生素需要的饲料称维生素饲料，包括青绿饲料和叶草粉饲料。这类饲料含水量 50%～95%，干物质中蛋白质含量高，青绿饲料在鸭的饲养中占有重要的地位，在资源丰富的情况下可以经调制如清洗、切碎、打浆后加以充分利用，主要包括牧草类、叶菜类、水生类和根茎类等，富含胡萝卜素和某些 B 族维生素及一些微量元素，对鸭的生长、产蛋、繁殖及维持鸭体健康均有作用，具有来源广、成本低、消化率高、适口性好等优点。饲喂一定量的青绿饲料可使鸭抗病力增强、肉味鲜美、鸭蛋风味独特。叶草粉饲料包括苜蓿草粉、槐叶粉和松针粉等。有研究表明日粮中添加5%苜蓿草粉可使鸭蛋蛋壳厚度有所改善，蛋黄颜色显著加深。

二、鸭饲料开发利用

随着我国经济发展和城镇化推进及饲料工业的发展，饲料原料的短缺问题已成为今后畜牧业发展所面临的一大挑战，如何开发利用饲料资源愈来愈受到政府、科研工作者和饲料生产者的重视。近年来糟渣类饲料、非常规植物性蛋白质饲料、非常规动物性蛋白质饲料、牧草及林业副产品等的开发研究利用都有一定的发展。从鸭的消化生理来讲，我们有应用非常规饲料原料的潜力，充分利用非常规饲料资源意义重大，主要意义有提高资源利用率、降低饲料成本、提高养殖效益和减少对环境的影响等。但非常规饲料原料具有营养成分变异大、质量不稳定、适口性差甚至含有抗营养因子及毒素等特点，应因地制宜，考虑饲养模式等方面的影响充分挖掘其饲用价值。目前这类饲料的相关高效利用技术和配套技术包括非常规饲料营养价值的精准评估和数据库的建立、加工方法、在鸭饲粮中的适宜添加水平及利用酶制剂等来提高非常规饲料的利用率等报道相对较少。

1. 糟渣类饲料

主要是指由农副产品加工后的废弃物及工业下脚料。该类饲料在微生物发酵过程中会消耗部分淀粉，蛋白质、脂肪和粗纤维等成分也会浓缩。由于大多数糟渣类饲料原料的纤维含量较高，很少作为家禽饲料，但经合理处理后可在家禽饲粮利用中发挥一些重要作用。常见的糟渣类饲料有干酒糟及其可溶物（DDGS）、醋糟（渣）、苹果渣、木薯渣、甜菜渣和马铃薯渣等。

2. 非常规植物性蛋白质饲料

目前主要有葵花籽粕、西兰花茎叶粕、辣木梗粉和玉米深加工得到的副产品如玉米胚芽粕及喷浆玉米皮等。非常规植物性蛋白质饲料营养丰富，且含有一些特殊成分，经加工调制如糖化发酵、蒸煮和青贮等后能作为鸭饲料。使用前应先通过测定非常规饲料原料常规成分，再根据鸭不同生产性能、营养物质利用率及肠道生长等因素评定在鸭上的代谢能，最后确定在鸭饲粮中的合理利用量。有研究表明在基础饲粮中添加适量的辣木梗粉可提高 1 ~ 28 日龄蛋雏鸭的免疫及抗氧化功能；辣木梗粉和辣木黄酮可以有效降低鸭产蛋初期的料蛋比，提高饲料转化率，此外还可以增强蛋壳的硬度、减少破蛋壳率、进一步优化蛋品质。

3. 非常规动物性蛋白质饲料

生产中使用的主要有畜禽屠宰加工的副产品（如血粉、皮革粉等）、缫丝工业的副产品（如蚕蛹粉）和昆虫蛋白质饲料（如蚯蚓粉、蝇蛆粉等）。近期鸭生产中研究较多的是昆虫蛋白质饲料，如家蝇幼虫制品。家蝇幼虫俗称蝇蛆，具有繁殖速度快、易培育、生产周期短的优势，蛋白质含量丰富，最高可达 65%，含有动物所需的 17 种氨基酸，是代替鱼粉的优良动物性蛋白质饲料。有研究表明，蝇蛆蛋白质的酶解产物还有增强免疫、抗氧化功能。但目前有关蝇蛆养殖生物安全性的报道较少，如何保证蝇蛆产品的安全性须引起重视。生产中也可利用人工方法生产一些昆虫类等优良动物性蛋白质直接喂鸭，在可以放牧的地方采用泼洒稀粥法、粪便发酵法等进行育虫，直接让鸭啄食，这样既保证充分的动物性蛋白质供应、促进生长和生产、降低饲料成本，又能够提高产品质量。

4. 牧草及林业副产品

可以利用鸭耐粗饲的特点，鸭饲粮中也能添加一部分牧草及树叶类饲料，在一定程度上还能提高肉品质，降低了鸭饲养成本。据报道，苜蓿草粉在鸭饲粮中的应用效果较好，饲粮中添加适量的苜蓿草粉在一定程度上可以促进育成鸭的生长，改善鸭胴体特性和肉质，促进鸭胃肠道发育，改善小肠组织形态结构。

三、鸭常用饲料营养成分

各种鸭常用饲料的营养成分见表 4-5（引自 NY/T 2122—2012）。

表4-5 鸭常用饲料营养成分

中国饲料号及名称	饲料描述	干物质/%	粗蛋白质/%	粗脂肪/%	粗纤维/%	无氮浸出物/%	粗灰分/%	钙/%	总磷/%	非植酸磷/%	表观代谢能(兆焦/千克)
4-07-0279 玉米	成熟，1级	87.0	8.7	3.6	1.6	70.7	1.4	0.02	0.27	0.12	13.82
4-07-0280 玉米	成熟，2级	87.0	7.8	3.5	1.6	71.8	1.3	0.02	0.27	0.12	13.36
4-07-0272 高粱	成熟	87.0	9.0	3.4	1.4	70.4	1.8	0.13	0.36	0.17	12.60
4-07-0270 小麦	混合小麦，成熟	87.0	13.9	1.7	1.9	67.6	1.9	0.17	0.41	0.13	13.31
4-07-0277 大麦（皮）	皮大麦，成熟	87.0	11.0	1.7	4.8	67.1	2.4	0.09	0.33	0.17	12.81
4-07-0273 稻谷	成熟，晒干	87.0	7.8	1.6	8.2	63.8	4.6	0.03	0.36	0.20	11.89
4-07-0276 糙米	良，成熟，除去外壳的整粒大米	87.0	8.8	2.0	0.7	74.2	1.3	0.03	0.35	0.15	14.19
4-07-0275 碎米	良，加工精米后的副产品	88.0	10.4	2.2	1.1	72.7	1.6	0.06	0.35	0.15	13.98
4-04-0267 木薯干	木薯干片，晒干	87.0	2.5	0.7	2.5	79.4	1.9	0.27	0.09	0.07	13.02
4-08-0105 次粉	黑面，黄粉	87.0	13.6	2.1	2.8	66.7	1.8	0.08	0.48	0.14	12.02
4-08-0069 小麦麸	传统制粉工艺，1级	87.0	15.7	3.9	6.5	56.0	4.9	0.11	0.92	0.24	6.62
4-08-0070 小麦麸	传统制粉工艺，2级	87.0	14.3	4.0	6.8	57.1	4.8	0.10	0.93	0.24	6.99
4-08-0041 米糠	新鲜，不脱脂	87.0	12.8	16.5	5.7	44.5	7.5	0.07	1.43	0.10	11.35
4-08-0042 米糠	新鲜，不脱脂	87.0	14.7	17.6	6.0	43.2	6.8	0.08	1.37	0.17	11.85

中国饲料号及名称	饲料描述	干物质/%	粗蛋白质/%	粗脂肪/%	粗纤维/%	无氮浸出物/%	粗灰分/%	钙/%	总磷/%	非植酸磷/%	表观代谢能(兆焦/千克)
4-10-0018 米糠粕	浸提或预压浸提,1级	87.0	15.1	2.0	7.5	53.6	8.8	0.15	1.82	0.24	7.75
5-09-0127 大豆	黄大豆,成熟	88.0	35.5	17.3	4.3	25.7	4.2	0.27	0.48	0.30	13.78
5-10-0103 大豆粕	去皮,浸提或预压浸提	89.0	47.9	1.5	3.3	29.7	4.9	0.34	0.65	0.22	11.01
5-10-0102 大豆粕	浸提或预压浸提	89.0	44.2	1.9	5.9	28.3	6.1	0.33	0.62	0.21	10.34
5-10-0117 棉籽粕	浸提或预压浸提	90.0	43.5	0.5	10.5	28.9	6.6	0.28	1.04	0.36	7.87
5-10-0183 菜籽饼	机榨	88.0	35.7	7.4	11.4	26.3	7.2	0.59	0.96	0.33	6.57
5-10-0121 菜籽粕	浸提或预压浸提	88.0	38.6	1.4	11.8	28.9	7.3	0.65	1.02	0.35	7.79
5-10-0115 花生仁粕	浸提或预压浸提	88.0	47.8	1.4	6.2	27.2	5.4	0.27	0.56	0.33	12.56
5-10-0242 向日葵仁粕	壳仁比16:84	88.0	36.5	1.0	10.5	34.4	5.6	0.27	1.13	0.17	9.97
5-10-0243 向日葵仁粕	壳仁比24:76	88.0	33.6	1.0	14.8	38.8	5.3	0.26	1.03	0.16	9.09
5-10-0120 亚麻仁粕	浸提或预压浸提	88.0	34.8	1.8	8.2	36.6	6.6	0.42	0.95	0.42	7.96
5-10-0246 芝麻饼	机榨(CP40%)	92.0	39.2	10.3	7.2	24.9	10.4	2.24	1.19	0.22	10.09

中国饲料号及名称	饲料描述	干物质/%	粗蛋白质/%	粗脂肪/%	粗纤维/%	无氮浸出物/%	粗灰分/%	钙/%	总磷/%	非植酸磷/%	表观代谢能(兆焦/千克)
5-11-0002 玉米蛋白粉 (CP62.5%)	玉米去胚芽、淀粉后的面筋部分,中等蛋白产品(CP50%)	91.2	51.3	7.8	2.1	28.0	2.0	0.06	0.42	0.16	15.20
5-11-0008 玉米蛋白粉	同上,中等蛋白产品(CP40%)	89.9	44.3	6.0	1.6	37.1	0.9	0.12	0.50	0.18	12.90
4-10-0026 玉米胚芽饼(含皮)	玉米湿磨后的胚芽,机榨,含玉米皮	90.0	16.7	9.6	6.3	50.8	6.6	0.04	1.45	0.36	7.79
5-11-0007 玉米 DDGS	玉米酒精糟及可溶物、脱水	89.2	27.5	10.1	6.6	39.9	5.1	0.20	0.94	0.63	10.51
5-13-0045 鱼粉 (CP62.5%)	8样平均值	90.0	62.5	4.0	0.5	10.0	12.3	3.96	3.05	3.05	13.82
5-13-0077 鱼粉 (CP53.5%)	沿海产的海鱼粉,脱脂,11样平均值	90.0	53.5	10.0	0.8	4.9	20.8	5.88	3.20	3.20	13.48
5-13-0036 血粉	猪鲜血,喷雾干燥	88.0	82.8	0.4	—	1.6	3.2	0.29	0.31	0.31	14.53
5-13-0037 羽毛粉	纯净羽毛,水解	88.0	77.9	2.2	0.7	1.4	5.8	0.20	0.68	0.68	13.23
5-13-0047 肉骨粉	屠宰下脚、带骨干燥粉碎	93.0	50.0	8.5	2.8	—	31.7	9.20	4.70	4.70	11.22
1-05-0075 苜蓿草粉 (CP17%)	一茬盛花期烘干	87.0	17.2	2.6	25.6	33.3	8.3	1.52	0.22	0.22	5.65
7-15-0001 啤酒酵母	啤酒酵母菌粉	91.7	52.4	0.4	0.6	33.6	4.7	0.16	1.02	—	8.21

第三节　鸭饲料配制

现代养殖业可持续性发展客观上要求饲料配方设计由单纯追求最高生产性能的饲料配方发展为最佳效益和环保型配方。在生产中，作为饲料企业或养殖企业，必须建立一套自己的饲料营养价值数据库，才能确保配方精准。

一、饲料配制原则

配制鸭安全饲料，是关系到养鸭生产持续发展和人类生命健康的重要问题。在生产过程中，应根据不同生长发育阶段，选择相应的饲养标准，把各种适宜的饲料原料配合到一起，使最终形成的配合饲料所含营养物质的种类、数量和相互比例关系恰到好处，满足鸭生长发育的需要。在配制日粮时须掌握好以下几个原则。

1. 营养科学性原则

各种饲料原料的营养成分差别很大，实际用量也各不相同。理论上，饲料营养价值是指饲料能够满足动物营养需要的程度，动物需要标准不同，评价的价值也不同，可能是评价饲料总营养价值，也可能是评价一种营养物质的营养价值。饲料营养价值评定为衡量饲料的质量状态和合理利用饲料提供了依据。配制日粮时要熟悉各种饲料原料的基本特点，以鸭生长发育各阶段的营养需要量为依据，根据实际情况如气候、季节、饲养方式、鸭舍构造、饲养密度、饲料条件、管理经验，以及品种、日龄、出售体重、生长速度、饲料转化率等，掌握各类饲料原料在配合时的大致比例，使饲料中各营养成分含量达到饲养品种提供的指标要求。因能量饲料在日粮中所占比例最多，配合日粮时应优先满足能量需要，在此基础上还要注意蛋白质等营养物质的含量，为保证蛋白质和必需氨基酸的需要，动物性蛋白质饲料和植物性蛋白质饲料应各占一定比重。在满足能量、蛋白质这两大主体成分的基础上，再适当添加部分粮食加工副产品、矿物质、维生素等添加剂，在可能的条件下使配制所用的饲料原料尽量多样化、合理搭配，可发挥各种营养成分的互补作用，提高营养物质的利用率，以保证营养完善。鸭对饲料比较敏感，饲料变动大容易引起应激反应，因此日粮配方要保持相对稳定，如需改变则最好有1周的过渡期，否则会影响鸭生产性能。

2. 安全合规性原则

饲料配制必须严格遵守《饲料原料目录》《饲料添加剂目录》《饲料卫生标准》等国家法律法规，选用的饲料原料要新鲜，具有该品种应有的色、味和组织形态特征，不应使用未经国家主管部门批准使用的微生态制剂、酶制剂等；不应使用被其他化学品污染的饲料、未经无害化处理的其他畜禽副产品；不应使用霉变饲料、抗生素滤渣。配制的鸭饲料卫生指标应符合国家《饲料卫生标准》的要求（见表4-6）。饲料中各种成分配制混合一定要均匀细致，特别是维生素、微量元素、药品、氨基酸等添加剂，总量本来就很小，若搅拌不均匀，便不能发挥应有的作用，有时甚至出现食品安全问题。

表 4-6　饲料、饲料添加剂卫生标准

序号	卫生指标项目	产品名称	指标
1	总砷/（毫克/千克）	添加剂预混合饲料	≤ 10
		浓缩饲料	≤ 4
		配合饲料	≤ 2
2	铅/（毫克/千克）	添加剂预混合饲料	≤ 40
		浓缩饲料	≤ 10
		配合饲料	≤ 5
3	汞/（毫克/千克）	配合饲料	≤ 0.1
4	镉/（毫克/千克）	添加剂预混合饲料	≤ 5
		浓缩饲料	≤ 1.25
		配合饲料	≤ 0.5
5	铬/（毫克/千克）	添加剂预混合饲料	≤ 5
		浓缩饲料	≤ 5
		配合饲料	≤ 5
6	氟/（毫克/千克）	添加剂预混合饲料	≤ 800
		浓缩饲料	≤ 500
		配合饲料	≤ 200

序号	卫生指标项目	产品名称	指标
7	亚硝酸盐（以 $NaNO_2$ 计）/（毫克/千克）	浓缩饲料	≤ 20
		配合饲料	≤ 15
8	黄曲霉毒素 B_1/（微克/千克）	雏禽浓缩饲料	≤ 10
		肉用仔鸭后期、生长鸭、产蛋鸭浓缩饲料	≤ 15
		其他浓缩饲料	≤ 20
		雏禽配合饲料	≤ 10
		肉用仔鸭后期、生长鸭、产蛋鸭配合饲料	≤ 15
		其他配合饲料	≤ 20
9	赭曲霉毒素 A/（微克/千克）	配合饲料	≤ 100
10	玉米赤霉烯酮/（毫克/千克）	其他配合饲料	≤ 0.5
11	脱氧雪腐镰刀菌烯醇（呕吐毒素）/（毫克/千克）	其他配合饲料	≤ 3
12	T-2 毒素/（毫克/千克）	猪禽配合饲料	≤ 0.5
13	伏马毒素（B_1+B_2）/（毫克/千克）	家禽浓缩饲料	≤ 5
		家禽配合饲料	≤ 20
14	氰化物（以 HCN 计）/（毫克/千克）	其他配合饲料	≤ 50
15	游离棉酚/（毫克/千克）	家禽（产蛋禽除外）配合饲料	≤ 100
		其他畜禽配合饲料	≤ 20
16	异硫氰酸酯（以丙烯基异硫氰酸酯计）/（毫克/千克）	家禽配合饲料	≤ 500
17	噁唑烷硫酮（以 5-乙烯基-噁唑-2-硫酮计）/（毫克/千克）	产蛋禽配合饲料	≤ 500
		其他家禽配合饲料	≤ 1000
18	多氯联苯（PCB，以 PCB28、PCB52、PCB101、PCB138、PCB153、PCB180 之和计）（微克/千克）	添加剂预混合饲料	≤ 10
		其他浓缩饲料、配合饲料	≤ 10
19	六六六（HCH，以 α-HCH、β-HCH、γ-HCH 之和计）/（毫克/千克）	添加剂预混合饲料、浓缩饲料、配合饲料	≤ 0.2
20	滴滴涕（以 p,p′-DDE、o,p′-DDT、p,p′-DDD、p,p′-DDT 之和计）/（毫克/千克）	添加剂预混合饲料、浓缩饲料、配合饲料	≤ 0.05
21	六氯苯（HCB）/（毫克/千克）	添加剂预混合饲料、浓缩饲料、配合饲料	≤ 0.01
22	沙门菌（25 克中）	饲料产品	不得检出

注：表中所列限量除特别注明外均以干物质含量 88% 为基础计算（沙门菌除外）。

3. 生理适应性原则

饲料的适口性、易消化性和体积要与鸭的消化生理特点相适应。配制饲料原料的选择既要满足鸭需求，又要与鸭消化生理特点相适应，包括饲料的适口性和粗纤维含量等，尽量选用易被鸭消化吸收的原料，品质和适口性要好，品质不良、霉败、变质的饲料坚决弃用。配制的日粮应具有良好的适口性，饲料要新鲜。鸭具有与其他禽类不同的消化生理特点，对粗纤维的消化能力较强，饲料配方中可适当添加含粗纤维较多的饲料，以充分发挥鸭消化利用粗纤维的能力，降低饲养成本，但要控制在一定比例，通常种鸭饲料配方中粗纤维的含量应控制在 5% 以下。

4. 经济实用性原则

应因地制宜，了解各类饲料原料的行情，充分开发和利用当地饲料资源，以配制出营养价值较高且价格较低的全价日粮，降低饲料成本，提高经济效益。饲料原料价格较低而畜产品售价较高时，应设计高档饲料配方，以追求速度和高回报；饲料原料价格偏高而畜产品售价较低时，应设计低档饲料配方，实现低成本养殖。

二、配合饲料种类

配合饲料是指根据动物营养需要，将多种饲料原料和饲料添加剂按照一定饲料配方配制的饲料。

1. 按营养成分和用途分类

目前市售的可分为添加剂预混料、浓缩饲料和全价饲料三大类。

（1）添加剂预混料　添加剂预混料是指以两种（类）或以上维生素等营养物质添加剂或抗氧化剂等非营养物质添加剂为主，以玉米粉等为载体按照一定比例配制的一种半成品，包括复合预混合饲料、微量元素预混合饲料、维生素预混合饲料等，这类饲料不能直接单独用来喂鸭，须与蛋白质、能量饲料混合均匀后方可用来喂鸭，一般在配合饲料或饮用水中的添加量不高于 10%。

（2）浓缩饲料　主要是由蛋白质饲料、矿物质饲料及添加剂预混合饲料构成的，因体积小而被称为浓缩饲料。浓缩饲料不能直接喂鸭，须搭配一定比例的能量饲料配制成全价饲料后再饲喂鸭。养殖户可在市场上购买质量稳定的浓缩饲料，按说明书要求添加玉米、糠麸等当地饲料配成全价饲料，从而充分利用当地饲料资源，降低饲养成本，提高养殖经济效益。

（3）全价饲料　是指由能量饲料、蛋白质饲料、矿物质饲料、维生素饲料和各种添加剂配制而成，营养成分全面，满足动物的各种营养需要，无需再添加任何东西就可以直接饲喂的一种饲料。

2. 按饲料物理性状分类

按饲料物理性状分主要有粉状饲料、颗粒饲料和碎粒饲料三种。粉状饲料是将混合好的饲料都加工成粉状，然后加氨基酸、维生素、微量元素补充料及添加剂等混合拌匀而成。粉碎成大小较均匀的一种料型，加工成本较低，饲喂鸭不挑食，但在运输过程中易产生分级现象，生产上常用于 2 周以内的肉用仔鸭、生长后备鸭。颗粒饲料是以粉料为基础经过蒸汽、加压处理制成的，因体积小改善了饲料的适口性，提高采食量，减少饲料浪费，且易贮存和运输，但加工成本高，适用于各种类别的鸭，但对育成鸭、肉用种鸭应控制喂量，以免影响生产性能的正常发挥。碎粒饲料是把颗粒饲料再经破碎加工成碎粒，适用于鸭早期的饲养，防止因采食过多而过肥。

三、饲料配方设计要点

由于单一饲料原料存在营养不均衡，不能很好地满足动物的基本营养需要，有的饲料还存有适口性差、含抗营养因子和毒素等问题，不能直接饲喂动物，需科学加工方可。为有效利用各种饲料原料，提高饲料利用率，有必要将各种饲料进行合理搭配，以便充分发挥各种单一饲料的优点、弥补其不足。饲料配方就是指通过不同的饲料原料合理组合来满足动物的营养需求，从而保证动物的正常生产（生长）。但饲料配方的设计受各种因素的影响。传统的饲料配方设计是根据鸭营养需要，通过合理搭配各种饲料原料为鸭提供满足其发挥最佳生产性能的各种营养物质。现代养鸭业可持续发展客观上要求饲料配方除符合上述条件外，还必须保证鸭产品的营养价值、风味以及食用安全性，充分提高鸭对饲料的利用率、减少饲料浪费、最大限度地降低对环境的污染。

1. 合理确定饲养标准

设计饲料配方应先明确饲料产品配方用于什么种类鸭、什么生产阶段、什么生产性能和预期目标值，从而选择相应的饲养标准。鸭饲养标准是鸭饲料配方设计的依据，能大概反映鸭对各种营养物质需求的近似值，其内容和数值都是有针对性的，实际配方设计时应根据本地区饲养鸭的品种和特点，结合经验，参照相应的饲养标准，整理出适合实际的饲养标准。

2. 合理选择饲料原料

不同品种以及不同生长阶段，对原料都有不同的要求，选择最佳的饲料原料也是做好配方的关键步骤。首先尽量利用地方饲料资源，如本地的小麦、玉米、稻谷、加工副产物等往往较为新鲜，储存和运输环节少，具有价格优势。选择本地资源充足、价格低廉且营养丰富的原料可达到降低配方成本的目的。若能科学合理使用非常规饲料原料（如菜籽粕、棉籽粕、酒糟等），也可使产品具有较强的竞争力，带来明显的经济效益。

其次合理确定原料营养成分的取值。同一原料品种，由于产地、品质、等级不同，其营养成分往往也不同，设计配方时尽量选择条件相近的作参考，注意行业所发布的营养价值表最新版本，使原料营养成分取值尽可能达到精确。在没有把握选用现有数据时，可实测。对于饲料生产企业，可对每批原料进行营养成分的化验，或委托送检每批原料的关键指标，从而建立本单位的原料营养成分数据库（包括原料描述、价格、营养物质含量、消化率等），作为配方设计的依据。

再次是合理确定原料种类。基于适口性、可消化性和经济性等考虑，配方的饲料原料要有多样性，进行合理搭配，充分发挥各原料营养物质的互补作用，有效提高饲料的生物学价值和饲料利用率。但也不能过多，过多的原料种类会造成设计和实际生产上的麻烦，并易出现新的营养不平衡，一般以 6 ~ 8 种较为合适，但也要根据饲料的品种和特点进行考虑。比如设计一个配合饲料配方，应选用 5 ~ 7 种能量和蛋白质原料，一般不要低于 3 种，同时考虑饲料营养组成、抗营养因子和有毒有害物质含量对鸭身体健康和生产性能的影响，以确定其最高用量比例。设计商品饲料时还应考虑原料用量比例对饲料加工和商品料外观物理性状的影响。

3. 饲料配方的验证

一个配方设计计算完成后能否用于实际生产，还必须经得起验证，如能否完全预防动物营养缺乏症发生；配方设计的营养需要是否适宜，有无过量；配方组成是否经济有效；配方组成对饲料产品的加工特性有无影响；配方产品是否影响动物产品的风味和外观（如异味、异色）等。须通过检验的信息反馈，重新修订并完善配方。

4. 饲料配制

配制时应对照饲养标准严格按计算好的比例称量，切忌随意性。配制时应充分搅拌均匀，尤其是多种维生素、微量元素等添加剂，可先进行预混合再拌入全部饲料中。自用时每次配制饲料量不宜过多，以 7 ~ 10 天能吃完为宜，从而保持饲料的新鲜。

四、饲料配方设计方法

1. 传统手工方法

饲料配方是经验的结晶，往往实用性较高。在计算机用于饲料行业之前，饲料配方的设计大多依靠经验，通过手工计算几个成分，此类方法简单易懂，对于初次接触饲料配方设计的人员容易上手。具体做法是：首先根据鸭的品种和生产阶段等确定鸭对各种营养物质的需要量；其次初步拟定各种饲料原料的大致比例，一般谷类饲料的添加大致比例为 40% ~ 60%，植物性蛋白质饲料 15% ~ 25%，动物性蛋白质饲料 3% ~ 10%，糠麸类饲料 5% ~ 15%，矿物质饲料 2% ~ 6%，微量元素、维生素添加剂等 0.1% ~ 0.5%；再次抓住几个主要指标进行计算，根据差距大小调整比例；最后加入矿物质饲料、微量元素和维生素，使其达到营养要求。缺点是计算烦琐、工作量大，当饲养标准中规定的指标由几项逐渐增加到更多项时，就会出现无法满足多数指标的需要，配方难度加大，难以获得满意配方。

2. 电子计算机法

随着计算机技术的快速发展，配方设计越来越多利用计算机进行辅助设计，包括建立完整的饲料原料数据库、对饲料配方进行快速计算和优化、设计最低价格配方。现在的新软件还能进行多目标、多配方设计，并能提供原料采购决策和概率配方等新技术。利用计算机进行配方设计，能有效提高饲料配方的技术水平和经济性，并能有效对原料和配方进行科学的管理。

近年来，在国家环保政策的影响下，饲料工业、养殖业发生了巨大变化，越来越向规模化、专业化、科学化方向发展，随着精准营养概念的提出，各企业、养殖户开始向"精准营养技术"迈进，特别是在饲料配方优化设计方面应用不断深入。在大数据时代背景下，基于饲料原料全数据分析、营养需要多指标的精准估计使动物精准营养配方成为可能。设计精准营养配方是饲料企业在激烈竞争中获胜的关键，也是"配方师"价值在产品中的体现。可以说，在未来的畜禽养殖业当中，绿色畜禽产品将是未来主要的发展方向。

精准营养即饲养精准化，是以饲养群体中每个个体的年龄、体况、生长环境等为基础，准确分析个体对营养物质的需要，在日粮中提供最佳的营养物质成分、数量比的饲养技术。"精准营养技术"是动物处于正常的生理代谢前提下，通过改变日粮组成，充分挖掘饲料中潜在营养成分，使其被动物吸收利用最大化，从而成为降低养分流失、节约饲养成本、减轻养殖环境污染问题的有效方法。"精准营养技术"要求准确评定饲料原料营养物质成分、数量比，根据不同动物及不同生长阶段等综合因素进行设计，通过"精准营养技术"的推广和应用，可以降低饲料成本、减轻养殖环保压力、提高畜禽产品品质，从而推动我国饲料工业、养殖业的可持续、健康发展。

五、配合饲料加工

配合饲料加工是保证饲料产品性能和经济性的关键。不合适的加工工艺会使生产出的饲料中成分与配方设计的成分出现较大偏差，生产中需要选择合适的机械设备和优良工艺，按照饲料配方的要求计量配料，严格把握各个环节的关键要素并遵循规章管理，并且注重社会效益和经济效益，以保证饲料成品的加工质量。配合饲料的加工一般分为原料的接收和清理、粉碎、配料计量、混合、制粒、包装等几个工序。

1. 原料的接收和清理

原料接收应充分考虑生产能力和仓储设施情况，根据物料不同性状分别进行清理，可能的话尽快完成品质检验，根据结果对原料进行合理隔离。为有效防止虫、鼠害，减少养分损失，保证原料安全，对仓库内温、湿度等环境条件的监督与自动控制以及全自动清理机的应用越来越在一些规模化养殖场中普及。

2. 粉碎

饲料粉碎的粒度（颗粒大小及其均匀性）必须与设计要求的粒度一致，才能保证饲料的消化利用率和饲料加工的良好工艺性。原料粉碎粒度对饲料消化率、混合与制粒性能有着重要影响，粉碎过细，鸭采食不方便；粉碎太粗，不容易混匀。目前粉碎工艺有 3 种，即一次、二次和闭路粉碎工艺，其中二次和闭路粉碎工艺因能耗低、可提高生产效率及产品质量而被许多大、中型饲料厂采用。在粉碎饲料时，对不同用途的饲料要使用不同筛孔的筛片，并定期检查锤片、筛片的磨损程度，过度磨损的要及时更换，以便使各种料的粒度都基本符合质量标准。

3. 配料计量

配料计量误差是影响配合饲料质量的主要因素之一，在饲料生产过程中操作人员必须严格执行计量规定，做到大料用大秤，小料用小秤，并经常对秤进行校对，确保其准确度，尽量减小称重误差，保证每批饲料质量的相对稳定。

目前主要有两种配料计量方式，其一是未粉碎原料配料计量，这种方式是在原料未进行粉碎以前，按照配方要求进行计量配合，然后再对已计量配好的原料进行粉碎、混合和制粒等操作。这种工艺的优点是粉碎较方便，同一种原料只需要贮藏在一个地方即可，比较节约饲料贮藏空间。其缺点是生产的配合饲料产品与配方之间误差较大，原料水分含量越高，粉碎后失重越多，不仅影响其本身在配方中的绝对比例，也影响整个配合比例和其他原料的相对比例。克服这一缺点的较好方法是增加饲料计量的保险系数，一般加工过程的损失可按 5%～10% 考虑，水分含量高一点、原料粒度大一些的饲料，保险系数可适当增大一点。其二是粉碎原料配料计量，即先将原料按规格要求分别粉碎再分别贮存，然后按照配方要求用已粉碎原料计量配合，配合好后直接进行混合、制粒等工序。该工序误差相对较小，但增加贮存空间，一种原料至少要存两个地方，中、大规模的配合饲料生产一般都用这种方式，计量比较准确，配合误差较小，按配方要求计量配合，容易达到配方要求的营养物质含量。

4. 混合

混合工序要注意三个控制要点。首先要选择适合的混合机。一般是螺带混合机使用较多，这种机型生产效率较高，卸料速度快，行星锥形混合机虽然价格较高，但设备性能好，物料残留量少，混合均匀度较高，并可添加油脂等液体原料，是一种较为适用的预混合设备。其次选择合理的进料顺序。为保证饲料混合均匀、缩短配料混合周期（尤其是混合时间），增加产量，降低成本，进入混合机内的物料组分要遵循"配比大、密度大的大量物料先进，配比小、密度小的小量物料后进"的先大后小进料原则。对于添加到混合机内的微量组分要先进行预混稀释，待其余物料组分全都进入混合机内后，随即添加进去，以利混合和提高混合均匀度。再次确定最佳混合时间。混合时间过长、过短都会影响物料混合的均匀度，为使饲料中各组分混合均匀，保证各批次饲料产品质量的稳定，在生产中要根据不同配方和混合机的机型确定不同的最适宜混合时间，并定期检查混合效果，及时调整螺带与底壳的间隙，定期保养、维修混合机，消除漏料现象，清理残留物料。当更换配方时，必须对混合机彻底清理，防止交叉污染。对于清理出的加药性饲料通常是深埋或烧毁，吸尘器回收料不得直接送入混合机，待化验成分后再作处理。预混合作业与主混合作业要分开，以免交叉污染，应尽量减少成品的输送距离，防止饲料分级，并且在预混饲料混合好之后，最好直接装袋。

5. 制粒

制粒的工艺条件主要根据饲料配方中主要原料的理化特性和日粮的制粒性能确定，包括物料调质情况（蒸汽压力、温度、水分及调质时间等）。制粒前的调质处理对提高饲料的制粒性能及颗粒成型率影响极大，一般调质时间为 10 ～ 20 秒，调质后饲料的水分含量在 16% ～ 18%，温度在 68 ～ 82℃。目前调质技术有混合调质、蒸煮调质、热化调质和二次调质等。制粒质量包括饲料成形质量和营养质量，制粒工艺包括冷压制粒和蒸汽热压制粒。热压制粒所要求的技术工艺更加复杂，不仅要求有合适的机械设备，还要求适宜的蒸汽质量，即蒸汽、饲料和机械三者之间适宜的相互作用，才能压制出高质量的热压颗粒。

6. 包装

包装前应事先检查包装秤的工作是否正常，其设定重量应与包装要求重量一致，将误差控制在 1% ～ 2%，并检查被包装的饲料和包装袋及饲料标签是否正确无误。打包人员要随时注意饲料的外观，发现异常情况应及时处理，保证缝包质量，不能漏缝和掉线。

六、饲料质量标准与安全检测

目前我国已形成以国家标准和行业标准为主的较为完整的饲料行业标准体系框架，包括基础标准、卫生标准、产品标准、方法标准和其他相关标准，对规范饲料行业健康发展起到了重要作用。

1. 基础标准

基础标准主要包括《饲料标签》、术语类、管理类标准等。其中《饲料标签》是最重要的标准之一，1989 年我国首次颁布了《饲料标签》标准，现行有效的饲料标签标准是《饲料标签》（GB 10648—2013），属于强制性国家标准，规定了饲料、饲料添加剂和饲料原料标签标示的基本原则、基本内容和基本要求，标准分为 6 大部分，分别是范围、规范性引用文件、术语和定义、基本原则、应标示的基本内容和基本要求，并包含了一个资料性附录。其中第 5 部分是标准的重要内容，明确了饲料标签应标注的具体内容和具体要求。

2. 卫生标准

饲料卫生标准主要针对饲料产品、饲料原料中可能存在的有毒有害物质及微生物的限量进行了规定，我国现行有效的饲料卫生标准有 4 个，分别是《饲料卫生标准》（GB 13078—2017）、《实验动物 配合饲料卫生标准》（GB 14924.2—2001）、《无公害食品 渔用配合饲料安全限量》（NY 5072—2002）和《饲料中锌的允许量》（NY 929—2005）。其中《饲料卫生标准》是最重要的，为强制性国家标准，规定了饲料原料和饲料产品中有毒有害物质和微生物的限量和配套检测方法。标准中所涉及的污染物是指整个饲料生产链条中产生的或由环境带入的非人为添加的化学和生物有害物质。该标准适用于本标准所列饲料原料和饲料产品，饲料原料覆盖了大部分《饲料原料目录》，对不同饲料原料、不同动物种类、不同动物生产阶段的饲料产品都规定了限量值，实现了对饲料产品的全覆盖，制定的有毒有害物质项目科学、全面，整体水平符合国际标准。引出的实验方法标准先进，与限量标准要求配套性好，实验方法的检出限满足标准中限量值的要求。

3. 产品标准

目前我国现有饲料产品国家标准和行业标准 205 个，其中有 56 种饲料原料标准、99 种饲料添加剂标准和 50 种饲料产品标准，尚无法与《饲料原料目录》和《饲料添加剂品种目录》相配套，为确保饲料行业健康有序发展，应进一步完善饲料原料、饲料添加剂和饲料产品标准。

4. 方法标准

检测方法的标准包括 6 个部分：污染物检测方法、饲料添加剂检测方法、非法添加剂检测方法、农兽药残留检测方法、营养检测方法、动物源性成分定性检测等检测方法。基本涵盖了《饲料卫生标准》所规定的指标和禁用目录中所涉及的化合物检测方法，但尚有部分禁用物质特别是精神药品还未发布相应的检测方法标准，有待进一步补充完善，以与现有的和陆续发布的相关规定相配套。

5. 饲料中禁止使用的药物和添加剂

2002 年 2 月 9 日农业部、卫生部、国家食品药品监督管理局联合发布第 176 号公告，公布了《禁止在饲料和动物饮水中使用的药物品种目录》，共有 5 类 40 种，包括 7 种肾上腺素受体激动剂（盐酸克仑特罗、沙丁胺醇、硫酸沙丁胺醇、莱克多巴胺、盐酸多巴胺、西马特罗和硫酸特布他林）、12 种性激素（己烯雌酚、雌二醇、戊酸雌二醇、苯甲酸雌二醇、氯烯雌醚、炔诺醇、炔诺醚、醋酸氯地孕酮、左炔诺孕酮、炔诺酮、绒毛膜促性腺激素、促卵泡生长激素）、2 种蛋白同化激素（碘化酪蛋白、苯丙酸诺龙及苯丙酸诺龙注射液）、18 种精神药品［（盐酸）氯丙嗪、盐酸异丙嗪、安定（地西泮）、苯巴比妥、苯巴比妥钠、巴比妥、异戊巴比妥、异戊巴比妥钠、利血平、艾司唑仑、甲丙氨脂、咪达唑仑、硝西泮、奥沙西泮、匹莫林、三唑仑、唑吡旦及其他国家管制的精神药品］和各种抗生素滤渣物质。

2009 年 6 月 8 日农业部发布第 1218 号公告，明令禁止在饲料中人为添加三聚氰胺，并将饲料原料和饲料产品中三聚氰胺限量值定为 2.5 毫克/千克，高于 2.5 毫克/千克的饲料原料和饲料产品一律不得销售。

2010 年 12 月 27 日农业部发布第 1519 号公告，禁止在饲料和动物饮水中使用苯乙醇胺 A、班布特罗、盐酸齐帕特罗、盐酸氯丙那林、马布特罗、西布特罗、溴布特罗、酒石酸阿福特罗、富马酸福莫特罗、盐酸可乐定、盐酸赛庚啶等 11 种物质。

2020 年 1 月 6 日，农业农村部发布了第 250 号公告《食品动物中禁止使用的药品及其他化合物清单》，食品动物中禁止使用的药品及其他化合物主要有：酒石酸锑钾；β- 兴奋剂类及其盐、酯；汞制剂［氯化亚汞（甘汞）、醋酸汞、硝酸亚汞、吡啶基醋酸汞］；毒杀芬（氯化烯）；卡巴氧及其盐、酯；呋喃丹（克百威）；氯霉素及其盐、酯；杀虫脒（克死螨）；氨苯砜；硝基呋喃类（呋喃西林、呋喃妥因、呋喃它酮、呋喃唑酮、呋喃苯烯酸钠）；林丹；孔雀石绿类固醇激素［醋酸美仑孕酮、甲睾酮、群勃龙（去甲雄三烯醇酮）、玉米赤霉醇］；甲喹酮；硝呋烯腙；五氯酚酸钠；硝基咪唑类（洛硝达唑、替硝唑）；硝基酚钠己二烯雌酚、己烯雌酚、己烷雌酚及其盐、酯；锥虫砷胺；万古霉素及其盐、酯。

第五章
鸭的孵化技术

第一节　种蛋的收集与管理

一、种蛋的收集

　　种鸭的饲养一般采用舍饲饲养或放牧饲养，种蛋的收集也应随不同的饲养方式而采取相应的措施。放牧饲养条件下，因不设产蛋箱，蛋产在垫料或地面上，种蛋的及时收集显得十分重要。初产母鸭的产蛋时间集中在凌晨 2：00 ～ 6：00 之间，随着产蛋日龄的延长，产蛋时间往后推迟，产蛋后期的母鸭多数在上午 10 时以前产完蛋。蛋产出后应及时收集，既可减少种蛋的破损又可减少种蛋受污染的程度，这是保持较好种蛋品质，提高种蛋合格率和孵化率的重要措施。放牧饲养的种鸭可在产完蛋后再赶出去放牧。舍饲饲养的种鸭可在舍内设置产蛋箱；随时保持舍内垫料的干燥，特别是产蛋箱内的垫草应保持新鲜、干燥、松软；初产的母鸭可通过人为训练让其在产蛋箱内产蛋；同时应增加捡蛋的次数，这是产蛋期种鸭饲养日程中的重要工作环节。当气温低于 0℃ 以下时，如果种蛋不及时收集，时间过长种蛋受冻；气温炎热时，种蛋易受热。胚胎发育的生理温度为 23.9℃，环境温度过高、过低，都会影响胚胎的正常生长发育。

二、种蛋的管理

种蛋的管理包括种蛋的选择、消毒、保存、包装及运输等。

1. 种蛋的选择

种蛋的品质对孵化率和雏鸭的质量均有很大影响，也是孵化场（厂）经营成败的关键之一，而且对雏鸭及成鸭的成活率也有较大影响。种蛋的品质好，胚胎的生活力强，供给胚胎发育的各种营养物质丰富，种蛋的孵化率就高。因此，必须根据种蛋的要求，进行严格的选择。

（1）种蛋的质量要求

① 种蛋的来源。应先注意种鸭的品质，选择那些遗传性能稳定、生产性能优良、繁殖力较高、健康状况良好鸭群的种蛋。

② 保证种蛋的新鲜。种蛋的贮存时间愈短愈好，以贮存 7 天为宜，3 ～ 5 天为最好的保存期，两周以内的种蛋可保持一定孵化率，若超过两周则孵化期推迟，孵化率降低，雏鸭弱雏较多；种蛋的新鲜程度除与保存时间有关外，还与保存的温度、湿度、方法等有关。

③ 种蛋的形状大小。蛋形应要求正常，呈卵圆形，过长过圆、两头尖等均不宜作种蛋使用；蛋重应符合品种要求，过大过小都不好，蛋重过小孵出的雏鸭较小，蛋重过大孵化率低，大型肉鸭蛋重一般以 85 ～ 95 克为宜。

④ 蛋壳的结构。致密均匀，表面正常，厚薄适度。蛋壳厚度一般为 0.035 ～ 0.04 毫米，蛋壳过厚、过硬时，孵化时受热缓慢，水分不易蒸发，气体交换不良，破壳困难；过薄时水分蒸发过快，孵化率降低。蛋壳结构不均匀、表面粗糙等均不宜作种蛋使用。

⑤ 蛋壳表面的清洁度。蛋壳表面不应有粪便、泥土等污物，否则污物中的病原微生物侵入蛋内，引起种蛋变质腐败。或由于污物堵塞气孔，妨碍蛋的气体交换，影响孵化率。同时可在孵化过程中污染机器，如果有少许种蛋受到轻度污染，在入孵前应先进行必要的处理后方可入孵。

（2）种蛋的选择方法　感官法是孵化场在选择种蛋时常用的方法。通过看、摸、听、嗅等来鉴别种蛋的质量，可作粗略判别，其鉴别速度较快。眼看：观察蛋的外观、蛋壳的结构、蛋形是否正常、大小是否适中、表面清洁情况如何等。手摸：触摸蛋壳光滑或粗糙等，手感蛋的轻重。耳听：用两手各拿 3 个蛋，转动 5 指使蛋互相轻轻碰撞，听其声音。完好无损的蛋其声音脆、有裂纹，破损的蛋可听到破裂声。鼻嗅：嗅蛋的气味是否正常，有无特殊气味等。

透视法是利用太阳光或照蛋器，通过光线检查蛋壳、气室、蛋黄、蛋白、血斑、肉斑等情况，对种蛋作综合鉴定，这是一种准确而简便的方法，如发现蛋白变稀、气室较大、系带松弛、蛋黄膜破裂、蛋壳有裂纹等，均不能作种蛋使用。

2. 种蛋的消毒

蛋产出后，蛋壳表面很快就通过粪便、垫料感染了病原微生物，这些病原微生物的繁殖速度很快，据研究，新生蛋的蛋壳表面细菌数为 100 ～ 300 个，15 分钟后为 500 ～ 600 个，1 小时后达到4000 ～ 5000 个；尤其是采用厚垫料饲养的鸭舍，种蛋更容易受到细菌的污染。种蛋受到污染不仅影响孵化率，更严重的是污染了孵化机和用具，传染各种疾病。因此，蛋产出后，除及时收集种蛋外，应立即进行消毒处理，以杀灭蛋壳表面附着的病原微生物。现介绍两种常用的消毒方法：

（1）福尔马林熏蒸消毒法　这种方法需用一个密封良好的消毒柜，每立方米的空间用 30 毫升 40% 的甲醛溶液、15 克高锰酸钾，熏蒸 20 ～ 30 分钟，熏蒸时需关闭门窗，室内温度保持在 25 ～ 27℃，相对湿度为 75% ～ 80%。如果温度过低则消毒效果较差。熏蒸后迅速打开门窗、通风孔，将气体排出。这种方法对外表清洁的蛋消毒效果较好，对那些外表粘有粪便或含有污垢的脏蛋效果不良。消毒时产生的气体具有刺激性，在使用时应注意防护，避免接触人的皮肤或吸入。

（2）新洁尔灭消毒法　将种蛋排列在蛋架上，用喷雾器将 1‰的新洁尔灭溶液喷雾在蛋的表面。消毒液的配制方法：取浓度为 5% 的原液一份，加 50 倍水，混合均匀即可制成 1‰的溶液。注意在使用新洁尔灭溶液消毒时，切忌与肥皂、碘、高锰酸钾和碱并用，以免药液失效。

3. 种蛋的保存

在正常的孵化管理中，蛋产出后尽管贮存时间较短，但也不能立即入孵。因此，种蛋在入孵前要经过一定时间的贮存。即使种蛋来源于优秀的种鸭群，又经过严格的挑选，品质优良的种蛋，如果保存条件较差、保存方法不当，对孵化效果均有不良的影响，尤其是在冬、夏两季更为突出。因此，应给种蛋创造一个适宜的保存条件和方法。

（1）种蛋贮存的要求　大型的孵化场应有专门的种蛋贮存室。贮存室要求为隔热性能良好、无窗式的密闭房间。此外，贮存室内还应配备恒温控制的采暖设备以及制冷设备，配备湿度自动控制器。种蛋贮存室与鸭舍之间的距离越远越好，同时应便于清洗和消毒。

（2）适宜的温度和湿度　种蛋保存的理想温度为 13～16℃。但保存时间不同也有差异，保存在 7 天以内，控制在 15℃较适宜；7天以上以 11℃为宜。高温对种蛋孵化率影响极大，当保存温度高于23℃时，胚胎开始缓慢发育，尽管发育程度有限，但由于细胞的代谢会逐渐导致胚胎衰老和死亡；相反温度过低，也会造成胚胎的死亡，影响孵化率，低于 0℃时，种蛋因受冻而失去孵化能力。应注意的是不管在什么情况下，种蛋均应存放在比较稳定的温度环境中。因此，在贮存前，如果种蛋的温度低于保存温度，应逐步降温，使蛋温接近贮存室温度，然后放入贮存室。温度过高，蛋表面回潮，种蛋容易发霉变质。湿度过低，蛋内水分大量蒸发，势必影响孵化效果，保存的湿度以近于蛋的含水量为最好，贮存室内一般相对湿度以控制在75%～80%范围内为宜。

（3）适宜的蛋位　保存一周内的种蛋，存放时的蛋位对孵化率或许只有较小的影响。为了使气室保持适当位置，种蛋应以钝端向上。如果每天转蛋，钝端向上保存一周以上的种蛋仍可获得较好的孵化效果。钝端向上可防止胚胎与壳膜的粘连，否则易引起胚胎的早期死亡。保存期较长时，翻蛋的角度以大于 90°为宜。

（4）适宜的保存期　保存期越短，对提高种蛋的孵化率越有利。随着保存期的延长，孵化率会逐渐下降。孵化率的下降与季节也有很大的关系，即使有适当的保存条件，保存时间过长，也难以获得理想的孵化效果。因为新鲜蛋的蛋白具有杀菌作用，长期保存后，蛋白的杀菌作用急剧下降；另外，保存时间过长，蛋内水分过分蒸发，导致内部 pH 值的改变，各种酶的活动加强，引起胚胎的衰老、营养物质的变化及残余细菌的繁殖，从而危害胚胎、降低孵化率。种蛋如需较长时间保存，可将种蛋装在密封的塑料袋内，填充 N_2，密封后放在蛋箱内，这样可阻止蛋内物质和微生物的代谢，防止蛋内水分的过分蒸发。即使保存期超过 3 ～ 4 周，仍可获得 70% ～ 80% 的孵化率。种蛋长期保存时，每天翻蛋一次，也可延缓孵化率的急剧下降。

4. 种蛋的包装

引进种蛋时常常需要长途运输，如果保护不当，往往引起种蛋破损和系带松弛、气室破裂等，致使孵化率降低。包装种蛋的用具最好是专用的种蛋箱（长 60 厘米 × 宽 30 厘米 × 高 40 厘米，250 个）或塑料蛋托盘。种蛋箱或蛋托盘必须结实，能经受一定的压力，并且要留有通气孔。装箱时必须装满，且必须使用一些填充物以防震。如果没有专用种蛋箱，也可用木箱或竹筐装运，此时可用废纸将蛋逐个包好，装入箱（筐）内，各层之间填充锯木或刨花、稻草等垫料，以防撞击和震动，尽量避免蛋与蛋的直接接触。不论使用什么工具装，尽量使大头向上或平放，排列整齐，以减少蛋的破损。

5. 种蛋的运输

在种蛋的运输过程中，不管使用什么交通工具，都应注意避免日晒雨淋，而影响种蛋的质量。因此，在夏季运输种蛋时，要有遮阴和防雨设备；冬季运输时，注意保暖以防受冻。运输工具要求快速平稳，减少震动，装卸时轻装轻放，严禁强烈震动，防止卵黄膜破裂、系带断裂等现象发生。运输种蛋的最好工具是飞机、火车、汽车等。种蛋运到后，应立即开箱检查，剔除破损种蛋，进行消毒并尽快入孵。

第二节　胚胎发育特征

鸭卵巢上的卵子成熟后，进入输卵管漏斗部，与精子相遇受精，成为受精卵，并在蛋形成过程中开始发育，当受精卵到达峡部时发生卵裂，进入子宫部 4～5 小时后已达 256 个细胞期，到蛋产出时胚胎发育已进入囊胚期或者原肠早期。约经 24 小时不断分裂，形成一个多细胞的胚盘。受精蛋的胚盘呈白色圆盘状，胚盘中央较薄的透明部分为明区，周围较厚的不透明部分为暗区。明区部分发育后形成两个不同的细胞层，外层为外胚层，内层为内胚层，胚盘在形成两个胚层后蛋就产出。蛋产出后，由于外界气温低于胚胎发育所需要的生理温度而发育停滞。当给予受精蛋适当的孵化条件，胚胎会继续发育，会在前两个胚层之间形成第三个胚层，即中胚层，然后由这 3 个胚层形成胚胎的各种组织和器官。外胚层形成皮肤、羽毛、喙、爪、耳、眼、口腔、神经系统以及泄殖腔的上皮；内胚层形成消化道、呼吸道及其器官的上皮和内分泌腺体；中胚层形成肌肉、生殖器官、排泄器官及胚胎期的结缔组织——间充质，再由间充质形成骨骼、循环系统和结缔组织。现将鸭胚不同日龄胚胎发育的标准特征简述如下。

第 1 天：胚胎以渗透方式进行原始代谢，原线、脊索突和血管区等器官原基出现。胚盘暗区显著扩大。照蛋时胚盘呈微明亮的圆点状，俗称"白光珠"。经过 24 小时孵育，与孵化前相比，胚盘变大，明区和暗区同时增大，在卵黄上可见到椭圆形的盾状区为胚盾。

第 2 天：胚盘增大。脊索突扩展，形成 5 个脑泡，脑部和脊索开始形成神经管。眼泡向外突出。心脏形成并开始搏动，卵黄血液循环开始。照蛋时可见圆点较前一天变大，俗称"鱼眼珠"。

第 3 天：血管区为圆形，头部明显向左侧方向弯曲与身体垂直，羊膜发展到卵黄动脉位置。有 3 对鳃裂出现，尾芽形成。暗区扩大，覆盖蛋黄的上表面约 1/2，卵黄囊循环的血管网初步形成，血管围成椭圆形。胚盘中心有一弯曲的透明体——胚胎，胚胎直径为 5.0～6.0 毫米，血管区横径为 20～22 毫米。胚胎前半部向右翻转弯曲。胚盘已扩展一倍并被红色的血管包围，透明体中可见一搏动着的小红点，即原始心脏。

第 4 天：前脑泡向侧面突出，开始形成大脑半球。胚胎进一步弯曲，喙、四肢、内脏和尿囊原基出现。照蛋时，可见胚胎与卵黄囊血管分叉似蚊子，俗称"蚊虫珠"。卵黄囊血管网初步形成，在第 4 天中血管区的范围也迅速扩大，卵黄囊血管网覆盖上表面约 1/3，胚胎增大弯曲，头、尾、心脏、背主动脉等可以明显区分，心脏跳动明显，头部弯向心脏位置，眼睛的轮廓已经出现，前、后肢发生部位略微隆起。

第5天：胚胎头部明显增大，并与卵黄分离，前脑开始分成两个半球，第5对三叉神经发达。口开始形成，额突生长，眼有明显的色素沉着。脾脏和生殖细胞开始发育。尿囊迅速增大形成一个有柄的囊状，其直径可达5.5～6毫米。照蛋时卵黄囊血管形似一只小蜘蛛，又称"小蜘蛛"。卵黄囊血管网的范围进一步扩大，血管变粗，卵黄囊血管网覆盖蛋黄上表面约2/3，胚胎更加弯曲，心脏大而明显，前后肢芽明显突出，耳孔的轮廓已经形成，脑泡已经可以明显区分三室，羊膜包围胚胎，肉眼可见少量羊水。

第6天：胚胎极度弯曲，中脑迅速发育，出现脑沟、视叶。眼皮原基形成，口腔部分形成，额突增大，四肢开始发育，性腺原基出现，各器官已初具特征，尿囊迅速生长，覆盖于胚体后部，尿囊血液循环开始，照蛋时可见到黑色的眼点，俗称"起珠"。眼睛部位黑色素明显沉积，尿囊及尿囊血管网发育迅速，肉眼可见，位于卵黄囊上方。前后肢芽增长明显。

第7天：胚胎鳃裂愈合，喙原基增大，肢芽分成各部。胚胎开始活动，尿囊体积增大，直径达到12～17毫米，并且完全覆盖胚胎。照蛋时可见到头部和弯曲增大的躯干部分，俗称"双珠"。卵黄囊血管网覆盖蛋黄上表面，尿囊明显增大，完整覆盖在胚胎上，羊水和尿囊液进一步增多。喙向前突出，前后肢芽具备前肢和后肢雏形及关节。

第8天：喙原基已呈一定形状，翅和脚明显分成几部，趾原基出现。雌雄性腺已可以区分，尿囊体积急剧增大，直径达到22～25毫米。照蛋时可见半个蛋面布满血管。尿囊及尿囊血管网明显增大，覆盖蛋黄上表面约1/2，羊水和尿囊液增多，胚胎浮于羊水中。

第9天：舌原基形成，肝具有叶状特征，肺已有发育良好的支气管系统，后肢出现蹼。尿囊继续增大，胚胎重0.69～1.28克。照蛋时，正面易看到羊水中浮游的胚胎。尿囊覆盖蛋黄上表面约2/3，尿囊液明显增多，胚胎浮于羊水中，前后肢已经具备正常的体型特征，照蛋显示暗区所占比例超过蛋的一半。

第 10 天：除头、额、翼部外，全部覆盖绒羽原基，腹腔愈合。尿囊迅速向小头伸展。尿囊沿内壳膜迅速向下端发展，包围了卵黄囊。

第 11 天：眼裂呈椭圆形，眼睑变小。绒羽原基扩张到头部、颈及翅部，脚趾出现爪。胚胎皮肤透明度下降，皮肤表面出现排列整齐的小点，即羽毛原基。

第 12 天：喙具有鸭喙的形状，开始角质化，眼睑已达瞳孔。胚胎背部开始覆盖绒羽。胚胎仍自由浮于羊水中，尿囊开始在小头合拢。照蛋时，可见到尿囊血管合拢，但还未完全接合。羽毛原基遍布全身，尾部最先长出短小羽毛，背部随后长出。

第 13 天：胚胎头部转向气室外，胚体长轴由垂直蛋的横轴变成倾斜。尿囊在小头完全合拢，包围胚胎全部。眼裂缩小，爪角质化。照蛋时除气室外整个蛋表面都有血管分布，俗称"合拢"。

第 14 天：眼裂更为缩小，下眼睑把瞳孔的下半部遮住。肢的鳞原基继续发育，体腹侧绒羽开始发育，全身除颈部外皆覆盖绒羽。胚胎重 3.5～4.5 克。

第 15 天：胚胎完成 90°的转动，身体长轴和蛋的长轴一致。眼睑继续生长发育，眼裂缩小，下眼睑向上达于瞳孔中部，绒羽已覆盖胚胎全部，并继续增长。尿囊血管加粗，颜色加深。

第 16 天：卵黄呈扁圆状。煮熟胚蛋观察，卵黄在上，蛋白在下（8 天前卵黄、蛋白为前后位置），故照蛋时看到左右两边卵黄连接。胚胎头部弯曲达于两脚之间，脚的鳞片明显。蛋白在尖端由一管状道（浆羊膜道）输入羊膜囊中。尿囊血管继续加粗，血管颜色加深，背面左右两边卵黄在大头连接。胚胎重 6.6～12 克。

第 17 天：头部向下弯曲，位于两足之间，两足也急剧弯曲，眼裂继续减少。开始大量吞食蛋白，蛋白迅速减少，胚胎生长迅速，骨化作用加强。

第 18 天：胚胎头部位于右翼之下，足部的鳞片继续发育，蛋白水分大量蒸发，气室逐渐增大。可见大头黑影继续扩大，小头透亮区继续缩小。

第 19 天：眼睛全部合上，未利用完的蛋白继续减少，变得浓稠。大头黑影进一步扩大。

第 20 天：蛋白基本利用完，开始利用卵黄营养物质，小头透亮区差不多消失。

第 21 天：蛋白利用完，羊膜和尿囊膜中液体减少，尿囊与蛋壳易于剥离。背面全部由黑影覆盖，看不到亮区，俗称"关门"。

第 22 天：胚胎转身，气室明显增大，喙开始转向气室端，少量卵黄进入腹腔。照蛋时可见气室向一方倾斜，俗称"斜口"或"转身"。

第 23 天：喙朝向气室端，卵黄利用明显增加。胚重 28.4～32.6 克。气室倾斜增大。

第 24 天：卵黄囊开始吸入腹腔，内容物收缩，可见气室附近黑影"闪动"。

第 25 天：胚胎大转身，喙、颈和翅部穿破内壳膜突入气室，卵黄囊大部分甚至全部被吸入腹腔，胚胎体积明显增大。尿囊柄逐渐萎缩。胚胎重 35.9 克。可见气室内黑影明显"闪动"，俗称"大闪毛"。

第 26 天：卵黄囊全部吸入腹腔。开始啄壳，并转为肺呼吸，容易听到叫声，俗称"起嘴"。

第 27 天：大批啄壳，发育快的雏鸭已经破壳而出。

第 27.5～28 天：出壳高峰时间，出壳雏鸭初生重一般为蛋重的 65%～70%，胚胎腹中存有少量卵黄，约 5 克，这是正常现象，一般饲养约 5 天卵黄可被全部吸收完毕。

第三节
孵化条件及孵化效果的检查与分析

孵化是鸭生产中的重要环节，种鸭蛋孵化工作的好坏，不仅直接影响种蛋的利用率、出雏率和雏鸭质量，而且还关系到后来的育雏成活率、雏鸭生长速度，乃至整个饲养过程的经济效益和生产技术水平的发挥，因此创造适宜的孵化条件，满足种蛋胚胎发育的要求，对获得好的孵化效果，对鸭产业的发展具有巨大作用。以下即对鸭蛋孵化的条件进行简要分析。

一、鸭蛋孵化的条件

1. 温度

在实际孵化过程中，可根据孵化场种蛋的具体情况分别采用恒温孵化和变温孵化两种不同的孵化方法。无论是恒温孵化还是变温孵化，室温均应保持在 23 ～ 27℃。

（1）恒温孵化　所谓恒温孵化就是采用分批入孵的施温方案，以满足不同胚龄种蛋的需要。采取恒温孵化时，新老蛋的位置一定要交错放置，这样老蛋多余的热量可被新蛋吸收，解决了在同一温度条件下新蛋温度偏低、老蛋温度偏高的矛盾，因而提高了孵化率。通常根据各个孵化时期胚胎发育对温度的需要，机内温度控制在37.4 ～ 37.6℃较为合适。但应注意孵化机内上下、前后、左右的温差不应太大，温差越小越好，一般情况下温差不能超过 0.1 ～ 0.2℃。

（2）变温孵化　变温孵化又称整批孵化，即在孵化过程中采取全进全出制度。孵化初期（1 ～ 14 天）胚胎物质代谢水平较低，本身产生的体热少，因而需要较高的孵化温度。此时温度应控制在37.8 ～ 38.2℃较为合适。孵化中（14 ～ 25 天）、末期（25 ～ 28 天），随着胚胎的发育，物质代谢日益增强，胚胎本身产生大量体热，因而需要稍低的温度即可。孵化中期温度应控制在 37.5 ～ 37.8℃，末期温度应控制在 36.8 ～ 37.5℃。

2. 湿度

湿度条件是家禽维持胚胎发育的基础保证。家禽在不同的孵化期间对相对湿度的要求不同。在孵化过程中，若湿度过低蛋内水分蒸发较快，胚胎易与蛋壳膜粘连，影响正常出壳。若湿度过高蛋内水分不易蒸发，影响胚胎的发育，使出壳的雏鸭出现水肿、"大肚"、跗关节红肿等现象。

湿度的变化一般遵循"两头高，中间低"的原则。孵化初期，胚胎产生羊水和尿囊液，并从空气中吸收一些水蒸汽，还要使胚胎受热均匀，湿度应控制在 60% ～ 70%。孵化中期，胚胎要排出羊水和尿囊液，因此应降低湿度到 55% ～ 60% 为宜。孵化后期，有适当的水分可与空气中的二氧化碳结合产生碳酸，使蛋壳中的主要成分碳酸钙变为碳酸氢钙而变脆变软，有利于雏鸭破壳，并防止蛋壳膜和蛋白膜过分干燥、粘连以及雏鸭绒毛粘壳，湿度应控制在 65% ～ 75% 为宜。在鸭蛋孵化后期如果湿度不够，可直接在蛋壳表面喷洒温水，以增加湿度。若雏鸭初生重占蛋重的 65% 左右，可认为湿度控制的基本合适。

3. 通风

通风是影响种蛋孵化率的重要因素。研究表明孵化器内氧气浓度若下降 1%，则孵化率降低 5%。胚胎在发育过程中，必须进行气体交换，尤其在孵化的后期，胚胎由尿囊呼吸转为肺呼吸，需氧量逐渐增大，二氧化碳排出量也逐渐增多。这时如果通风不良，则造成孵化器内严重缺氧，即将出壳的雏鸭呼吸量加大 2 ～ 3 倍，若不能满足其对氧气的需求，结果抑制了细胞代谢的中间过程，使酸性物质蓄积体内，组织中二氧化碳分压增高而发生代谢性呼吸性酸中毒，从而导致心脏搏出量下降，发生心肌缺氧、坏死、心跳紊乱和跳动骤停等现象。

另外，现已有研究表明，胚胎周围空气中二氧化碳含量不得超过 0.2% ～ 0.5%。当通风不良时，二氧化碳急剧增加到 1%，可使胚胎发育迟缓、死亡率增高，出现胎位不正和畸形等现象。但少量的二氧化碳，有利于胚胎吸收和分解蛋壳内的碳酸钙，并可在孵化后期维持肌肉的适当紧张度，以便雏鸭啄壳出雏。

4. 翻蛋

翻蛋也是鸭胚孵化过程中的重要因素之一，翻蛋的目的在于改变胚胎方位，防止胚胎与壳膜粘连，促进胚胎运动，使胚胎受热均匀，发育整齐、良好，帮助羊膜运动，改善羊膜血液循环，使胚胎发育前、中、后期血管区及尿囊绒毛膜生长发育正常，"合拢""封门"良好，蛋白顺利进入羊水供胚胎吸收，初生重合格。翻蛋还可以减缓羊水的损失，使胚胎在湿润的环境下顺利啄壳、出壳。

孵化前、中期每昼夜翻蛋 8 ～ 12 次，不能少于 4 次，一般每 2 小时翻蛋一次。翻蛋角度以 50°～ 55°为宜。孵化后期，胚胎已覆盖绒毛一般不会与壳膜粘连，可停止翻蛋。

5. 凉蛋

凉蛋是提高出雏质量的关键。由于鸭蛋中脂肪含量较高，孵化的中后期，脂肪代谢增强，产热量增多。鸭蛋个体大，散热性能差，容易出现超温，因此在孵化中后期必须凉蛋。

一般应在孵化 14 天后开始凉蛋，每天 3 次，即早、中、晚各一次，每次 20 ～ 30 分钟，但不宜超过 40 分钟。夏天外界气温较高，只采用通风凉蛋是不行的，可喷水 2 次。凉蛋的具体时间根据具体情况而定，可采用眼皮试温，感觉既不发烫又不发凉即可停止凉蛋。

二、孵化卫生

1. 孵化人员的消毒

孵化场的工作人员在进场前必须经过消毒通道或者脚踏盘等消毒措施进行消毒。

2. 出雏后消毒

在每批孵化结束后，立刻对孵化室、孵化设备、用具进行清扫、冲洗并消毒。必须彻底冲洗后再进行消毒，才能达到消毒效果。用高压水枪冲洗孵化室的地面，孵化室的内壁用抹布擦拭干净，最后用熏蒸法进行消毒，备用。

三、孵化操作技术

1. 孵化前的准备

孵化前对孵化室和孵化器要做好检修、消毒和试温工作。孵化室内必须保持良好的通气和适宜的温度，一般孵化室的温度以 22℃ 左右为宜，不得低于 20℃，亦不应高于 24℃，夏季气温高时尽可能采取措施降低室内温度。室内湿度应保持在 55% ～ 60% 左右。为保持这样的温湿度，孵化室应严密、保温良好，孵化室的窗子要小而亮，光照系数以 1∶（15 ～ 20）为宜。孵化室要高，天棚距地面在 3.1 ～ 3.5 米范围内，保证室内有足够的新鲜空气；孵化室应有专门的通气孔或风机，以保持孵化器和孵化室的空气清洁、新鲜。孵化器要离开温源，并避免日光直射，以免影响器内温度。孵化室的地面要坚固平坦，室内要有蛋架等设备以便于工作。

为保证雏鸭不被疾病感染，孵化室的地面、墙壁、孵化器及其附件均应彻底消毒。孵化室的墙壁最好用石灰刷白，孵化器的出雏盘因经常出雏而残留很多粪便和绒毛，应先用碱水彻底清洗，然后进行彻底消毒，器内清洗后用福尔马林熏蒸消毒。熏蒸的方法是，按每立方米容积的孵化器用福尔马林 30 毫升、高锰酸钾 15 克。先将高锰酸钾盛于陶瓷皿中，放在孵化器的底部，然后注入福尔马林并随即关闭机门。保持正常的孵化温度，相对湿度提高到 68% 左右，使风扇照常转动 30 分钟后，打开机门，放出气味。

为避免孵化中途发生事故，孵化前应彻底进行孵化机的检修工作。电热丝、风扇、电动机的效力，孵化器的严密程度，调节器和温度计的准确性等均需检修或校正后方可使用。特别是电动机在整个孵化期间不停地转动，最好多备一台，一旦发生问题即可装换，保证继续孵化。此外，孵化前还应进行试温工作，先将孵化器调至所需要的温度，然后观察 2～3 天，如调节器灵敏、温度稳定、一切机件运转正常时，才可入孵。

2. 上蛋

一切准备工作就绪以后，即可上蛋正式开始孵化。种蛋在保存期间一般温度较低，为了上蛋后能很快恢复温度，在孵化前 12 小时左右即可将种蛋移至孵化室中，然后放在蛋架上温暖一些时间（又称为"预热"）。上蛋的时间最好是在下午 4 时以后，这样大批出雏时可以赶上白天，工作比较方便。

3. 翻蛋

翻蛋也是鸭胚孵化过程中的重要因素之一，孵化前、中期每昼夜翻蛋 8～12 次，不能少于 4 次，一般每 2 小时翻蛋一次。翻蛋角度以 50°～55° 为宜。孵化后期，胚胎已覆盖绒毛一般不会与壳膜粘连，可停止翻蛋。

4. 照蛋

在整个孵化过程中一般照蛋 3 次。头照一般在孵化的 6～7 天进行，此次照蛋主要是剔除无精蛋和死胚蛋。此时，正常发育的胚蛋胚胎已上浮，隐约可见胚体弯曲，头部大，有明显黑点，有血管向四周扩张，分布如蜘蛛状。二照一般在孵化的 13 ～ 14 天进行，此次照蛋主要是检出臭蛋和死胚蛋，以免污染其他活胚蛋。此时，正常发育的胚蛋气室增大、边界明显，胚体增大，尿囊血管明显向尖端"合拢"，包围全部蛋白。三照一般在孵化的 24 ～ 25 天进行，此次的目的仍然是检出臭蛋和死胚蛋。此时，正常发育的胚蛋气室显著增大，边缘界限更明显，除气室外胚胎占蛋全部空间，漆黑一团，可见气室边缘弯曲、血管粗大，有时可见胚胎黑影闪动。照蛋见视频 5-1。

视频 5-1
扫码观看：照蛋

5. **凉蛋**

凉蛋是提高出雏质量的关键。一般在孵化 14 天后应开始凉蛋，每天 3 次，即早、中、晚各一次，每次 20 ～ 30 分钟，但不宜超过 40 分钟（视频 5-2）。夏天外界气温较高，只采用通风凉蛋是不行的，可喷水 2 次。凉蛋的具体时间根据具体情况而定，可采用眼皮试温，感觉既不发烫又不发凉即可停止凉蛋。

视频 5-2
扫码观看：喷水凉蛋

6. **落盘**

落盘的具体时间，应根据胚胎发育的具体情况而定，在气室已明显弯曲、气室下部黑暗、气室内有喙的阴影时即可。一般在 25 天即可落盘。落盘时，速度尽量要快，尽量缩短落盘时间，以免温度下降太多而影响出雏率，特别是在冬、春季节。落盘后应多注意观察出雏机内的温度、湿度及通风情况，以最大限度提高出雏率。

7. **出雏**

在孵化条件掌握适当的情况下，孵化至 27 ～ 27.5 天即开始破壳出雏，待其绒毛干燥即可拣出雏鸭。一般 4 ～ 8 小时拣雏一次，雏鸭不宜在机内停留时间过长，长时间停留一是造成机内环境不良，严重影响正在出壳的雏鸭健康；二是由于机内温度较高、风较大，长时间停留可造成雏鸭脱水，影响以后的生长发育。

到 28 天后该出壳的雏鸭已基本出完，对已啄壳但无力出壳的弱雏可进行人工助产。一般在尿囊枯萎的情况下进行，将蛋壳膜已枯黄的胚蛋，轻轻剥离粘连处，把雏鸭头、颈、翅轻轻拉出壳外，放回盘中令其自行出壳，否则容易引起大量出血，造成死亡。

8. 孵化器的管理

立体孵化器由于构造已经机械化、自动化，机器的管理非常简单。主要应注意温度的变化，观察调节器的灵敏程度。遇有温度上升或下降时，可以及时调节。要注意温度计的水银有无断裂现象；注意孵化器的湿度，非自动调湿的孵化器，每天要定时往水盘加温水。要注意湿度计的纱布在水中容易因钙盐作用而变硬或沾染灰尘和绒毛，影响水分的蒸发，必须保持清洁，经常清洗或更换，湿度计的水管以盛蒸馏水为好。孵化器的风扇叶片、蛋架等均应保持清洁、无灰尘，否则影响机内通风。孵化室的温度、湿度及通风情况等也应经常检查，并依天气情况加以调节。为供日后参考，最好每 2 小时记录一次。此外，应经常留意机件的运转情况，如电动机是否发热，器内有无异常声响。孵化器的轴杠、电动机应定期加油。

9. 应急预案和应对措施

孵化过程中最怕突然停电，所以应事先做好应急预案和应对措施。孵化场最好自备发电机，遇到停电立刻进行发电或者在停电时发电机可以自由切换。与电力部门保持联系，在停电前及时得到通知，做好停电前的准备工作。没有条件安装发电机的孵化场，孵化室应备有加温用的火炉或火墙，在停电前几小时将火炉烧起。停电时使室内温度达到 37℃ 左右（孵化器的上部），打开全部机门，每隔 0.5 小时或 1 小时翻蛋一次，保证上下部温度均匀。同时在地面上喷洒热水，以调节湿度；必须注意，停电时不可立即关闭通气孔，以免器内上部的蛋过热而遭受损失。此外，如为临时停电而不超过几小时，则不必生火加温。

10. 孵化工作记录

（1）孵化室工作安排表　记录孵化室工作安排表（表 5-1）的目的是对孵化室的工作进行合理的安排。各批次之间，尽量把入孵、照蛋、落盘、出雏的工作错开，以最大限度提高工作效率。

（2）孵化过程孵化条件记录表　在孵化过程中，工作人员每 1～2 小时观察孵化室的温度、湿度，每 2 小时对孵化室的温度、湿度记录一次，孵化条件记录表见表 5-2。

（3）孵化成绩统计表　每批种蛋孵化结束后，需要对本批的孵化情况进行统计并分析，做好备案（表5-3）。

表 5-1　孵化室工作安排表

批次	机号	入孵时间			头照			二照			落盘			出雏		
		年	月	日	年	月	日	年	月	日	年	月	日	年	月	日

表 5-2　孵化条件记录表

胚龄	时间/小时	孵化室		孵化器				值班人员	备注
		温度	湿度	温度	湿度	翻蛋	凉蛋		
	0								
	2								
	4								
	6								
	8								
	10								
	12								

表 5-3　孵化成绩统计表

批次	种蛋来源	品种	入孵日期	入孵蛋数	照蛋			出雏数				授精蛋数	受精率	入孵蛋孵化率	受精蛋孵化率	健雏率	备注
					破蛋	无精蛋	死胚蛋	落盘蛋数	健雏数量	弱雏数量	死胚数						

四、孵化效果检查与分析

1. 衡量孵化成绩的指标

（1）受精率　指受精蛋数占入孵蛋数的百分比。血圈蛋、血线蛋按受精蛋计算，散黄蛋按无精蛋计算。

受精率＝受精蛋数 / 入孵蛋数 ×100%

（2）孵化率　孵化率有两种计算方法：一种是指出雏总数占受精蛋数的百分比，叫受精蛋孵化率；另一种是指出雏总数占入孵蛋数的百分比，称入孵蛋孵化率。

受精蛋孵化率＝出雏总数 / 受精蛋数 ×100%

入孵蛋孵化率＝出雏总数 / 入孵蛋数 ×100%

（3）健雏率　指健康雏鸭数占出雏总鸭数的百分比。健雏是指按时出壳、绒毛正常、脐部愈合良好、精神活泼好动、无畸形的雏鸭。

健雏率＝健雏数 / 出雏总数 ×100%

2. 孵化效果的分析

孵化效果的分析主要是在孵化到一定日龄后，进行照蛋检查孵化的效果。孵化过程中常见异常情况与可能的原因详见表 5-4。

表 5-4　孵化过程中异常情况和原因分析

异常情况	原因分析
无精蛋	公鸭未爬跨母鸭；精子活力低未授精；种蛋存放时间长，保存和孵化前处理不当
散黄蛋（蛋黄破裂）	孵化前散黄，陈蛋，运输过程中受到震荡，翻蛋方法不当
血圈蛋（孵化前期死胚蛋）	孵化温度过高或湿度过低，多于孵化的 1～2 天死亡
死于蛋壳内，气室正常	蛋品质差，缺乏维生素 A、维生素 B_2、维生素 D 等造成的营养不足
死于蛋壳内，气室小	温度过低或湿度过高、通气不良、营养不良（缺乏维生素 A、维生素 D 等）、短期强烈高温
死于蛋壳内，气室大	温度过高，湿度不足；种蛋陈旧；营养不良（缺乏维生素 A、维生素 B_2、维生素 D 等）
出壳早	温度长期偏高
出壳晚	温度偏低，温差大；湿度过高；种蛋陈旧；缺乏维生素 A
粘壳干毛雏（早出壳）	温度过高，湿度过低
粘壳湿毛雏（迟出壳）	温度过低，湿度过高
畸形雏	温差过大或温度过高
弱雏	蛋品质差，温度过高或过低
大肚脐（蛋黄吸收不良）	大部分是由出雏时湿度过高引起的，个别是由疾病引起的

异常情况	原因分析
钉脐	温度过高，出壳过早，尿囊血管尚未自然枯萎，血瘀滞在肚脐上，多见于人工助产的雏鸭
后期死亡或已啄壳未出	先大不足，胚胎软弱；蛋壳过厚；湿度不足；通气不良
血嘌	胚胎受热过高，提前啄壳，尿囊血管尚未枯萎而被啄破，血液淤积在啄口周围
穿嘌	雏鸭啄口后喙露在壳外，不能扩大啄口，或活力不足停留在原处，最终死于壳内。通常是胎位不正，头压在翅下；或先天营养不良；或啄口后受凉造成
拖黄	当卵黄囊还没有完全吸入腹腔内时，雏鸭已破壳，结果在脐部拖着大块蛋黄
吐黄	雏鸭在卵黄尚未吸入腹腔内时提前啄壳，在受热挣扎时踢破卵黄，卵黄顺着啄破的部位往外淌，从而发生吐黄现象
出壳后胚胎残留物中有血样物	湿度不够

第四节
影响孵化效果的因素及提高措施

一、影响孵化效果的因素

影响种蛋孵化效果的因素除孵化条件、种蛋品质外，还包括种鸭的影响。主要包括以下几个方面：

1. 遗传因素

种鸭的遗传结构与孵化率有关。不同的品种、品系，不同家系的孵化率也有差异。轻型品种（品系）的孵化率比重型品种（品系）的高，杂交时可提高孵化率，近交时孵化率会下降。

2. 种鸭的年龄

不同年龄种鸭的孵化率不同。种鸭第一个产蛋期的孵化率最高，初产期蛋的孵化率偏低，到产蛋高峰时孵化率最高。产蛋率与孵化率呈正相关，以后随着鸭产蛋日龄的增长孵化率逐渐降低。

3. 种鸭的营养

种鸭日粮的营养水平、健康状况和日常的饲养管理均会直接或间接影响种蛋的品质，从而对种蛋的孵化率造成影响。饲料中维生素A、维生素D、维生素E、维生素B_2、维生素B_{12}、泛酸、亚油酸缺乏时，以及钙、磷、锌、锰等矿物质缺乏时均会影响孵化率，必须供给营养充分的全价日粮。

4. 种鸭的健康状况

只有健康的种鸭所产的蛋才能获得较高的孵化率。种鸭受到病原体感染（如大肠杆菌），在孵化过程中鸭胚胎的死亡数明显增加，孵化率会急剧下降。

5. 种鸭的饲养管理水平

种鸭饲养管理水平的好坏与种蛋的孵化率密切相关。种蛋受到粪便等的污染、种蛋未及时收集、鸭舍温度过高、鸭舍垫料潮湿、卫生条件差等均会影响种蛋的孵化率。

二、提高孵化效果的措施

（1）提高种鸭群的质量，防止近亲繁殖 若使用人工授精技术，输精时可使用混合精液（4～6只种公鸭）进行输精。

（2）供给种鸭全价配合饲料 不但要满足种鸭对能量、蛋白质的需要，还要注意矿物质元素（钙、磷、钠、氯、锰、锌等）和维生素（维生素A、维生素D、维生素E及B组维生素中的维生素B_1、维生素B_2、维生素B_6、维生素B_{12}、泛酸、生物素等）的合理供给，全价营养是提高种蛋孵化率的物质基础。饲料的霉变、饲料中的脂肪酸败会使胚胎发育中止，对孵化率造成影响。

（3）科学管理 给种鸭提供适宜的环境条件，保持适宜的饲养密度；保持适宜的光照强度（15～20勒克斯）、稳定的光照时间（16小时/天）、合理的饲喂次数；通过风机、水帘、喷淋等措施做好夏季的防暑降温，同时也要做好冬季的防寒保暖工作，保持舍内适宜的温度、湿度；舍内通风换气良好，防止有害气体含量的超标。采用正确的配种方法，严格配种规程，进行合理的消毒与定期免疫，制定符合当地实际情况的免疫程序，使种鸭避免感染传染病。

① 加强种蛋的管理。种蛋管理的具体方法参考前文。

② 加强孵化场的管理。管理能够把各种生产要素有机结合起来，发挥更大的作用。孵化场除做好孵化技术管理外，还要做好人员管理、财务管理、消毒管理、防疫制度管理等。

第五节　初生雏鸭雌雄鉴别

雏鸭的雌雄鉴别是一项重要而实用的技术，通过该技术可以在商品肉鸭出生时，将雄雏鸭作育肥处理，同时剔除不够健康的而留用健康的雌雏鸭，以节约育雏的房舍、饲料和设备等成本。初生雏鸭采用公、母分开饲养，不仅可以促进鸭的快速育肥，缩短饲养周期，还可以提高鸭群的整齐度和饲料转化率。雏鸭的雌雄鉴别在养鸭生产上还具有重要的意义，特别是父母代肉种鸭的生产，雌雄分开饲养可将多余的公鸭及时淘汰，当作商品鸭处理，节约饲料、房舍、运输等费用，降低生产成本。因此，雏鸭的雌雄鉴别方法很受现代化养鸭业的重视。常用的雏鸭雌雄鉴别方法包括：

一、肛门鉴别法

肛门鉴别法在几种鉴别方法中使用最为普遍，准确率较高，依操作手法的不同可分为以下 3 种：

1. 翻肛法

翻肛法为最为常用的鉴别方法。操作时将初生雏鸭握在左手掌中，用左手中指和无名指夹住雏鸭的颈部。头朝外，腹部向上，用右手大拇指和食指轻轻挤出胎粪，然后再继续将右手大拇指和食指放在泄殖腔两侧，轻轻翻开泄殖腔，如在泄殖腔下方见到长约 2 ~ 3 毫米的细小突起即为雄雏鸭，若无小突起且呈八字状的皱襞，则为雌雏鸭。

2. 捏肛法

提肛法也是经常采用的鉴别方法。此法操作速度快，鉴别率高，但要求操作人员必须具有丰富的经验。熟练者每小时可鉴别初生雏1500～1800只。

具体操作方法：操作时左手紧抓握雏鸭，使其背部靠手心，头朝下，腹部朝上，肛门朝向鉴别者，然后用右手的拇指和食指捏住肛门两侧，轻轻揉搓。如果感觉有芝麻粒或米粒似的小突起，即为雄雏鸭，否则为雌雏鸭。

3. 顶肛法

与前2种方法相比，顶肛法最难掌握，要求具有较高的技术，但熟练后速度最快。抓握手法与捏肛法相似，左手抓握雏鸭，右手中指在泄殖腔外部，轻轻往上顶，如果感觉有一颗芝麻粒大小的突起，即为雄雏鸭，否则为雌雏鸭。

二、鸣管鉴别法

鸣管又称下喉，在气管分叉的顶部，是鸭的发声器官。雌雄雏鸭的鸣管在形态结构上有较大的差异，雄雏鸭的鸣管较为膨大，呈长柱形，长约3～4毫米，在胸前就可以摸到，而雌雏鸭的鸣管很小，与气管上端粗细相同。用右手托住雏鸭，左手大拇指压住颈后部，并用左手拇指将雏鸭的头抬起，使手上下移动，右手的食指可以触摸到一个稍微能活动绿豆大小的突起，即为雄雏鸭，无此结构的则为雌雏鸭。

三、外观鉴别法

雏鸭雌雄鉴别的外观鉴别法包括以下几种方法：

1. 体型鉴别法

头较大、身体较圆、尾巴尖的一般为雄雏鸭；头较小、身体较扁、尾巴散开的一般为雌雏鸭。

2. 鼻孔、鼻基和颚毛综合鉴别法

鼻孔狭窄而小、沿嘴角呈线状，鼻基粗硬、平面明显有起伏，下颚毛的边缘明显尖突且不整齐的为雄雏鸭；鼻孔较大、稍呈圆形，鼻基柔软、平面无起伏，下颚毛的边缘呈弧形或略为平整的为雌雏鸭。

3. 动作反应鉴别法

依据雌雄雏鸭对外界环境的不同反应来鉴别，手托雏鸭的胸部，用大拇指轻压其背腰部，此时尾部向下弯的一般为雄雏鸭，且雄雏鸭往往较沉着、不好动，喜欢相互挤在一起；反之，若尾部向上翘的一般为雌雏鸭，且雌雏鸭好动、喜乱跑。

上述鉴别法中肛门鉴别法的依据是初生雄雏鸭肛门下方有一长约 0.2～0.3 毫米的小阴茎，状似芝麻，其中顶肛鉴别法速度最快，准确率达 99% 以上，但要求初学者的手感要灵敏，否则难以学会；鸣管鉴别法的鉴别依据是雄雏鸭的鸣管大，呈横的长柱形，直径为 3～4 毫米，膨大处偏左侧，于外部用手可触摸，而雌雏鸭仅在气管分叉处，稍微粗大些。

第六章
鸭场建设与设备

第一节
鸭场投资估算和效益预测

　　鸭场投资估算和效益预测是确定建设鸭场前具有决定性意义的工作，是在投资决策之前，对拟建鸭场进行全面经济分析的科学论证、分析比较以及预测建成后的社会经济效益。在此基础上，综合判断鸭场建设的必要性、财务的盈利性、经济上的合理性以及建设条件的可能性和可行性，从而为投资决策提供科学依据。

一、鸭场投资估算

　　鸭场投资估算是指对拟建鸭场固定资产投资、成本资金的估算。对固定资产投资一般采用概算指标估算法进行结算。概算指标估算法需按固定资产投资的建筑工程、设备购置、安装工程、其他费用，以及它们的具体费用项目进行估算。

1. 固定资产投资估算

（1）建筑工程费

① 各类建筑工程和列入房屋建筑工程预算的供水、供暖、供电、

卫生、通风、煤气等设备费用及其装饰工程的费用，列入建筑工程预算的各种管道、电力、电信和电缆导线敷设工程的费用。

②设备基础、支柱、水塔、水池以及金属结构工程的费用。

③为施工而进行的场地平整，工程和水文地质勘察，原有建筑物和障碍物的拆除以及施工临时用水、电、气、路和完工后的场地清理、环境绿化等工作的费用（见表6-1）。

表6-1　建筑工程投资估算表

序号	工程名称	建设性质 （新建/改建）	建设面积 /平方米	单位造价 /（元/平方米）	投资额 /万元
1	平基工程				
2	道路				
3	行政管理楼				
4	员工宿舍区				
5	仓库区				
6	饲料加工场				
7	蛋库				
8	孵化场				
9	育雏舍				
10	育成舍				
11	后备舍				
12	种鸭舍				
13	隔离舍				
14	兽医室				
15	粪污处理场				
16	无害化处理场				
17	蓄水池				
18	供水房				
19	供电房				
20	锅炉房				
21	围墙				
22	大门与消毒池				
23	舍外工程				
24	其他				
25	合计				

（2）设备购置费　各种生产设备、传导设备、动力设备、运输设备等（见表6-2）。

表6-2　设备投资估算表

序号	设备名称	数量 /台（件）	单价 /[元/台（件）]	投资额 /万元
1	饲料加工设备			
2	孵化设备			
3	运输设备			
4	电力设备			
5	水力设备			
6	供暖设备			
7	喂料设备			
8	饮水设备			
9	通风设备			
10	照明设备			
11	清洗消毒设备			
12	清粪设备			
13	兽医设备			
14	其他			
15	合计			

（3）土地购置费　土地赔偿费、土地租金以及土地复垦费等。

（4）基本预备费　指在初步设计和估算中难以预计的费用，一般按固定资产投资估算总额的 8% ～ 15% 进行预算。

2. 成本资金估算

成本资金估算指生产经营性项目投产后，为进行正常生产运营，用于购买鸭苗、原材料、燃料、饲料、支付工资及其他经营费用等所需的资金（见表6-3）。

表6-3　成本资金估算表

序号	设备名称	数量	单价/元	合计/元
1	鸭苗（种鸭）			
2	饲料			
3	疫苗费			

序号	设备名称	数量	单价/元	合计/元
4	药品费			
5	人员工资			
6	销售费用			
7	水电费用			
8	燃料费用			
9	固定资产折旧			
10	利息			
11	修理费用			
12	其他			
13	合计			

3. 流动资金估算

鸭场建设的流动资金估算是指对鸭场在项目期内所需流动资金的估算。由于结算资金与货币资金占流动资金的比重不大，所以在可行性研究中往往只估算储备资金、生产资金和成品资金。估算办法，按项目所在行业规定的定额流动资金测算办法进行（见表6-4）。

表6-4 流动资金估算表

序号	项目	投产期	生产期								
1	年经营成本										
2	每年所需流动资金[①]										
3	流动资金本年增长额[②]										

①年经营费用 × 年资金周转率；年资金周转率是项目单位年资金周转次数的倒数。

②当年年需流动资金 – 前一年所需流动资金即为流动资金本年增长额。

二、鸭场效益预测

鸭场效益是指鸭场的生产总值同生产成本之间的比例关系。生产成本的核算内容如下。

1. 主营业务成本

用来核算鸭场销售产品、提供劳务等日常活动而产生的成本。

2. 生产成本

用来核算鸭场生产各种产品在生产过程中所产生的各项生产费用，并据以确定产品实际生产成本。

3. 其他业务成本

用来核算企业确认的除主营业务以外的其他经营活动所产生的支出，包括销售材料的成本、出租固定资产的折旧额、出租无形资产的摊销额等（见表6-5）。

表6-5　效益估算表

序号	项目	参数	参考单价/元	合计/元
1	产品销售收入			
2	成本总费用			
3	销售税及附加[①]			
4	所得税[①]			
5	不可预计费用			
6	利润总额			

①农业没有销售税及附加，也没有所得税。

第二节　鸭场规划设计

随着养鸭业的迅速发展，集约化、规模化程度不断扩大，带来的环境污染和产品污染加剧，生态与环境问题逐步显现。在全社会生态意识日益增强，关注环保、关注食品安全并将"可持续发展"战略定为未来发展基本政策的背景下，对养鸭业提出了更高的要求。因此，通过采用各种技术手段和措施，对鸭场的选址、设计、建设等应遵循国家环保要求，合理地、因地制宜地规划、组织、调整和管理鸭生产，以保持和改善生态环境质量，维持生态平衡，保持养鸭业协调和可持续发展。

一、科学选择场址

鸭场是鸭生产的主要场所，鸭场场址的选择直接影响以后的发展，建设一个鸭场必须有一个好的场址。科学合理的场址不仅要考虑到生产需要、饲养管理模式、养殖规模化水平等特点，还要综合考虑居民消费观念、消费水平、地方资源的综合利用、地方养鸭业发展特点等因素；同时还需兼顾地势、地形、水源、土壤、气候等自然条件以及土地性质、交通、供料、供电等社会条件。

1. 自然条件

（1）地势　地势指的是鸭场养殖舍选址的高低起伏状况。合理的选址要求地势高而干燥、平而有缓坡。坡度一般以 1%～3% 为宜，最大不超过 25%。如果选址在坡地，要求养殖舍背风向阳，坡地坡度应在合理范围内。选址要求地势高，至少要高出当地历史洪水线 1～2 米，地下水位应在 2 米以下，以避免洪水的威胁。而且这样有利于排水；同时，地势要求平坦，从而有效减少坑洼积水情况，并避免了不必要的基建投资。如果场址选择在低洼之处，遇到雨季积水潮湿泥泞，会导致蚊虫和微生物的滋生，诱发各种寄生虫病；且到了夏天，低洼之处会影响通风，舍内空气将会潮湿闷热，冬季则会阴冷。山区建场应选在稍平缓坡上，坡面向阳，建筑区坡度应在 8% 以内。坡度过大，不但在施工中需要大量填挖土方，增加工程投资，而且在建成投产后也会给场内运输和管理工作造成不便。山区建场还要注意地质构造情况，避开断层、滑坡、塌方的地段，也要避开坡底和谷地以及风口，以免受山洪和暴风雪的袭击。有些山区的山坳里，常由于地形地势的条件限制，形成局部空气涡流现象，造成场区出现污浊空气长时间滞留、潮湿、阴冷或闷热等现象，选址时应注意避免。

（2）地形　地形指的是鸭舍场地形状、面积大小以及周边的树林、河流、桥梁等情况。作为鸭场场地，要求地形整齐开阔，有足够面积。地形整齐，便于合理布置场区建筑和各种设施，并有利于充分利用场地。狭长的地形往往会影响建筑物合理布局，拉长生产作业线，并给场内运输和管理造成不便。地形不规则或边角太多，会使建筑物布局零乱，且边角部分无法利用。场地面积应根据鸭种类、饲养管理方式、集约化程度和饲料供应情况等因素确定。此外，还应根据鸭场规划，留有发展余地。

（3）土壤　土壤原是鸭生存的重要环境，但随着现代化养鸭业向集约化方向发展，其直接影响愈来愈小，但土壤对鸭舍建筑仍有较重要的影响。根据土壤不同粒径颗粒所占的比例，土壤可分为黏土、沙土和壤土。透气性和渗水性差的黏土，一般持水力强，降水后易潮湿、泥泞，场区空气湿度较大。此外，潮湿的土壤易造成各种微生物、寄生虫、蚊蝇滋生，并使建筑物受潮，降低保温隔热性和使用年限。沙土透气透水性好，降水后不易潮湿、易干燥，自净作用好，但其导热性强、热容量小、热状况差。壤土介于沙土和黏土之间，透气性和渗水性适中，场区空气卫生状况较好，抗压能力较大，不易发生冻土，建筑物也不易受潮，是鸭场最理想的土壤。在一定地区内，由于受客观条件的限制，选择最理想的土壤是不易的，因此不宜过分强调土壤种类和物理特性，应着重其化学和生物学特性，注意地方病和疫情的调查。

（4）水源　在生产养殖过程中，需要大量的水资源。此外，水源一定要清洁卫生，水质须达到 NY 5027—2008《无公害食品 畜禽饮用水水质》的要求，否则会影响鸭及其相关产品的品质。因此，鸭舍选址所需水源至少要满足以下条件：①周边水源要充足，至少能够保证养殖场内正常的用水需要；②水质要保证良好，至少得保证达到生活饮用水的水质标准；③便于防护，避免被污染；④取用方便，保证水源处理技术简单易行。水在自然界分布广泛，可分为地表水、地下水、降水和自来水四大类。因其来源、环境条件和存在形式不同，又有各自的卫生特点。

① 地表水。地表水包括江、河、湖、塘及水库等。这些水主要由降水或地下水在地表径流汇集而成，容易受到生活及工业废水的污染，常常因此引起疾病流行或慢性中毒。地表水一般来源广、水量足，又因为其本身有较好的自净能力，所以仍然是被广泛使用的水源。因此，在条件许可的情况下，应尽量选用水量大、流动的地表水作鸭养殖场的水源。在管理上可采取分段用水和分塘用水。

② 地下水。地下水深藏在地下，是由降水和地表水经土层渗透到地面以下而形成。地下水经过土层的渗滤作用，水中的悬浮物和

细菌大部分被滤除。同时，地下水被弱透水土层或不透水土层覆盖或分开，使水的交换很慢或停顿，受污染的机会减少。但是地下水在流经土层和渗透过程中，可溶解土壤中各种矿物盐类而使水质硬度增加。因此，地下水的水质与其存在土层的岩石和沉积物的性质密切相关，化学成分较为复杂。地下水的基本特征是悬浮杂质少，水清澈透明，有机物和细菌含量极少，溶解盐含量高，硬度和矿化度较大，不易受污染，水量充足而稳定且便于卫生防护。但有些地区地下水含有某些矿物性毒物，如氟化物、砷化物等，往往引起地方性疾病。所以，当选用地下水时，应经过水质检验达标后，才能用作水源。

③降水。大气降水指雨、雪，是由海洋和陆地蒸发的水蒸汽凝聚形成的，其水质依地区的条件而定。靠近海洋的降水可混入海水飞沫；内陆的降水可混入大气中的灰尘、细菌；城市和工业区的降水可混入煤烟、二氧化硫等各种可溶性气体和化合物，因而易受污染。但总的来说，大气降水是含杂质较少而矿化度很小的软水。降水由于储存困难、水量无保障，因此除缺乏地表水和地下水的地区外，一般不用作鸭养殖场的水源。

④自来水。拟建场区附近如有地方自来水公司供水系统，可以尽量使用，但需要了解水量能否保证。自来水水质可靠，使用方便，但是相对成本比较高。大部分养殖场的建设位置均远离城镇，不能利用城镇给水系统，所以都需要独立的水源，一般是自己打井和建设水泵房、水处理车间、水塔、输配水管道等。

（5）气候　气候不仅会影响鸭舍的规划布局与设计，还会影响鸭舍内的小气候。气温资料不但在鸭舍施工设计时需要，而且对鸭场防暑、防寒日程安排，及鸭舍朝向、防寒与遮阳设施的设置等均有意义。风向、风力、日照情况与鸭舍的建筑方位、朝向、间距、排列次序均有关系。

2. 社会条件

（1）土地性质　鸭场选址时常把土地性质这点忽略，盲目选择地块建场，如果不符合要求则需要拆除，损失巨大。因此，在选择鸭场用地时要注意不能选择基本农田地，并且还要将鸭场建设在禁养区外，这就需要对该地块以及周围地块有充分的了解，包括土地性质、今后的开发方向等，以免场地的选择与以后政府的其他重大项目发生冲突。

（2）环保规定　鸭场选址应符合养殖法律法规。鸭场选址必须符合当地部门的区域规划，符合畜禽规模养殖用地规划及相关法律法规要求，同时符合环境保护的要求，不能在自然保护区、旅游区、重要水系区建场，必须建立在当地行政规划部门允许的范围内。对生态环境、水源地的保护，鸭场选址要距离水源地 3000 米以上，鸭场不能对周边环境造成污染和破坏，要保护好生态环境。

（3）周围环境　鸭场的周围环境应远离村庄、学校、医院等公共场所。鸭场应位于居民区的下风向且地势低于居民区，不影响周围居民的正常生活，但要避开其污水排出的地方，还要远离主要公路、铁路，一般距离不少于 1000 米。距离屠宰场、畜禽产品加工厂、垃圾处理场等不少于 3000 米，远离化工企业等易产生污染物的企业，而且避免选址在其下风向处。

（4）交通条件　鸭场所处地方要保证交通方便，尤其是那些大型的、规模化的商品养鸭场，由于其每天运输的产品、饲料等量大，由此必须要有便捷的交通运输条件来维持其日常工作的正常开展。但是，如果选址在交通干道，又容易感染各种疾病。所以，在选址时一定要保证与交通干道有适当的距离，且交通方便。建议距离铁路和一、二级公路不少于 1000 米、距离地方三级公路不少于 200 米、距离四级公路不少于 100 米；条件允许的，可考虑与地方主干道间修建一条专用运输的道路。

（5）供料条件　饲料是鸭场养殖最为重要的物质基础，这部分费用所占的比例占到了总成本的 70% 左右。鸭场场址应尽可能接近饲料产地和加工地，靠近产品销售地，确保其有合理的运输路径。大型集约化商品场，其物资需求和产品供销量极大，对外联系密切，故应保证交通方便。

（6）供电条件　鸭场生产和生活用电都要求有可靠的供电条件。一些生产环节如孵化、育雏、机械通风等的电力供应必须绝对保证。因此，须了解供电电源的位置、与鸭场的距离、最大供电允许量、是否经常停电、有无可能双路供电等。通常，建设鸭场要求有二级供电电源。属于三级以下供电电源时，则需自备发电机，以保证场内供电的稳定可靠。为减少供电投资，鸭场场址应尽可能靠近输电线路，以缩短新线路铺设距离。

（7）废弃物处理　为防止废弃物污染周围环境，选址时应考虑就地无害化处理粪尿和污物，还需建设相应的粪污贮存、雨污分流等污染防治配套设施以及综合利用和无害化处理设施并保障其正常运行。

鸭场的周围最好有大量农田，让这些废弃物可以作有机肥施入农田利用，也可生产沼气。

二、合理规划布局

鸭场规划布局的基本原则是：节约用地，便于鸭粪的处理、利用，合理利用地形、地物创造有利的养鸭环境；减少投资，提高劳动效率，留有发展余地，兼顾人、鸭健康，建立最佳生产程序和卫生防疫条件。

1. 鸭场分区

为了建立良好的鸭场环境和组织高效率生产，降低养鸭成本，养鸭的功能区必须分区规划。要从人鸭保健的角度出发，以建立最佳生产程序和卫生防疫条件来合理安排各区位置，并根据地势的高低、水流方向和主导风向，按人、鸭、污的顺序，将这些区内的建筑设施按环境卫生条件的需要次序给予排列。首先应该考虑人的工作和生活集中场所的环境保护，使其尽量不受饲料粉尘、粪便气味和其他废弃物的污染。其次要注意生产群的防疫卫生，尽量杜绝污染源对生产群环境污染的可能性。一是要便于管理，有利于提高工作效率，以利于各区间的相互联系；二是要便于搞好防疫灭病工作，规划时要充分考虑主导风向和上下流的关系；三是生产区应按作业的流程顺序安排；四是要节约基建投资费用。一般根据生产环节，分为4个区：即管理区、生产区、疫病隔离区和粪污处理区（图6-1）。在分区规划时应充分考虑人和家禽的生物安全，建立最佳的生产程序和卫生防疫条件。

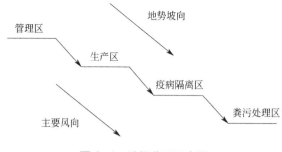

图 6-1　鸭场分区示意图

（1）管理区　管理区包括行政办公区和员工生活区。管理区担负着鸭场经营管理和对外联系的责任，应设在与外界联系方便的位置。管理区与社会的联系十分频繁，极易造成疫病的传播，故管理区运输应严格与生产区运输分开，外来车辆和外来人员只能在管理区活动，不得随意进入生产区。规划时要将管理区设在全场的上风向和地势较高处，并与生产区保持一定的距离，使其尽量不受粉尘、粪便气味和其他废弃物的污染。鸭场大门应设于该区，门前设消毒池，两侧设门卫和消毒更衣室。管理区与生产区必须保持一定的卫生间距，并应防止管理区的生活污水流入生产区。

（2）生产区　这是鸭场的核心，通常包括孵化室、临时休息室、鸭舍（育雏室、育成舍、产蛋鸭舍、种鸭舍）、蛋库和兽医室等。生产区应位于全场的中心地带，其地势比管理区低，但又要高于疫病隔离区。生产区内有两条最主要流程线，一条为饲料库—鸭舍—产品库，这三者间联系最频繁，劳动强度最大；另外一条流程线为饲料库—鸭舍—粪污场，其末端为粪污处理区。因此，饲料库、孵化室、蛋库和粪场均要靠近生产区，但不能在生产区内，因为这三者都需要与场外联系。饲料库、孵化室、蛋库与粪场为相反的两个末端，因此其平面位置也应是相反方向或偏角的位置。为保证防疫安全，鸭舍的布局应根据主风向与地势，按下列顺序配置：孵化室、幼雏舍、中雏舍、后备鸭舍、成鸭舍。孵化室在上风向，成鸭舍在下风向，这样能使幼雏舍得到新鲜的空气，从而减少发病机会，同时也能避免由成鸭舍排出的空气污染造成疫病传播。饲料库和孵化室与场外联系较多，宜建在靠近鸭场前区的入口处，大型种鸭场最好在其他位置单建孵化场。育雏区与成年鸭区应有一定的距离，有条件时最好另设育雏场，专养幼雏。大型种鸭场中的种鸭群与商品鸭群应分区饲养，种鸭区应建在防疫的最优位置，两个小区中的育雏、育成鸭舍又优于成年鸭舍的位置，而且育成鸭舍与成年鸭舍的间距要大于本群鸭舍的间距，并设沟渠墙或绿化带等隔离屏障。生产区鸭舍要满足日照、保温防暑以及通风的要求，采取南向，冬季有利阳光照入舍内，而夏季可防止强烈的太阳照射。生产区道路的位置应不妨碍场内排水。路面要求坚实、排水良好，应种植树木。

（3）疫病隔离区　疫病隔离区主要用来隔离、诊断和处理病禽。这个区应设在生产区的下风向与地势较低处并远离生产区。疫病隔离区应尽可能与外界隔离，隔离区四周应用天然的或人为的隔离屏障，设单独的通路与入口。

（4）粪污处理区　粪污处理区用于粪便的贮存和处理。该区应设在生产区的下风向，与住宅保持200米、与畜舍保持100米的卫生间距，有绿化带隔离时可相应缩小，并便于运往农田。贮粪池的容积一般根据饲养规模、鸭粪产量和贮存时间而异。

2. 鸭场布局

鸭场内建筑物的布局合理与否，对场区环境状况、卫生防疫条件、生产组织、劳动生产率及基建投资等都有直接影响。为了搞好建筑物的合理布局，应先确定好饲养管理方式、集约化程度、机械化水平以及饲料的需要量和供应情况，然后进一步确定各种建筑物的形式、种类、面积和数量。并在此基础上综合考虑场地的各种因素，制定最好的布局方案（图6-2）。

（1）鸭舍排列　鸭场建筑物的布局必须按彼此间的功能联系统筹安排，从而提高养鸭经济效益。鸭舍应平行整齐排列，排列可分为单列式、双列式和多列式。其特点有所不同，生产中可根据鸭场的规模及场地状况进行选择（图6-3）。

① 单列式。单列式呈一行排列，单列式布置使场区的净污道路分流明确，但会使道路和工程管线线路过长。此种布局是小规模养殖场和因场地狭窄限制的一种布置方式，地面宽度足够的大型鸭场不宜采用。

图 6-2 鸭场场区布局示意图

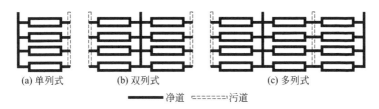

(a) 单列式　　　　(b) 双列式　　　　　　(c) 多列式

━━━净道　╌╌╌╌╌╌污道

图 6-3 鸭场鸭舍排列示意图

②双列式。双列式是呈两行排列配置。两行鸭舍端墙之间应有12～18米的距离。双列式布置是各种鸭场经常使用的布置方式，其优点是既能保证场区净污道路分流明确，又能缩短道路和工程管线的长度。

③多列式。多列式布置在一些大型育禽场使用，此种布置方式应重点解决场区道路的净污分道，避免因线路交叉而引起互相污染。

鸭舍应与饲料库保持最近的联系。当鸭舍呈一行布局时，饲料库应靠近中间两栋鸭舍；当鸭舍呈两行布局时，则应位于两行鸭舍端墙间的运料主干线上。

（2）鸭舍朝向　鸭舍朝向的选择与当地的地理纬度、地段环境、局部气候特征及建筑用地条件等因素有关。鸭舍的朝向应满足光照、温度和通风的要求。适宜的朝向一方面可以合理地利用太阳辐射能，避免夏季过多的热量进入鸭舍，而冬季则可最大限度地允许太阳辐射能进入鸭舍以提高鸭舍温度；另一方面，可以合理利用主导风向，改善通风条件，以获得良好的鸭舍环境。无论防寒或防暑，鸭舍朝向均以南向或偏东、偏西45°以内为宜。这样冬季可以使鸭舍南墙和屋顶接受较多的太阳辐射能，而夏季可以使鸭舍东西墙接受较多的太阳辐射能，从而使鸭舍冬暖夏凉。我国夏季主要是东南季风，夏季南墙上窗口打开，利于舍内通风，散热效果好。南方鸭舍以避暑为主，因此鸭舍朝向可以偏东侧；北方鸭舍以保暖为主，因此鸭舍朝向可以偏西侧。

（3）鸭舍间距　鸭舍间距指相邻两栋鸭舍南墙之间的距离。鸭舍的间距关系到鸭舍的采光、通风、防疫、防火和占地面积，在鸭场设计中应根据以下几方面合理确定鸭舍间距。从采光角度来说，应使南排鸭舍在冬季不会遮挡北排鸭舍，这就要求间距不小于南排鸭舍的阴影长度。在我国的大部分地区，鸭舍间距应保持鸭舍檐高的3～4倍。从通风角度来说，当风向垂直于鸭舍南墙时，涡风区最大，约为鸭舍的5倍；当风向与南墙不垂直时，涡风区缩小，约为鸭舍的3倍。鸭舍间距为鸭舍檐高的3～5倍时，可满足通风排污和卫生防疫要求。从防火角度来说，鸭舍建造大多采用砖混结构和钢筋混凝土结构，其耐火等级在二～三级，参照民用建筑的标准设置，最小防火间距是2～3倍。综上所述，我国大部分地区，鸭舍间距在3～5倍时，基本能满足采光、通风、排污、防疫、防火等要求。

第三节　鸭舍建筑设计

鸭舍建筑设计总的要求是冬暖夏凉，阳光充足，空气流通，干燥防潮，经济耐用，且设在靠近水源、地势较高而又有一定坡度的地方。主要应体现在隔热、保温、防潮和经济合理、远离疾病传染源5个方面。

一、鸭舍主要结构及其要求

鸭舍的主要结构通常包括鸭舍、陆上运动场和水上运动场三部分。

1. 鸭舍

鸭舍主要包括墙体、屋顶、吊顶、门、窗、通风口及地面等（图6-4）。鸭舍结构设计合理与否，直接影响着鸭舍内的小气候状况和鸭舍环境的调控。设计时应满足保温防寒、隔热防暑、采光照明、通风换气等要求。鸭舍的面积视鸭群大小而定，一般生产鸭舍的宽度为10～15米，长度根据需要而定。为操作方便起见，鸭舍的最长长度不宜超过100米。

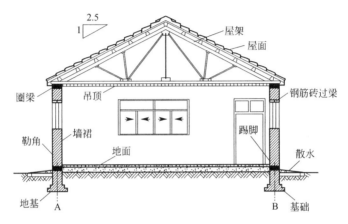

图6-4 鸭舍结构示意图

（1）鸭舍墙体 墙体是鸭舍的主要构造之一，具有承重和分割空间、围护作用。墙体承重作用是指墙体将房舍全部荷载（包括房舍自身重量、屋顶积雪重量及风的压力等）传递给基础或地基，围护、分割作用是指墙体将鸭舍与外界隔开或对鸭舍空间进行分割。墙体对鸭舍内温度和湿度状况影响很大。据测定，冬季通过墙体散失的热量占整个鸭舍总失热量的35%～40%。因此，墙体必须坚固、耐久、抗震、耐腐蚀、抗冻、结构简单、便于清扫和消毒，同时具有良好的保温隔热性能。建造时尽可能选用隔热性能好的材料，保证最好的隔热设计，并有一定的厚度。目前我国大部分地区的鸭舍选用新型砖体和复合保温板。特别是大规模的鸭场采用装配式标准化畜禽舍，结构构件采用轻型钢结构，墙体部分采用双层钢板中间夹聚苯板或岩棉等保温材料的板块，即彩钢复合板，效果较好，还可加快鸭舍的建造速度。

（2）鸭舍屋顶　屋顶是鸭舍顶部的覆盖构件，与外墙一起构成鸭舍的建筑空间，故外墙和屋顶统称为鸭舍的外围护结构。屋顶位于房屋的最上层，由屋面和承重结构组成。屋面主要起遮风、避雨雪和隔绝太阳辐射、保温防寒作用，以使屋顶下的空间有一个适宜的环境。承重结构支撑屋面，并将屋面上的荷载（雪和风压）和自重通过墙柱、基础向地基传递。屋顶的形式和构造与功能密切相关，屋顶的主要形式有坡屋顶、平屋顶和拱形屋顶。屋顶保温也是鸭舍保温的关键，用作屋顶的保温材料有：膨胀珍珠岩、岩棉、聚氨酯板和彩钢板等。

（3）鸭舍吊顶　吊顶主要用来增加鸭舍屋顶的保暖隔热性能，是由于吊顶与屋顶之间形成较大的空气间层，封闭的空气间层具有良好的保温隔热性能。在寒冷地区，吊顶能使鸭舍更加温暖；对于炎热地区，吊顶又能减少太阳辐射能从屋顶进入鸭舍内，避免鸭舍过热。采用负压机械纵向通风的鸭舍，吊顶可大大减少过风面积，显著提高通风效率。因此，良好的吊顶对于炎热和寒冷地区的鸭舍环境控制都具有重要作用。吊顶的材料要求导热性小、不进水、不透气、结构简单和轻便、厚度适中、耐久、耐火。

（4）鸭舍地面　很多鸭舍的鸭子是直接接触地面的，因此鸭舍地面既是鸭子场地，又是从事生产的场地。地面根据使用材料的不同，主要分为土夯实地面、砖地面和混凝土地面。在鸭舍建筑中，一般采用混凝土地面，它除了保温性能和弹性不理想外，其他性能均较好，造价也不太高，目前应用较多。土夯实地面和砖地面，保温性能虽优于混凝土地面，但存在不坚固，易吸水，不便于清洗、消毒，还可能存在环境污染的问题。

2. 陆上运动场

陆上运动场又称为鸭滩，一端紧连鸭舍，一端直通水面，为鸭群吃食、梳理羽毛和白天休息的场所，其面积应大于鸭舍50%以上。陆上运动场的地面必须平整，略向水面倾斜，不允许有坑坑洼洼，以免蓄积污水。陆上运动场与水上运动场的连接部分，用砖头或水泥制成一个小坡度的斜坡，水泥地面应有防滑面，延伸到水上运动场的水下10厘米左右。

3. 水上运动场

种鸭舍配套的水上运动场，是供种鸭交配、洗澡之用。水上运动场可利用天然池塘、河流、湖泊，也可用人工浴池。如利用天然河流作为水上运动场，靠陆上运动场这一边，应用水泥或砖头砌成；人工浴池一般宽 2.5 ～ 3 米、深 0.5 ～ 0.8 米，用水泥砌成，不得漏水。洗浴池设在运动场的最低处，洗浴池和下水道连接处可修一个沉淀井，以利于排水，并将泥沙、粪便等沉淀下来，免得堵塞排水道。

在鸭舍、陆上运动场、水上运动场三部分的连接处，均需用围栏把它们围成一体，根据鸭舍的分间和鸭子分群情况，每群分隔成一个部分。陆上运动场的围栏高度为 50 ～ 60 厘米；水上运动场的围栏应超过最高水位 50 厘米，深入水下 1 米以上。如用于育种或饲养试验的鸭舍，必须进行严格分群时，围栏应深入水底，以免串群。

二、鸭舍类型及特点

鸭在不同生长阶段对温度、光照、空气等外界环境的要求差异较大，因此应建有形式和结构不尽相同的鸭舍，供饲养不同生长阶段的鸭。可根据鸭场的性质、要求和建设者的爱好等因素，选择适宜的鸭舍。一般来说鸭舍分临时性简易鸭舍和长期性固定鸭舍两类。

1. 固定鸭舍

一般按照密封程度又可分为完全开放式鸭舍、半开放式鸭舍和全封闭鸭舍。

（1）完全开放式鸭舍　完全开放式鸭舍是指一面（正面）或四面无墙的鸭舍，后者也称为棚舍。其特点是独立柱承重，不设墙或只设矮墙，其结构简单、造价低廉、自然通风和采光好，但保温性能很差。完全开放式鸭舍可以起到防风雨、防日晒的作用，室内外通风和温度相差不大。完全开放式鸭舍适用于炎热地区（图6-5）。

（2）半开放式鸭舍　半开放式鸭舍是三面有墙，一面仅有半截墙的鸭舍，这类鸭舍在冬天可在半截墙的那一面加设卷帘、塑料薄膜、阳光板形成封闭鸭舍，从而改善鸭舍温度。半开放式鸭舍通风换气良好，白天光照充足，一般不需人工光照、人工通风和人工供暖设备，基建投资少，成本低，所以这类鸭舍适用于冬季不太冷而夏季又不太热的地区（图6-6）。

图6-5　完全开放式鸭舍

图6-6　半开放式鸭舍

（3）全封闭鸭舍　全封闭鸭舍是由屋顶、围墙以及地面构成的全封闭状态的鸭舍，通风换气仅依赖于门窗和通风设备，不易受自然环境条件的影响，在极端环境下也能正常生产。舍内温度、空气质量、湿度等可人工控制，自动化程度高，节省人工，生产效率高，而且全封闭鸭舍与外界隔离较好，鸭舍内外的病原微生物进出鸭舍的概率就会减少，同时鸭舍内的消毒灭菌也能控制在一定的空间，这样交叉污染的机会就会大大减少，有利于疫病尤其是重大动物疫病的防控。相对而言全封闭鸭舍的造价比较高昂，运营成本高（图6-7）。视频为集约化网上环控旱鸭舍。

图6-7　全封闭鸭舍

视频6-1

扫码观看：集约化网上环控旱养鸭舍

2. 鸭舍用途

鸭舍按用途可分为育雏舍、育成舍和种鸭舍。

（1）育雏舍　育雏舍可以采用网上平养、地面平养和立体笼养等方式，育雏舍主要用于饲养4周龄以内的雏鸭，雏鸭在刚出壳不久时，绒毛稀少，体质较弱，自身体温调节能力差，对温度敏感，受外界温度变化的影响大，需要保温育雏。育雏舍的性能要求是温暖、干燥，并具有良好的保温性能，通风良好，电源稳定，并配备保温设备，所有窗户和下水道通外的所有开口都应该安装金属网，以防止兽害。为了便于保温和管理，育雏舍应分成几个小隔间。每个隔间的面积为6～10平方米，可容纳200～300只雏鸭。网上平养育雏舍坐北朝南，可采用双列单走道鸭舍，舍高2.3～2.5米，跨度为6～9米，走道设在中间，宽1.2米左右，窗户与地面面积之比一般为1∶（10～15），窗沿离地面约1米。为了方便空气调节，还可以设置气窗。走道两侧至南北墙各设架空的金属架作为网架，使用1.5厘米网眼的塑质网作床底铺设于网架上，可保护鸭腿趾部。育雏舍一般使用水泥地面，在网架下的地面上建一条V形水泥沟，其坡度为30°左右，雏鸭的排泄物可直接漏在沟内，用水稍冲刷即可清理。由于雏鸭全程都在网上饲养，卫生条件好，干燥，节约垫料，保温性能、防鼠害能力、通风采光条件均较理想，但投资费用较大。地面平养育雏舍一般采用有窗式单列带走道的鸭舍。鸭舍跨度8米左右，地面上铺5厘米厚的松软垫料，舍内隔成若干小区，北墙边设置1米宽的走道，设置运动场的鸭舍南侧墙壁开通向运动场的门，将运动场和水浴池设在场外。靠走道一侧建一条排水沟，沟上盖铁丝网，网上放饮水器，雏鸭饮水时溅出的水通过铁丝网漏到沟中，再排出舍外。走道与雏鸭区用围栏隔开。立体笼养育雏舍要求保温与通风良好。立体笼养方式就是采用层叠式或半阶梯式金属笼饲养雏鸭，也有采用竹、木制作的简易单层或双层笼饲养雏鸭。笼组的布局多采用中间两排或南北各一排，当中留走道。笼外一侧置饲料槽，另一侧置长流水饮水器。笼养雏鸭的好处与网养一样，而且比网养更能经济地利用房舍和设备，但投资大（图6-8）。

视频6-2
扫码观看：育雏舍
网养育雏

视频6-3
扫码观看：育雏舍
供暖系统

视频6-2为育雏舍网上平养育雏，视频6-3为育雏舍供暖系统。

图 6-8 育雏舍

（2）育成舍　育成舍主要用于饲养4周龄后的青年鸭，育成舍的建设可采用双列式或单列式，这样房屋跨度较小，造价相对较低。育成舍要求有足够的活动面积，以保证鸭正常的生长发育，通风良好，坚固耐用，便于操作管理。目前育成舍的形式有开放式和密闭式，饲养方式有地面平养和网上平养两种。开放式育成舍一般房屋高3～3.5米、宽6～9米、长60米以内。密闭式育成舍，屋顶一般采用有3～5厘米隔热层的彩钢瓦；屋檐高度一般为2.8～3.3米；宽9～12米，长60～100米，一般采用湿帘风机进行夏季散热（图6-9，视频6-4）。

视频 6-4
扫码观看：育成鸭舍

图 6-9　育成舍

（3）种鸭舍　种鸭舍（视频 6-5）大多采用单列单走道封闭式鸭舍，对保温性能和通风采光要求较高，一般采用湿帘风机降温和暖风机供暖，还需要人工补充光照。舍内地面采用水泥地面或者漏缝板地面。在水泥地面上加铺垫料，有利于种鸭产蛋和活动，漏缝板离地饲养，可保持鸭舍内干燥，有利于疾病控制。

视频 6-5
扫码观看：种鸭舍
布局

种鸭舍的跨度与长度的比例一般为 1 ： 10。种鸭舍的高度亦取决于鸭舍的跨度，一般跨度在 8 ～ 9 米时，种鸭舍的高度为 2.8 米；跨度在 12 米时，其高度应在 3 ～ 3.3 米。种鸭舍要设置运动场，运动场宽度以舍内宽度的 1 ～ 1.5 倍为好，如果运动场的面积过小，不利于种鸭运动，地面污染也会比较严重。运动场最好要有一定坡度倾斜，保证运动场无积水；地面最好是水泥地或者砖地，有利于粪便的清理和地面消毒。舍内一般使用饮水乳头，而在运动场上设计的饮水槽，其位置有的在运动场的前面横向设计，有的与隔墙平行，水槽的长度为 2 ～ 3 米、高度 15 厘米左右、宽度为 20 厘米左右。有条件的鸭场，可设置洗浴池，一般为正方形或长方形，也有的设计成纵向洗浴水沟，洗浴池的深度 40 厘米，水面深度不低于 30 厘米。在设计洗浴池或洗浴水沟时，注意排水管道要低于洗浴池底面，有利于排水即可。部分种鸭舍采用了饮水岛模式。饮水岛的高度要高出地平面 20 厘米、宽度一般为 1.2 米，为防止鸭子嬉水时弄湿垫料，要设计 40 ～ 60 厘米的隔墙，饮水岛地面用漏缝板铺垫，并设有排水沟。为保持清洁卫生，要定期清理饮水岛内的粪便。种鸭舍还需要设置产蛋箱，在开产前应在靠墙一面设置产蛋箱。为了减少窝外蛋，降低种蛋的破损率，产蛋箱内垫料要干燥、清洁、松软，另外产蛋箱要固定，不要随意搬动（图 6-10）。

（4）种鸭笼养舍　种鸭笼养舍是指将鸭全程饲养于笼子中，并配备自动化的养殖设备、粪污处理设备等，能够有效减少和控制养殖过程产生的污染，切实保障产品质量、蛋品和动物安全的健康养殖模式。目前，国内广泛采用的笼养模式主要是 A 字形和 H 字形叠加式多层笼，正处于小范围推广应用的阶段。一般种鸭笼养舍长 100 米、宽 15 米、檐高 3.3 米、脊高 5 米，多为三层四列式结构，墙体为砖混结构，顶棚为钢架结构。顶棚及内墙壁喷涂聚氨酯，配套笼具、全自动饲料线、水线、水帘、发电机等设备。种鸭笼养舍具有自动化水

图 6-10 种鸭舍

平高、节省人工成本、提高产品生物安全、提高土地利用率、养殖污染小等优点，但是也存在设施投资成本高（目前的笼养设备平均造价40 ～ 50 元 / 只）和毛色差的问题（在笼养条件下，由于长期无法嬉水洗浴，羽毛蓬松，外观较为难看，且鸭不容易脱毛，使售价受到一定影响）（图 6-11）。

图 6-11　种鸭笼养舍

三、鸭舍配套及规格确定

1. 鸭孵化场

孵化场应远离鸭舍，紧邻种蛋库。孵化场为独立的一隔离单元，有其专用的出入口。孵化场内应分设有种蛋检验间、消毒间、贮蛋间、孵化间、出雏间、洗涤间、幼雏存放和雌雄鉴别间等。孵化场的工艺流程，必须严格遵循"种蛋—种蛋消毒—种蛋贮存—种蛋处置（分级、码盘等）—孵化—移盘—出雏—雏鸭处置（分级、鉴别、预防接种等）—雏鸭存放、发雏—蛋盘与出雏盘消毒"的单向流程不得逆转的原则，即从种蛋验收到发送雏鸭的全部过程只允许循序渐进，不能交叉和往返，以防相互感染。孵化场通常依每周或每次入孵蛋数，每周或每次出雏数以及相应配套的入孵机与出雏机数量来确定其规模大小，吊顶的高度应高于入孵机或出雏机顶板1.6米。无论采用双列或单列排放均应留足工作通道，入孵机前约30厘米处应开设排水沟，上盖铁栅栏，栅孔1.5厘米，并与地面保持平齐。孵化场的水磨地面应平整光滑，地面的承载压力应大于6.86千帕，室温保持在22～24℃。孵化场的废气须通过排风管道排出，以免雏鸭绒毛被吹至户外后，又被吸进进风系统而重新带入孵化场各房间中。专业孵化场应设预热间。孵化场必须确保用水和排水顺畅，孵化场用水量与排水量很大，应注意供水道与排水道的修建。现代孵化设备的供温大多使用电热，并用风机调节温度与通风量。因此，孵化场用电必须要有保证，不能停电，即使停电了也要有备用电源，或建立双路电源。贮蛋间的墙壁与天花板应隔热性能良好，通风缓慢而充分。并设置空调机，使室温保持在13～15℃，还要防动物进入。孵化场应单独设置洗涤室，分别洗涤蛋盘与出雏盘。洗涤室内设有浸泡池，地面设有漏缝板的排水沟与沉淀池。雏鸭存放间是用于雏鸭装箱后的暂存房间，室外设雨篷，便于雨天装车。室温要求在25℃左右。

2. 道路规划

鸭场内道路应便于生产管理，应将净道和污道分开，以利卫生防疫。净道用于运输饲料、商品鸭、种蛋等清洁品，污道用于运送粪便、污物、病死鸭等。场外的道路不能与生产区的道路直接相通。场前区与隔离区应分别设与场外相通的道路。场内道路应硬化处理，宽度根据用途和车宽决定。

3. 场区绿化

鸭场植树、种草绿化，可改善场区小气候、净化空气和水质、降低噪声等。在进行养鸭场规划时，必须划出绿化地，其中包括防风林、隔离林、行道绿化、遮阳绿化、绿地绿化等。防风林应设在冬季主风的上风向，沿围墙内外设置，最好是落叶树和常绿树搭配，高矮树种搭配，植树密度可稍大些；隔离林设在各场区之间及围墙内外，应选择树干高、树冠大的乔木；行道绿化是指道路两旁和排水沟边的绿化，起到路面遮阳和排水沟护坡的作用；遮阳绿化一般设于鸭舍南侧和西侧，起到为鸭舍墙体、屋顶、门窗遮阳的作用；绿地绿化是指养鸭场内裸露地面的绿化，可植树、种花、种草，也可种植有经济价值的植物，将绿化与养鸭场的经济效益结合起来。

4. 鸭场排水

一般可在道路一侧或两侧设明沟，沟壁、沟底可砌砖石，也可将土夯实固成梯形或三角形断面，再结合绿化护坡，以防塌陷。如果养鸭场场地本身坡度较大，也可以采取地面自由排水，但不宜与舍内排水系统的管沟通用。隔离区要有单独的下水道将污水排至场外的污水处理设施。

第四节　鸭场常用设备

一、喂料设备

肉鸭的喂料设备主要有开食盘、料桶、料槽等。大型肉鸭专业化生产企业也有自动喂料系统（俗称料线）。

1. 开食盘

开食盘用于雏鸭开食，面积大小视雏鸭数量而定，一般每个开食盘可供 35 ～ 40 只雏鸭使用。雏鸭饲料大部分为破碎料，采用开食盘减少了饲料的浪费（图6-12）。

2. 料桶

可用于各个饲养阶段，是很普遍的一种喂料设备。料桶多采用塔式设计，材料多为塑料，方便清洗和消毒。由于鸭喙扁平，因此口径要宽大一些。料桶的大小由鸭体型大小和数量决定（图6-13）。

图6-12　开食盘

图6-13　料桶

3. 料槽

一般采用自流式双面设计，料槽带插槽，安装简单，使用方便，减少了饲料的浪费，也减少了饲料的污染，饲料一次可加一天的量，不需要频繁喂料，节省人工，可以加装限料板作种鸭料槽，限制鸭的采食量。如将食槽采食面挡板制成可调节高度的活动板，料槽便可适合于各类体型鸭的饲养（图6-14）。

图6-14　料槽

图6-15　喂料车

4. 喂料车

该设备适用于中小型鸭场，主要有手推式和电动式两种。前者消耗体力多，效率低；后者是采用蓄电池作能源，虽受限因素较多，但使用起来方便灵活。喂料车由动力部分、行走部分、提升部分等结构组成。行走部分由传动轴、行走轮、转向轮等部分组成，从而保证了喂料车具有行走平稳、方向灵活、转弯半径小等特点。提升部分采用螺旋提升，设计简单实用并且工作效率高，饲料浪费少、加料均匀、加料量可根据喂料车运行速度调节。整车采用简化链条传动，播种式喂料，故障率极低，维护方便（图 6-15）。

5. 螺旋弹簧式喂料机

广泛应用于平养鸭舍。由料箱、螺旋弹簧、输料管、盘桶式料槽、带料位器的料槽和传动装置组成。其原理是电动机通过减速器驱动输料管内的螺旋转动，料箱内的饲料被送进输料管，再从管中的各个落料口掉进圆食槽。螺旋弹簧和盘桶式料槽是其主要工作部件。螺旋弹簧为锰钢材质，多数采用矩形断面，也有圆形断面，前者推进效率高，螺旋弹簧外面套有输料管，输料管的上方安装防栖钢丝，下方等距离地开设若干个落料口，落料口直径与盘桶式料槽相连，输料管末端安装带料位器的料槽，其料位器采用簧管式（图 6-16）。

6. 行车式喂料机

该设备适用于大中型笼养鸭场。行车式喂料机根据料箱的配置不同可分为龙门式和跨笼料箱式。根据动力配置不同可分为牵引式和自走式。行车式喂料机主要由驱动部件（牵引件）、料箱、落料管等组成。牵引式的结构特点是，牵引驱动部件安装于行车轨道一端，电机减速器通过驱动轮、钢丝绳牵引着料箱沿轨道运行来完成喂料作业。自走式的结构特点是，牵引驱动部件与料箱安装在一起，直接以链轮驱动料箱沿轨道运行，从而完成喂料作业。龙门行车式喂料机只有一个料箱，设在鸭笼顶部，料箱容积要满足每次该列鸭笼所有鸭的采食量，料箱底部装有搅龙，当驱动部件工作时，搅龙随之转动，将饲料推送出料箱，沿滑管均匀流放于食槽。跨笼料箱行车式喂料机根据鸭笼形式有不同的配置，但每列食槽上都有一个矩形小料箱，料箱下部呈斜锥状，锥形扁口正对于食槽中，当驱动部件运转带动料箱沿鸭笼移动时，饲料便沿锥面下滑落放于食槽中，完成喂料作业。喂料机一个行程可喂整个鸭舍，操作方便、撒料均匀、省时省力（图 6-17）。

二、饮水设备

在鸭场中，饮水设备是必不可少的。它不仅要满足每只鸭饮水

| 图6-16 螺旋弹簧式喂料机 | 图6-17 行车式喂料机 |

需要，即随时都可饮到水，而且还要保证水质卫生，不能造成交叉传染。从经济角度考虑还需具有使用可靠、节水，造价低等特点。因此，在选用鸭饮水器时，要结合本场的条件选择适合的饮水器。鸭用饮水器的种类很多，归纳起来有以下几种：

1. 真空式饮水器

真空式饮水器常用塑料制成，它由筒和盘组成，筒倒装在盘中部，并由销子定位，使筒下部壁上的孔与盘中部槽上的孔相对，筒内的水可通过孔流到盘中的环槽内，当水将孔堵住时，空气不再进入，筒内形成真空，水即停止流出，因此可保持盘内水面高度不变。真空式饮水器主要用于雏鸭。缺点是需要人工加水，增加劳动强度，水少时易被打翻，增加舍内湿度（图6-18）。

图6-18 真空式饮水器

2. 槽式饮水器

槽式饮水器有常流水式和控水式两种，水槽断面为U形或V形。长流水式水槽始端有一经常开着的水龙头，末端有一个溢流水塞，当供水量超过溢流水塞的上平面时，水即从此处通向下水道，使水槽内的水面保持一定高度，这个高度应是水槽高度的1/3～1/2，使鸭随时都可以喝到水。当清洗水槽时，将溢流水塞取出即可将水放出。控水式是在水槽的进水端设一小水箱，内装浮球阀，使水箱内的水与水槽相通并保持一定的水位，当水量被消耗、水位降低时，浮球阀自动供水，使水箱始终保持一定的水位。管的两端有管塞，塞的中间穿过一根尼龙刷的尼龙绳，拉动刷子即可清洗管内的污垢，打开一端的管塞就可以把脏水排掉。槽式饮水器常用PVC材料制作，在管上间隔一定的距离，开有长孔或圆孔供鸭饮水。槽式饮水器优点是结构简单、工作可靠；缺点是易传染疾病、耗水量大（图6-19）。

图6-19　槽式饮水器

3. 吊塔式饮水器

吊塔式饮水器又称普拉颂饮水器，为环形水盘。其原理是通过拉簧及绳索将该饮水器吊挂在鸭舍中，并由软管将水引进环形水盘中，当水盘内的水达到适当重量时，重力会克服弹簧的拉力，使饮水器下降，并带动杠杆使软管受压，从而阻止水的流进；当鸭饮完一定量的水之后，饮水器重量减轻，弹簧收缩带动杠杆反转，软管压力放松，水又流进水槽，如此反复，达到自动供水的目的。该饮水设备主要用于鸭平养模式，具有节约用水、调节灵活、清洁卫生的优点，但水箱、限压阀、过滤器等部件必须配套好，否则容易漏水（图 6-20）。

4. 乳头式自动饮水线

乳头式自动饮水线是目前比较先进的饮水器具，在规模化养鸭场普遍采用。使用乳头式自动饮水线，水质不易污染，能减少疾病的传播，蒸发量少，适用范围广，能减轻劳动强度，节约用水，是一种理想的封闭式饮水设备。乳头式自动饮水线组成部分主要有：过滤器、调压器、水线、饮水乳头、水线升降系统和加药器。饮水乳头是由外壳、阀杆弹簧和橡胶密封圈等组成。平时阀杆在弹簧的弹力下与橡胶密封圈紧紧接触，使水不能流出。当鸭触动阀杆时，阀杆回缩并推动弹簧，使阀杆和橡胶密封圈间产生间隙，水通过间隙流出，鸭可饮到水。当鸭停止触动阀杆时，阀杆在弹簧的弹力作用下恢复原状，停止流水。此外，有的乳头式自动饮水线不是靠弹簧推动阀杆密封，而是靠锥形橡胶密封圈与阀座在水压作用下密封。当鸭触动阀杆时，阀杆歪斜，橡胶密封圈不能封闭阀座，水从阀座的缝隙中流出。也有的用钢球阀来封闭阀座的乳头式饮水线。但乳头式饮水线对水质要求高，易堵塞，应在供水管路上加装过滤器，滤网规格不小于 200 目。饮水线安装要规范，保证水管平直，以确保水管各处的供水量，否则会出现供水量不均的现象。饮水乳头应垂直安装，注意安装高度，要根据鸭的日龄调整吊挂高度，一般要求超过鸭头 1～3 厘米。目前我国生产的乳头式自动饮水线质量存在一些问题，多数饮水乳头不耐用，漏水、滴水现象普遍，造成鸭舍内湿度大，给管理带来麻烦；输水管内容易滋生苔藓，不仅造成水管堵塞，而且容易诱发消化道疾病（图 6-21）。

三、清粪设备

现代化鸭场普遍使用自动化清粪设备，以提高清粪效率和节省人工。目前自动清粪机分为两种类型：牵引式清粪机（图 6-22）和传送带式清粪机（图 6-23）。

图 6-20 吊塔式饮水器

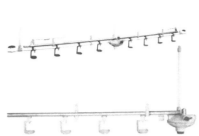

图 6-21 乳头式自动饮水线

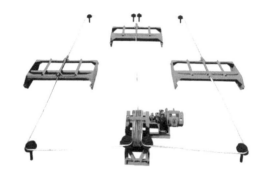

图 6-22 牵引式清粪机

图 6-23 传送带式清粪机

1. 牵引式清粪机

（1）用途 牵引式清粪机主要是为鸭的阶梯式笼养及鸭网床式饲养而设计的纵向清粪系统，每台可用于 2～4 列鸭笼养或鸭网床式粪沟，刮粪板宽度按粪沟尺寸而定。

（2）原理 牵引式清粪机主要由驱动系统（包括减速电机、绳轮）、自动控制箱、转角轮、牵引绳、刮粪板等组成。工作时，由减速电机输出轴将动力经链轮传动传至牵引机主绳轮，由绳轮与牵引绳间的挤压摩擦力获得牵引力，从而带动刮粪板进行清粪作业。刮粪板主要利用摩擦力自动落下抬起，工作时刮粪板自动落下，返回时刮粪板自动抬起。刮粪板每行走一个往复行程即完成一次清粪工作。

（3）注意事项

① 清粪沟建议设计成一边深一边浅，深的那边则是出粪的地方，主机在浅的那一端，这样便于清粪时候，粪便往一头流，其次便于主机隐藏于地下。后端出粪口必须留 1.5 米的预留位。转角轮的固定位留有安装位置。转角轮与主机的安装应牢固可靠，转角轮外切线与清粪沟中心线应一致。

② 清粪沟表面应为水泥地面，表面平整光滑，只允许向运动方向倾斜，表面不得凹凸不平。须保证粪道内无除了粪便外其他影响刮粪车工作的异物，避免阻挡刮粪车移动。

③ 清粪沟宽度比刮粪板宽度大 3～5 厘米，如果清粪沟宽度小于刮粪板宽度，刮粪板将无法运行。

④ 定期检查驱动系统和转角轮的轴承，并向内部加注润滑脂。经常检查控制系统与安全系统的使用可靠性。

⑤ 每天最好是分两次清粪，以防止粪便干燥时超负荷，而造成不必要的损失。

⑥ 使用过程中，请不要将刮粪板拉出过位，以造成拉断刮粪板、转角轮和断牵引绳等事故。

⑦ 电机应安装在干燥的地方，以防受潮缩短电机使用寿命，若电机安装在露天的地方，则需要有相应的防雨和排水措施。

2. 传送带式清粪机

（1）用途 传送带式清粪机多为鸭叠层式笼养和阶梯式笼养而设

计的纵向清粪系统，笼养下面装备传送带，通过清理设备的操作，达到自动清理的作用。

（2）原理　传送带式清粪机主要由电机和减速装置、链传动、主动辊、被动辊、承粪带等部件组成。工作时，承粪带安装在每层鸭笼下面，鸭排泄的粪便自动落入鸭笼下的承粪带，并在其上累积，当系统启动时，由电机和减速装置通过链条带动各层的主动辊运转，在被动辊与主动辊的挤压下产生摩擦力，带动承粪带沿鸭笼组长度方向移动，将鸭粪输送到一端，然后由端部设置的刮粪板刮落，实现清粪。该系统间歇性运行，通常每天运行 1～2 次。

（3）注意事项

① 传送带经使用后发生延伸变形而打滑，需经常调整张紧度。

② 鸭有戏水的习惯，天气炎热季节需水量加大，造成大量的水积累在传送带上，容易使传送带从带槽里脱落出来，造成污水横流。

③ 在从动滚轮上装有调整机构，一般采用多用螺杆调整传送带的紧度，调整时两边的紧度要一致，防止传送带走偏。

④ 刮粪板与传送带的距离，过大不干净，过小造成传送带磨损，还要注意鸭毛卡在刮粪板上，造成粪便的累积。

⑤ 防止掉入金属异物，造成传送带破损。

⑥ 为了防止传送带因承载重量不对称，造成传送带跑偏，需对称式放入鸭子。

四、通风设备

鸭舍通风按照通风动力可分为自然通风和机械通风，机械通风又可以分为正压、负压和零压通风三种模式；根据舍内气流组织方向，鸭舍通风又可分为横向通风和纵向通风。

1. 轴流风机

轴流风机所吸入的和送出的空气流向与风机叶片轴的方向平行，风机叶片旋转方向可以逆转，旋转方向改变，气流方向也随之改变，而通风量不减少。轴流风机主要由叶轮、机壳、电动机等零部件组成，支架采用型钢与机壳风筒连接，结构简单。当叶轮旋转时，气体从进风口轴向进入叶轮，受到叶轮上叶片的推挤而使气体的能量升高，然后流入导叶，导叶将偏转气流变为轴向流动，同时将气体导入扩压管，进一步将气体动能转换为压力能，最后引入鸭舍。轴流风机的横截面一般为翼剖面。叶片可以固定位置，也可以围绕其纵轴旋转。叶片与气流的角度或者叶片间距不可调或可调。改变叶片与气流角度或叶片间距是轴流风机的主要优势之一。小叶片间距或角度产生较低的流量，而增加间距则可产生较高的流量。轴流风机在启动时，电机的电流会比额定高 5～6 倍，不但会影响电机的使用寿命而且消耗较多的电量。系统在设计时在电机选型上会留有一定的余量，电机的速度是固定不变的，但在实际使用过程中，有时要以较低或者较高的速度运行，因此进行变频改造是非常有必要的。变频器可实现电机软启动、通过改变设备输入电压频率达到节能调速的目的，而且能给设备提供过流、过压、过载等保护功能（图 6-24）。

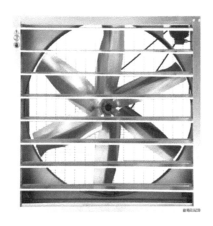

图 6-24　轴流风机

2. 离心风机

　　离心风机是根据动能转换为势能的原理，利用高速旋转的叶轮将气体加速，然后减速、改变流向，使动能转换成势能（压力）。离心风机可制成右旋和左旋两种类型。从电动机一侧正视：叶轮顺时针旋转，称为右旋转风机；叶轮逆时针旋转，称为左旋转风机。在单级离心风机中，气体从轴向进入叶轮，气体流经叶轮时改变成径向，然后进入扩压器。在扩压器中，气体改变了流动方向并且管道断面面积增大使气体减速，这种减速作用将动能转换成势能。压力增高主要发生在叶轮中，其次发生在扩压过程。在多级离心风机中，用回流器使气体进入下一叶轮，产生更高压力。离心风机由机壳、主轴、叶轮、轴承传动机构及电机等组成。在鸭舍通风换气系统中，多半在送热风或者冷风时使用（图6-25）。

图6-25 离心风机

3. 吊扇和圆周风扇

鸭场所使用的吊扇和圆周风扇必须喷涂防护层，增加抗腐蚀性。吊扇所产生的气流类型适合于鸭舍的空气循环。首先，气流直冲向地面，吹散了上下冷热空气的层次，从而使垂直方向的温度梯度缩小了许多；其次，径向轴对称的地面气流可以沿径向吹送到鸭场的每个位置。吊扇因不占用空间，又能同时解决通风和降温问题，已广泛使用。圆周风扇的工作原理与吊扇相似，但是圆周风扇可以360°旋转，形成的气流与自然风相似。吊扇具有超大风叶直径、超低能耗、低转速、低噪声、覆盖面积大等特点。吊扇和圆周风扇一般作为自然通风鸭舍的辅助通风设备，安装的位置和数量视养殖环境而定（图6-26和图6-27）。

图6-26 吊扇

图6-27 圆周风扇

五、照明设备

光照是鸭赖以生存环境中的重要因素之一，对鸭的影响极大，特别是蛋鸭，对光源性质和光强度度都有着特殊的敏感性和反应性。适宜的光照能提高鸭子食欲，有助于钙磷代谢，免疫力增强，提高蛋鸭的产蛋量，加快肉鸭的增重速度。但是如果光照过强或过弱，光照时间过长或过短，都会对鸭产生不良影响。目前的照明模式主要有自然光照和人工照明两种模式，和自然光照相比，人工照明的最大优点是能做到人为控制，使光照强度和光照时间达到最适宜的程度。

1. 自然光照

自然光照是让太阳的直射光或散射光通过鸭舍的窗户进入舍内以达到采光的目的。在一般条件下，开放式鸭舍采用自然光照。夏季为了避免舍内温度高，应防止直射阳光进入鸭舍内；冬季为了保温，并使地面保持干燥，应让阳光直射到鸭舍内。采光设计的任务是通过合理设计采光窗的位置、形状、数量和面积，以保证鸭舍的自然光照要求，并尽量使鸭舍内照度均匀。从防寒防暑的角度考虑，我国大多数地区夏季都不应有直射的阳光进入鸭舍内，冬季则希望阳光能照射到鸭舍内。为了满足这些要求，可以通过合理设计窗户上、下缘和鸭舍屋檐的高度而达到目的。当屋檐与窗台内侧所引的直线同地面水平线之间的夹角小于当地夏至日的太阳高度角时，就可防止太阳光线进入鸭舍内；当鸭舍后缘与屋檐所引的直线同地面水平线之间的夹角等于当地冬至日的太阳高度角时，就可使太阳光在冬至前后直射在鸭舍内。窗户的数量应首先根据当地气候特点确定南北窗面积比例，然后再考虑光照均匀和房屋结构对窗户间墙宽度的要求来确定。炎热地区南北窗户面积之比可为（1～2）∶1，夏热冬冷和寒冷地区可为（2～4）∶1。为使采光均匀，在每间窗户面积一定时，增加窗户的数量可以减小窗户间墙的宽度，从而提高舍内光照均匀度。在生产实践中，自然光照不足时需要人工照明补充。

2. 人工照明

人工照明一般以白炽灯、节能灯和 LED 灯作为光源。不仅用于密闭式鸭舍的人工照明，也可用于自然采光鸭舍的补充光照。白炽灯初装费用低，但使用寿命短，光电转化率低。节能灯和 LED 灯安装费用适中，光电转化率也较高，应用广泛。目前人工照明基本采用自动控制设备，该仪器可以设定照明灯的开关时间，免去了人工开关灯所带来的时间误差及劳动量。配备的光敏元件，还可以在自然光照强度足够的情况下自动开关。照明灯在鸭舍内成列安装，相距 3 米左右，每列照明灯由一个电阀控制。照明灯距地面或网床床面 1.7 米左右。使用中注意电线不要乱拉乱扯，以免触电危险。火线和零线要分开，以免电线老化连电而造成火灾。

对笼养鸭舍路灯安装应对行排列 2 ～ 3 排，设置在两列笼间的走道上，各排灯泡须交叉排列，合理的路灯布置应使光能照射到料槽；上层笼鸭光照强度为下层的 1 ～ 1.5 倍，安装灯罩，防止部分光线被墙、顶棚等吸收。

六、清洗消毒设备

消毒是鸭养殖过程中最基础、最有效、最广泛的防疫措施。通过科学规范的消毒防疫作业，消灭散播于外界环境中的病原微生物和有害物质，切断传播途径，阻止疫病的传入和蔓延，减少有害物质排放风险，是预防、控制和消灭传染病及维持养殖环境生态可持续发展的主要途径。

1. 物理消毒设备

（1）高压清洗机　高压清洗机是依靠出水的冲击力大于污垢与物体表面附着力，将污垢剥离、冲走，达到清洗物体表面的一种清洗设备。可用于冲洗鸭场场地、鸭舍建筑、设施、设备、车辆等。按驱动引擎可分为电机驱动高压清洗机、汽油机驱动高压清洗机和柴油机驱动高压清洗机三大类，按出水温度可分为冷水高压清洗机和热水高压清洗机两种（图 6-28 和图 6-29）。选择高压清洗机应视生产中的使用量及冷热水需要而定。如果每年使用清洗机的时间在 50 小时以下，只需要购买小型、价廉的家用清洗机。使用时间在 100 小时以上，则应考虑功能强大、使用寿命更长、价格相对较高的专业用高压清洗机。此外还应选择喷头，不同的喷头所造成的清洗效果也不同。如圆形水柱喷头可以增加清洗效率，扇形喷头可以转动喷头作为低压喷雾（可喷肥皂水）及高压扇形水柱，低压喷头可以喷出低压水流轻轻刷洗等。

（2）空气电净化除尘消毒　空气电净化除尘消毒技术是近几年用于鸭场养殖环境防疫消毒的高科技新兴技术，其除尘原理在于利用阳极电晕放电，使空气中的粉尘带电，在电场力作用下，将带电粒子

图6-28　冷水高压清洗机　　　　图6-29　热水高压清洗机

吸附在集尘装置上，以对空气进行除尘净化。针对鸭场养殖环境防疫消毒需要，空气电净化除尘消毒效果主要体现在三个方面：抑制粉尘、杀灭细菌和有害气体去除。在空间电场作用下，污浊空气中的粉尘、病原微生物、溶水性有害气体会带电凝雾，受电场力的作用做定向脱除运动，吸附于地面、鸭体表面、鸭舍内结构表面，从而预防因粉尘黏附引起的呼吸道系统病变。空气电净化除尘消毒方式对于保证鸭产品绿色、无公害具有重要价值，同时有效降低了人工防疫劳动强度，近年来已被逐步推广应用。

（3）紫外线消毒灯　紫外线消毒灯亦称紫外线杀菌灯、紫外线荧光灯，是一种利用紫外线的杀菌作用进行灭菌消毒的灯具。紫外线消毒灯可向外辐射波长为253.7纳米的紫外线。该波段紫外线的杀菌能力最强，可用于对水、空气、衣物等的消毒灭菌。紫外线消毒灯主要分固定式照射和移动式照射。固定式照射是将紫外线灯悬挂、固定在天花板或墙壁上，向下或侧向照射。该方式多用于需要经常进行空气消毒的场所，如兽医室、进场大门消毒室、无菌室等。移动式照射是将紫外线灯管装于活动式灯架下，适于不需要经常进行消毒或不便于安装紫外线灯的场所。紫外线对眼黏膜及视神经有损伤作用，对皮肤有刺激作用，所以人员应避免在紫外灯下工作，必要时需穿防护工作衣帽，并戴有色眼镜进行工作（图6-30）。

（4）火焰消毒器　火焰消毒器是利用液化气作燃料的一种工业消毒设备。因喷出的火焰具有很高的温度，所以在实践中常用于消毒各种被病原体污染的金属制品，如鸭舍的金属笼具等。但在消毒时不要喷烧过久，以免将消毒物烧坏，且还应有一定的顺序，以免发生遗漏（图6-31）。

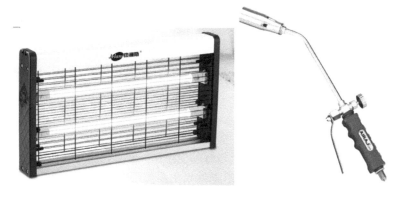

图6-30　紫外线消毒灯　　　　图6-31　火焰消毒器

（5）电热鼓风干燥箱　用途是对玻璃仪器如烧杯、烧瓶、试管、吸管、培养皿、玻璃注射器、针头等按照兽医室规模进行灭菌（图6-32）。

（6）高压蒸汽灭菌器　高压蒸汽灭菌器是利用饱和压力蒸汽对物品进行迅速而可靠地消毒灭菌的设备，是鸭场生产中兽医室、实验室等部门常用的小型高压蒸汽灭菌器。可对器械、玻璃器皿、溶液培养基等进行消毒灭菌（图6-33）。

图6-32　电热鼓风干燥箱　　　图6-33　高压蒸汽灭菌器

2. 化学消毒设备

（1）喷雾器　喷雾器是喷雾器材的简称，是利用空吸作用将药水或其他液体变成雾状，均匀喷射到其他物体上的器具，以达到杀灭空气中细菌及致病微生物的效果。喷雾器由压缩空气的装置和细管、喷嘴等组成。喷雾器又分为普通手摇式喷雾器、高压自动喷雾器、电动喷雾器、超声波喷雾器（图 6-34）。

（2）环境消毒车　在人的操作下环境消毒车可在鸭场及鸭舍内自由运行，其喷头可左右自动摆动，喷出的雾粒大小可调，除具有喷雾消毒作用外，还具有冲洗功能，能有效控制鸭场疾病的发生（图 6-35）。

图 6-34　喷雾器

图 6-35　环境消毒车

第七章

鸭的养殖模式

我国养鸭历史悠久，早在公元前 500 年，我国就有大群养鸭、食用鸭肉和鸭蛋的记载。近年来，鸭肉市场消费需求的增加和农业结构战略性调整，使国内养鸭业得到快速发展，据中国畜牧业协会与联合国粮农组织（FAO）提供的数据分析及对我国水禽产业市场供求关系推算，2019 年世界鸭出栏量约 64.42 亿只，与 2018 年相比上涨了 37.65%。其中亚洲占比最大，达到约 85% 的比重；其次是欧洲，约占 11%，我国已经成为世界第一鸭生产大国和消费大国。纵观我国养鸭业发展历史，鸭饲养方式由 20 世纪 80 年代的地面平养，到 90 年代的工厂化规模饲养，直到现在公司化、集团化超大规模养殖。随着鸭养殖规模和养殖数量的不断提高，在创造社会财富的同时，也不可避免地暴露了一些不可忽视、急待解决的问题，那就是养殖污染。我国养鸭业的环境污染问题是相当严峻的，规模化的养殖场和规模小而相对集中的养殖小区都面临着同样的问题，环保问题是当前和未来一段时间养鸭业面临的最头疼问题之一。因为环保问题已关系到养鸭业能否在某些地区继续生存，以及未来中国养鸭业的发展进程。鸭养殖模式的研究与探索，既解决我国养鸭业带来的环境污染问题，也是我国养鸭业可持续发展的重要组成部分。

第一节 地面平养

　　地面平养又称厚垫料地面平养，是直接在土地面或水泥地面上铺设垫料，鸭生活在垫料上面。我国传统的鸭地面平养方式存在较大的区域性差异，北方和南方显著不同，北方是舍内外结合，舍内地面铺沙土或其他垫料平养，舍外设运动场，鸭采用"套养"方式，即同一个鸭场饲养多批不同日龄的鸭；我国南方传统地面平养是在池塘或河流两岸修建简易鸭棚，鸭棚是鸭休息、采食的场所，水面是鸭的运动场（视频7-1）。目前我国在鸭地面平养养殖方式上，以鸭舍、运动场、水面这种地面平养方式占据绝对主导地位，尤其是在南方养殖环境资源丰富的地区，地面平养成为首选的蛋鸭养殖方式。但随着我国养鸭业的快速发展，养殖污染严重、畜牧用地紧张、疫病难以控制等问题日益突出，逐步成为养鸭业进一步发展的瓶颈（图7-1）。

图 7-1　地面平养

视频 7-1

扫码观看：传统水
面养殖

一、地面平养优点

　　① 地面平养的养殖方式在环境气候条件适宜地区均可应用，具

有投资少、成本低的优势。养殖户可根据自己的经济实力和劳力，结合当地养殖资源，从事与经济实力、劳力、资源相适应的蛋鸭养殖生产，增加经济收入。

② 地面平养长期以来一直是我国鸭养殖的主导模式，在长期的生产实践中，经过逐步的改进与完善，这些技术已为广大养殖户所熟悉和掌握。

二、地面平养缺点

① 地面平养，养殖户一般会选择在具有良好水资源条件的地方发展鸭生产，这样既可利用良好的水资源、方便管理，又可节省投资成本。而在具备良好养殖环境资源的地方，往往会成为蛋鸭养殖业集中的地方，由于缺乏社会行为的约束和严格的管理，密集的零星散养加上养殖户缺乏相应的废弃物处理能力，导致单位面积承载蛋鸭数量过多，代谢排泄产物超过环境吸纳消化能力，环境中有机质富集、含量增加，导致环境污染，尤其是河流等水体受到严重污染。

② 地面平养占地面积大，而地面平养多采用垫料加铺方式，需消耗较大数量的垫草和垫料，尤其在垫料资源紧缺地区，除增加垫草资源消耗外，还增加了生产成本。

③ 地面平养大多为开放式或半开放式，加上区域高密度饲养和沿河流饲养，极有利于疫病的传播和扩散，对养鸭业构成严重威胁，大大增加了养殖风险。为预防和控制疫病的发生和发展而应用抗生素则增加了药物在产品中的残留机会，不利于产品的质量和食用安全。

④ 在地面平养方式下，产下的鸭蛋由于没有及时与污染源（垫草、鸭子）进行隔离，鸭蛋表面受到不同程度的污染，影响了鸭蛋的外观和卫生，缩短了鲜蛋的保鲜期，还增加了蛋的破损率。

⑤ 地面平养基本上是采用开放式或者半开放式鸭舍，对外界环境和温度变化的调节能力低，在遇到恶劣天气，如夏季响雷暴雨等，易导致鸭惊群而涌至鸭舍某一角落"打堆"，导致位于堆底部的蛋鸭受压出现大量死亡。

网上平养分为普通网床和高床网床两种模式，即在离地面一定的高度处（普通网床离地 80 ～ 100 厘米，高床网床离地 180 ～ 200 厘米）搭设网架（可用金属、竹木等材料搭架），架上再铺设网床，网床可采用金属网、塑料网或竹木制成的网，网眼或栅缝的大小以鸭掌不能进入而鸭粪能落下为宜，网床大小可根据鸭舍面积灵活掌握，但应留足够的过道，以便操作。网上平养模式主要用于肉鸭的养殖（视频 7-2，图 7-2）。

图 7-2　网上平养

视频 7-2
扫码观看：肉鸭网
上平养

一、网床的建造

鸭舍地面以一定坡度的水泥地面为最佳，并设排水沟槽，舍外排污口接沼气池等污物处理设施的进料口。网架的材料应因地制宜，可用钢筋水泥架，或用钢构、毛竹、砖垛、短墙皆可。每一排网架的柱间隙为 3 米，每间隔 10 厘米用钢丝作纬线，每间隔 30 厘米用钢管或者竹竿作经线，并在此网架上铺设网面。网面可采用漏缝板、软质塑料网、镀锌钢丝网、木栅网、竹片（竿）栅网等，网眼直径约为 1 ～ 2 厘米。网床以里檐高 30 厘米、外檐高 50 厘米为宜，既节省了用料成本，又起到了网架外檐的作用。网床过长时，可用网片分隔成若干小区。并在网床内侧设置水槽和食槽，鸭舍、网具面积应根据饲养量的多少而确定。鸭网上育雏密度为 40 ～ 50 只 / 米 ^{2}，成鸭密度为 4 ～ 5 只 / 米 ^{2}。网床建造见视频 7-3。

视频 7-3

扫码观看：网床建造

二、网上平养优点

① 粪便通过网眼落到地面，减少与粪便的接触，使粪便可在鸭舍内部集中处理，实行干清粪工艺，减少污水排放，有利于疫病的预防和控制及环境保护和清洁生产，可减少疫病，提高鸭成活率。

② 网上饲养可加大饲养密度，提高单位面积鸭舍利用率；减少肉鸭的活动量，提高饲料报酬。

③ 网上饲养后，鸭舍不再需要垫料，节省了垫料费用，节约了大量的用水并减少了污水排放，从而降低了生产成本。

④ 网上平养鸭只所处位置的温度均一性好，不易出现扎堆现象，可定时清除粪便，减轻了劳动强度，提高了生产效率。

三、网上平养缺点

① 修建高床网养鸭舍的基建成本比较高，增加了养殖成本。

② 冬季保温防寒较地面平养困难。

③ 对肉鸭饲料品质，尤其是维生素和矿物质要求较高，比较容易发生啄癖，对鸭羽毛的生长及品质会造成一定的影响。

④ 当网床铺面不平整、网眼过大时易造成腿脚损伤，另外鸭网上饲养运动量少，种鸭易发生腿脚疾病，容易导致软脚病。

四、网上平养注意事项

① 网上养殖要选好鸭苗，一旦发现残弱的鸭只必须隔离饲养，因为鸭群比较集中，容易将弱鸭苗踩死。

② 鸭网上饲养完全依靠饲料提供生长发育的营养需要，因此要提供优质全价饲料。

③ 加强鸭群管理，减少应激，尽量避免胸、腿发病。网床要选择网眼较小而且表面光滑的网，以免鸭腿被卡在网眼内将腿弄伤。管理上要实行定人、定时、定饲料，饲养过程中尽量减少人员出入，非饲养人员不能进入鸭舍。

④ 经常观察鸭子的形态、行为、采食、饮水、粪便、呼吸等情况，发现异常，及时采取纠正或预防措施。

⑤ 保持适宜饲养密度。

 第三节　发酵床养殖

发酵床养鸭技术是在传统地面平养后衍生的一种养殖技术，是传统养鸭的转型，属于生态养殖的新技术。发酵床养鸭是在圈舍里铺上一定厚度的锯末、稻壳或秸秆等垫料和微生物菌剂的混合物，微生物菌剂以垫料为载体，鸭粪在微生物菌剂的作用下，一部分降解为无臭气体被排放掉，另一部分转化为粗蛋白、菌体蛋白、维生素等营养物质。发酵床垫料通过物理吸附、化学中和以及发酵过程中微生物菌剂大多数能够分泌过氧化氢酶、脲酶、蛋白酶等酶类，消除了鸭粪中的臭味物质，实现了鸭粪尿零排放的目标，从而达到鸭舍免冲洗、无臭味、零污染排放，同时锯末等垫料可发酵后作为有机肥用于种植业，达到无害化的目的（图 7-3）。

一、发酵床的建造

① 微生物菌剂一般主要成分为乳酸菌、酵母菌、地衣芽孢杆菌、

图 7-3　发酵床养殖

枯草芽孢杆菌、粪肠球菌等，有效活菌含量大于 100 亿个 / 克。

② 由于发酵床主要利用兼性好氧菌的好氧发酵，因此发酵床养殖技术的核心就是创造有氧环境。木屑、锯末和秸秆等多孔结构材料，可以吸附空气和水分，是理想的垫料组分。一般比例为：稻壳 40%～60%，锯末 30%～50%，麦麸（或米糠）1%～1.5%。

③ 按每立方米垫料添加 0.05～0.1 千克微生物菌剂，调节物料水分为 35%～40%（以用手握物料成团不滴水，松手能散开为宜）。再将物料堆积，用彩条布或麻布袋盖严。2～3 天后，在物料快速升温时翻堆，以使物料发酵完全；在 4～5 天后，即可将物料在鸭舍内铺开使用。鸭发酵床的垫料适宜厚度在 30～40 厘米，过低不利于发酵，过高易造成垫料浪费。

④ 一般 5～7 天翻动一次，中途需视垫料质地根据相应配比添加部分垫料和微生物菌剂，可连续使用 1～2 年。发酵床翻耙见视频 7-4。

视频 7-4
扫码观看：发酵床翻耙

二、发酵床养殖优点

① 发酵床养殖模式优于传统饲养模式。发酵床利用垫料里的微生物进行发酵，可迅速有效降解有机质、转化鸭的排泄物，因此粪便在短期内就能被发酵床中的微生物分解掉，大大减少了各种病害菌与

有害气体的产生量，显著降低了舍内悬浮颗粒及氨气浓度，改善了圈舍空气质量。而且发酵床养殖无需用水冲刷地面，从而没有任何废弃物和排泄物排出养殖场，大大减轻了对周围环境的污染。

② 发酵床垫料内的微生物种群间保持生态平衡，从而抑制有害微生物的繁殖，有利于保持鸭肠道健康，鸭发病率特别是呼吸道和消化道疾病及死亡率明显降低。另外，微生物菌剂能够利用鸭粪，具有很强的生长优势，这样就保证了发酵床内病原菌不至于大量繁殖。发酵床中优势微生物菌剂大部分对常用抗生素敏感，且由于其抑菌作用和免用抗生素，可以显著降低发酵床上饲养鸭肠道抗药性及药物残留，增强了机体免疫力，从而提高了鸭的抗病、抗逆和抗应激能力。

③ 使用发酵床养殖以后免清圈、免冲水，5～7天左右翻动一次垫料，省工节力。并且垫料1～2年才清理一次，解决了每批出栏清粪工作量大的难题。同时由于垫料经堆积发酵，已高度熟化，可成为良好的有机肥料用于种植业。通过对人工、兽药、水电的节省，大大提高了鸭养殖效益。

三、发酵床养殖缺点

① 发酵床养鸭是通过微生物菌剂发酵分解鸭粪的方式来处理鸭场粪污。发酵就预示着产热，发酵床在夏季使用方式不当，临床上常会出现球虫泛滥、机体散热障碍，很直观地体现在料肉比和料蛋比偏高、均匀度差等。

② 对垫料的需求量比较大，如果是大规模的养殖场，垫料问题一定要先解决。

③ 对发酵床的温湿度控制比较严格，特别是南方地区夏季的时候，因为天气环境的影响，很容易出现高温以及高湿的环境，那么就必须加装一些降温或者除湿的设备，这样会增加一些资金投入。

④ 由于鸭子喜欢趴在发酵床上，提高了鸭子烂肚毛的概率。

四、发酵床养殖注意事项

① 不堆积、不雨淋、不水浸是发酵床养殖成功的"三要素"，发

酵床要防潮防水。鸭舍水槽应设置在鸭舍边上，并有 1 ～ 2 米距离的漏缝板，便于鸭玩水时能将溢出的水分排出去。避免将水分带入发酵床，造成发酵床"死床"。

② 在鸭发酵床养殖过程中可能导致重金属元素的堆积，这主要与饲料添加矿物质元素有关。由于金属元素的吸收利用较低，绝大部分金属元素会随粪便排出。发酵床养殖模式中排出的金属元素都积聚在发酵床的垫料中，并随发酵床使用年限的增加而增加。高水平重金属在垫料中蓄积对微生物有杀灭作用，可影响发酵，因此在用饲料时，尽量选用不含或含低水平重金属的饲料。

③ 在日常饲养工作中应加强垫料的翻扒，频率一般一周 1 ～ 2 次，发酵床的翻倒深度为 10 ～ 20 厘米（如果长期不翻，粪便很难能被发酵处理，在产生有害气体的同时出现发酵床"死床"现象），并根据需要补充一定量的垫料与微生物菌剂。鸭出栏后对发酵床进行一次全面的翻扒，补充部分新鲜垫料和微生物菌剂。发酵床发霉变黑，或者被水长时间浸泡，该发酵床菌种活性降低甚至消失，不能发挥降解、转化鸭粪的功能。必须彻底清除干净堆积发酵用于制肥，再重新制作发酵床垫料。

 第四节　笼养

鸭笼养，广义上是指将鸭饲养于笼子中的生产和生活方式；狭义上的鸭笼养是指将鸭全程饲养于笼子中，并配备自动化的养殖设备、粪污处理设备等，能够有效减少和控制养殖产生的污染，切实保障产品数量、蛋品和动物安全、健康的养殖模式。根据笼子大小分为小笼单养（1 ～ 3 只）和大笼饲养（10 ～ 20 只），笼养方式分为新式的 H 笼和传统的 A 笼两种。鸭笼养可节省建筑和土地面积，便于集中进行机械化和自动化生产，具有很大的发展潜力。但受到设备设施投入较大和其管理技术等因素的制约，在生产上的应用目前尚不普及（图 7-4）。

图 7-4　笼养

一、笼养的建造

目前国内采用的鸭笼养方式，其主要技术要点包括鸭舍建筑设计、笼具设计、其他设施与设备的配置等硬件条件。

① 规模化鸭舍通常长 100～120 米、宽 12～15 米，鸭舍以钢结构、砖混结构为主，极少数以原有的大棚改造而成。

② 笼具设计的类型有：a. 叠层式鸭笼（视频 7-5）。饲养密度最大，多采用轨道车式喂食机、杯式或乳头式饮水器以及输送带式清粪器，由于饲养密度大，舍内空气流通较差，对通风换气的要求较严格。b. 全阶梯式鸭笼。上下层笼体互相错开，基本上没有重叠或

视频 7-5
扫码观看：叠层式
鸭笼饲养

稍有重叠，饲养密度较小，但鸭笼各部位的通风采光均匀，适用于开放式鸭舍。c. 半阶梯式鸭笼。上下层笼体有部分重叠，重叠量可达笼体深度的 1/4 ～ 1/3，下层笼的顶网在重叠部分做成斜角，上置刮粪板，使鸭粪直接落入粪沟。饲养密度大于全阶梯式，适用于密闭式鸭舍或通风条件好的开放式鸭舍。d. 平置式鸭笼。仅设一层，每两排鸭笼背靠背安装，合用一条饲槽、一条水槽。鸭笼列间不必设走廊，故其饲养密度大于全阶梯式，但喂料、饮水、清粪和集蛋必须全部实现

机械化。

③ 鸭舍内配备鸭用笼具、自动喂料机、通风湿帘、风机、自动饮水器、鸭用乳头式饮水器、机械刮粪板等，鸭舍外配置集粪池、焚尸炉等。

二、笼养优点

① 笼养不需要运动场和水面，采用笼养方式，每平方米鸭舍的饲养量较地面平养有所增加，占地面积小，极大提高了土地利用率，由于简化了饲养管理操作程序，降低了劳动强度，劳动生产效率得到有效提高。

② 首先，笼养的生产过程在鸭舍内进行，隔绝了鸭子与外界环境的直接接触，有效降低了生产期间与外界环境病原微生物接触感染的机会，尤其是对以某些飞禽候鸟为传染源进行传播的疫病（如禽流感）；其次，笼养鸭由于活动空间有限，防疫所需时间短，可避免惊群漏防现象发生，减少免疫应激；再次，笼养蛋鸭可避免饮水器、食槽被粪便污染，减少传染病的发生，即使个别发病的蛋鸭也能够被及时发现并得到有效治疗或淘汰，可有效降低大群感染疫病的风险。

③ 首先，笼养由于不易发生抢食现象而采食均匀，使鸭群体重均匀、开产整齐，又因活动范围小，减少了运动量和体力消耗，而降低了饲料消耗；其次，鸭群里总会有一些是低产的，这些鸭只吃料不产蛋或很少产蛋，笼养鸭个体健康和生产性能状况信息能得到及时反馈，有利于淘汰不良个体，使鸭群产蛋率大幅度提高。

④ 由于鸭子处于相对封闭的环境中，养殖过程中的污染源仅局限于养殖场地，所产生的代谢排泄物便于采集，经适当处理可合理利用或达标排放，不会对环境造成污染或危害，有利于实现清洁生产。

⑤ 笼养蛋鸭刚产下的鸭蛋，由于斜坡和重力作用滚到集蛋筐中，脱离了与鸭子的直接接触，且笼子底部与鸭蛋直接接触面比较干净，降低了鸭蛋污染程度，可较完整地保存蛋壳外膜，有利于延长鸭蛋的保鲜和保质期，改善鸭蛋外观，减少蛋制品加工过程中的洗蛋工艺，

增强鸭蛋的市场竞争力。

⑥ 笼养鸭由于处于相对稳定的小气候环境，可有效克服外界不良环境气候条件（如严寒）的影响，使笼养鸭的开产日龄、到达产蛋高峰日龄比较集中整齐，产蛋量受外界气候影响小，笼养方式可解决气候寒冷地区养鸭难的问题。

三、笼养缺点

① 投资成本高。鸭笼养需要特制鸭笼、料槽、饮水及湿帘降温等设施，且要有专门的养鸭房舍，一次性投入较大。

② 影响鸭价格。由于鸭的整个生产期均在笼内进行，羽毛长时间与鸭笼摩擦，可使颈、翅等部位羽毛断损，造成鸭的外观较差，可能影响鸭的销售价格。

③ 笼养工艺带来的损失。由于鸭笼为网格型金属焊接件，在蛋鸭生产过程中，卡头、卡脖、卡翅等现象时有发生，可能引起鸭的意外死亡。三层笼子中底层的鸭子受上面两层粪便、滴水、潮湿等原因的影响，一般其产蛋性能不如顶层蛋鸭的产蛋性能高。

④ 日粮配制要求较高。鸭笼养后，日粮配制则比平养要求更高，且要求营养全面、平衡，如钙质补充不足则可引起软脚病，粗蛋白供给不足则可引起减产等。

⑤ 笼养肉鸭管理不方便。肉鸭生长速度快，入笼后不久就需要进行疏散，几乎每周都要转笼，饲养管理技术要求高。

四、笼养注意事项

① 设备设施的好坏是制约因素，鸭笼的改造到位与否直接影响生产性能。料槽的好坏直接关系到饲料的浪费与否。

② 饲料在配制上营养要充足全面，要增加多维（多种维生素的复合制剂）等添加剂的用量。

③ 在饲养管理上要特别精细，尤其是在刚上笼时的调教阶段。

第五节 生态养殖

一、鸭生态养殖的意义

随着养殖业的迅速发展，集约化、规模化程度不断扩大，带来的养鸭业环境污染和产品污染加剧，生态与环境问题逐步显现。在全社会生态意识日益增强，关注环保、关注食品安全并将"可持续发展"战略定为未来发展基本政策的背景下，我国有关专家于 1995 年提出生态养殖的概念。所谓畜禽生态养殖是指按照生态学和生态经济学原理，应用系统工程方法，因地制宜地规划、设计、组织、调整和管理畜禽生产，以保持和改善生态环境质量，维持生态平衡，保持畜禽养殖业协调、可持续发展的生产形式。2003 年 7 月 24 日发布的中华人民共和国农业部令（第 31 号）《水产养殖质量安全管理规定》将生态养殖定义为："指根据不同养殖生物间的共生互补原理，利用自然界物质循环系统，在一定的养殖空间和区域内，通过相应的技术和管理措施，使不同生物在同一环境中共同生长，实现保持生态平衡，提高养殖效益的一种养殖方式"。

生态养鸭作为实施养鸭业可持续发展的主要模式之一，可以延长食物链，增加营养层次，促进生态系统中资源和能量的有效利用，解决适度规模的养鸭业发展与环境污染之间的矛盾，其目标一是能通过生物链再生利用资源，提高资源利用率；二是能消除或减轻环境污染危害，达到无公害、生产质量符合安全规定的要求。

发展鸭生态养殖对推进农业和农村经济结构的战略性调整，实现农业增效、农民增收、保障食品安全、保护生态环境、促进我国养鸭业的可持续发展都具有重要意义。

二、鸭生态养殖的发展

生态养殖是一项复杂的系统工程，涉及生物安全、清洁生产、生态设计、物质循环、资源的高效利用、粪污无害化处理和食品安全等多个领域。

随着人们生活水平的提高，愈来愈渴求个人健康和重视环境保护。因而，纯天然、无污染、高品质的有机食品是 21 世纪人类的首选食品。生态养殖的发展必将走有机养鸭业的道路，实现养鸭业生产和环境保护的有效结合，是协调经济、生态与社会效益的有效举措。鸭生态养殖也必将向有机养鸭模式方向发展。

鸭的生态养殖模式只是生产有机鸭产品体系中的一个中间环节，我国目前已采用的几种生态养殖模式仅是有机养鸭业的初级阶段，有机养鸭业生产需要对生产的全过程进行严格控制，有机养鸭业只有通过农牧或林牧结合，才是最有效、最经济的途径，并有效控制农业或林业土地的载鸭量，才能保证生态环境不受污染；积极开发生态有机饲料，开展微生态制剂和中草药添加剂的应用，拒绝化学合成药物，逐渐向有机养殖业方向发展。

三、鸭生态养殖模式

目前鸭生态养殖模式很多，根据其特征大致可归纳为以下几种类型：

1. 种养结合模式

如稻田养鸭（图 7-5）、果园养鸭（视频 7-6，图 7-6）、林下养鸭（视频 7-7，图 7-7）、等。主要通过林木、果树、作物等植物种植与养鸭结合，寻食害虫并利用鸭粪便，减少化肥农药用量，减少化学物质对环境的污染，保持稻田、林木、果园良好的生态环境；或自然放牧利用昆虫，如养鸭治蝗，不仅能有效控制虫害，减少牧草损失，而且无公害，不污染环境，同时鸭在放牧期间粪便还能增加土壤肥力。

视频 7-6

扫码观看：果园生态养鸭

视频 7-7

扫码观看：林下生态养鸭

2. 鱼鸭混养模式

鱼鸭混养一般以池塘水养鸭、水体养鱼为主。鱼池可为鸭提供清洁的生活环境和丰富的天然饲料，并提供活动场所，

图 7-5　稻田养鸭

图 7-6　果园养鸭

图 7-7　林下养鸭

利于增强鸭的体质、减少鸭病。鸭粪可为鱼类提供上等饵料，即使不能为池鱼直接食用的鸭粪，也可被细菌分解，释放无机盐，成为浮游生物的营养源，促进浮游生物的繁殖，为鱼、虾提供天然饵料。鸭在水中活动有增氧和改善水质的作用。鸭的觅食可吃掉鱼的敌害生物和病原体，有防治鱼病的作用；另外鸭粪和残饵为池塘提供肥源，塘泥还田又为鱼、鸭青饲料的生长提供肥源（图7-8）。

图 7-8　鱼鸭混养

3. 以沼气为纽带结合网上平养、立体笼养的养殖模式

采用鸭网上平养、立体笼养技术，有利于卫生防疫和生态环境保护。粪便等有机物在沼气池厌氧环境中，经微生物分解转化后产生沼气、沼液、沼渣等资源，产生的沼气可作为燃料，沼液、沼渣可作为有机肥。推行"鸭-沼-果（菜、粮、桑、林）"等循环模式，形成上联养殖业、下联种植业的生态循环农业新格局。

第八章
鸭的饲养管理技术

第一节
蛋鸭育雏期饲养管理

一、雏鸭生长发育特点

1. 雏鸭生长发育快，新陈代谢旺盛

雏鸭的生长发育迅速，4周龄时雏鸭的体重比出生时体重增加了24倍左右，28日龄以后，其青年鸭的体重绝对增长速度加快，到42～44日龄时，体重的绝对增长速度达到体重的增重高峰。

2. 体温调节能力弱，难以适应外界环境

刚出壳的雏鸭个体小，机体特别娇嫩，体表绒毛稀少缺乏体温调节能力，对外界环境的适应性较差，抵抗力弱，如果雏鸭的饲养管理稍有不善，则容易引起疾病，造成雏鸭死亡。育雏舍温度过低时，会引起雏鸭扎堆而被压死或闷死；温度过高时，则会引起雏鸭干渴脱水而死。所以育雏期间必须进行保温，给雏鸭提供适宜的温度环境。直到鸭的体温调节机制趋于完善，再根据实际情况逐渐脱温。

3. 消化器官容积小，消化能力弱

刚出壳的雏鸭由于本身个体小，因此其消化器官容积也小，贮存的食物很少，消化能力弱。针对雏鸭的这个特点，必须少喂多餐，便于雏鸭消化利用，特别是需要饲喂雏鸭容易消化吸收的优质饲料。

二、育雏前的准备工作

为保证育雏工作的顺利开展，保证雏鸭的健康，保持良好的生产性能，育雏前必须做好各项准备工作。

1. 制定育雏计划

育雏计划包括育雏的数量、批数、时间、饲料、药品、疫苗、垫料、器具、育雏期的操作、光照计划等。

2. 饲养人员的安排

育雏是一项细致、艰苦的工作，要求育雏人员责任心强、吃苦耐劳、细心。育雏过程技术性强，饲养人员最好有一定养鸭经验和技术。

3. 育雏舍的要求

根据育雏期要求的饲养密度，要保证有充足的鸭舍面积。育雏舍要求保温性好，室温要求 20 ～ 25℃。便于清扫、通风、消毒和饲喂等操作。

4. 育雏舍的检修、清洗和消毒

（1）育雏舍的检修　对育雏舍进行检查和维修。全面检查育雏舍是否有良好的保温性能和通风换气能力，采光性能能否达到要求，灯具是否完整，可否正常使用，水、电运转是否正常等。如发现问题应及时维修。

（2）育雏舍的清洗　新建的育雏舍应打扫卫生，对育雏舍和饲养工具进行除尘和清洗。旧育雏舍应在上一批鸭转出或出栏后，空舍2 周再进行使用。进鸭前应对育雏舍进行彻底清扫，将粪便、垫料等污物清理出去。地面、墙壁、舍顶、用具、灯泡等表面的灰尘要打扫干净。笼具、围栏等金属制品用高压水枪彻底冲洗，特别是笼具上的

尘土、粪垢。对地面、墙壁、料盆、饮水器等进行全面冲洗，同时还应对育雏舍四周的环境进行清扫，清除周围的垃圾、杂草，对路面进行清扫。将清洗好的料槽、水槽等摆放好。

（3）育雏舍的消毒　育雏舍经过清扫冲洗后，要想彻底杀灭育雏舍内的病原微生物，必须进行彻底消毒。必须在用水冲洗地面、墙壁干燥后再进行消毒。可用2%的烧碱溶液或20%的浓戊二醛溶液对育雏舍及用具进行喷洒消毒。进雏前一周对育雏舍及设备进行熏蒸消毒。将育雏舍密闭，把饮水器、料桶等用具一起放入，准备好后对育雏舍进行熏蒸消毒。熏蒸消毒选用福尔马林与高锰酸钾按2∶1比例进行，每立方米空间用42毫升福尔马林、21克高锰酸钾，不同情况下用量可能有所不同，但比例必须按照上述说明进行；或者直接选用强力新型熏蒸消毒剂进行熏蒸消毒。熏蒸24～48小时后，打开门窗通风，把室内空气排出。利用福尔马林、高锰酸钾进行熏蒸消毒时，消毒容器应尽量选用陶瓷类容器，容器的容积尽量大些，以免发生反应时药物溅出；舍内要保持一定的温度和湿度，熏蒸消毒效果会更好，在熏蒸消毒前可通过喷洒一点水来提高舍内的湿度，以保证熏蒸消毒的效果。

5. 育雏用品的准备

进雏前应准备好饲料、疫苗、常用药物及多种维生素、料槽、饮水器等，采用地面平养育雏的还应准备好稻壳、锯末、刨花、稻草、麦秸等垫料，垫料厚度10～15厘米即可。

其他物品有温度计、湿度计、备用照明灯泡、喷雾器、水桶、清扫用具等。在雏鸭到场前5～10小时应将水放入育雏舍内，使水接近舍内温度，然后加入多维；在雏鸭到场前1小时将饮水器内装满水并放入栏内或笼内备用。

三、雏鸭的饲养管理

1. 初生雏鸭的选择

雏鸭品质的好坏，直接关系到雏鸭的育雏率、生长发育和生产性能。购买雏鸭前，最好实地了解种鸭的饲养情况。种鸭场应具备生产合格雏鸭的条件，并选择从孵化条件及孵化设备都达到要求的正规孵化场订购雏鸭。鸭蛋的孵化时间是 28 天，能准时出雏的雏鸭是优质鸭苗的基本条件。合格的雏鸭应健壮活泼，眼睛灵活有神，个体大、重，体躯长而阔，脐部无出血或干硬突出痕迹；全身绒毛洁净，脚高、粗壮，趾爪无弯曲损伤。

2. 接雏

运雏车进场后应迅速将装雏箱搬运到育雏舍，将雏鸭平均分配到各个饲养区间，空雏鸭盒搬出育雏舍并及时销毁。

3. 适时"开水"

雏鸭先饮水再吃食。刚出壳的雏鸭第一次饮水称为"开水"。"开水"通常在雏鸭绒毛较干、能够站立和行走时进行，时间一般在雏鸭出壳 20～35 小时，有条件的话最好控制在出壳 24 小时内"开水"，太迟"开水"容易引起雏鸭"老口"，导致雏鸭脱水，增加雏鸭的死亡率。雏鸭进入育雏舍后要先"开水"，后"开食"，饮水有利于湿润、刺激消化道，为"开食"做准备。一只 40 克重的初生鸭，含有 5 克左右的卵黄囊，卵黄囊中含蛋白质 1.5 克左右，在出壳后的 72 小时内雏鸭所需的营养全部由卵黄囊提供。通过饮水可以促进卵黄的吸收，促进胎粪排出，增加食欲，有助于饲料的消化和吸收。同时，雏鸭出壳后体内水分消耗较大，育雏舍内温度较高，容易脱水，所以雏鸭进入鸭舍后应先及时"开水"再"开食"。在饮水器或浅水盆中加入适量多维可以缓解雏鸭在长途运输过程中产生的应激，提高机体的抵抗力。

4. 适时"开食"

雏鸭的第一次喂料称为"开食"，雏鸭一般在"开水"后 2 小时左右"开食"，但在现代集约化饲养中，为节省时间与人力，"开食"与"开水"通常同时进行。适时"开食"，有利于雏鸭卵黄吸收和胎粪排出，促进生长发育。"开食"过早，一些体弱的雏鸭，活动能力较差，本身无吃食的需求，可能会被吃食好的雏鸭挤压，受伤，影响今后的"开食"；而"开食"过迟，因不能及时补充雏鸭所需的营养，致使雏鸭因养分消耗过多、疲劳过度而成"老口"，降低雏鸭的消化能力，造成雏鸭难养、成活率低。给雏鸭"开食"时要注意雏鸭的消化生理特点。雏鸭出壳后消化器官发育还不健全，消化系统还没有受到饲料的刺激和锻炼，贮存和消化饲料的能力相对较差，所以"开食"一定要选用易消化、营养丰富的饲料。一般提倡用专门的鸭育雏期配合饲料进行"开食"，有利于雏鸭的生长发育。"开食"时饲料要撒放均匀，面积要大，保证每只雏鸭都能吃到充足的饲料。对于体质弱小的雏鸭，要耐心诱食，必要时可把体质较弱的单独挑出来饲养。

5. 饲喂次数与饲喂量

10日龄以内的雏鸭，每昼夜饲喂5～6次（基本上每4小时喂料一次，这是根据雏鸭的生理特点来确定的，雏鸭消化器官容积小，消化能力弱，吃进的饲料大约4小时排空），一般白天喂4次，夜晚喂1～2次；11～20日龄的雏鸭白天喂3次，夜晚喂1～2次。雏鸭的饲喂量，前3天需要适当的控制，只让它吃七八成饱；3天以后，需要放开喂料，每次都要让它吃饱。饲喂量随着日龄的变化而变化。一般蛋鸭50日龄内日累计饲喂量基本可根据下面的公式进行计算：

$$日累积采食量（g）=2.5n（n+1）/2（n 为日龄）$$

6. 蛋鸭育雏的管理要点

（1）掌握合适的温度，室温保持相对稳定　雏鸭要求的适宜温度见表8-1，如果受条件限制达不到育雏期的标准温度时，可以维持育雏舍的温度略低或者略高一点，但必须保证育雏舍内的温度不能波动太大，否则忽冷忽热导致应激大，雏鸭易发病。因应激导致发病的雏鸭不仅不好养，且均匀度也会比较差。

不仅可通过查看育雏舍内放置的温度计来判定育雏舍内的温度是否合适，还可以通过观察雏鸭在育雏舍内的分布和休息的姿势来做出正确的判断。如果舍内雏鸭散开来卧伏休息，头脚伸开，或者雏鸭行动悠闲，无怪叫声，说明温度适宜；如果雏鸭缩颈伸翅，相互堆挤在一起，发出"吱、吱"的尖叫声，说明温度较低，需要进行升温；如果雏鸭散得比较开，且远离热源，在保温设施下没有雏鸭，说明舍内温度过高，需要进行降温或者适当的通风换气。

合适的育雏温度是养好雏鸭的前提和保证，特别是冬、春季节更重要。

表 8-1　育雏室及育雏器的温度

日龄	育雏室的温度/℃	育雏器的温度/℃
1～7 日龄	25	25～30
8～14 日龄	20	20～25
15～21 日龄	15	15～20
22～28 日龄	15	15～20

（2）及时分群，严防扎堆　雏鸭天性喜欢玩耍、扎堆，尤其在育雏舍温度较低时，或者是在雏鸭饮水后绒毛潮湿时。扎堆时，被挤在中间或者压在下面的雏鸭，轻则全身"湿毛"，重则会引起窒息死亡，稍有不慎，可能会感冒致病，俗称"燕窝"。因此，在育雏阶段除达到保温条件外，还要严防雏鸭扎堆造成应激死亡。

大群雏鸭尽量不要混合在可以自由活动的场地饲养，应分成以300～400 只的若干小群进行育雏。即使出现扎堆现象，危害也比较小。如果没有条件进行分群育雏，在实行大群育雏时应安排足够的饲养人员 24 小时轮流换班，定时喂水、喂料，定时驱赶雏鸭，严防雏鸭扎堆。特别需要注意的是：饲养管理人员应随时检查 10 日龄以内的雏鸭，特别是在雏鸭临睡前和刚睡后，更需要多次进行检查，如发现扎堆现象，要及时分开，以免引起不必要的损失。

（3）实时调教下水　调教下水要根据气候条件和雏鸭的体况，一般 5～10 日龄可以调教下水。赶鸭下水要慢，每天下水 1～2 次，每次 5 分钟，10 日龄后增加到 3～4 次，每次 5～10 分钟，以后逐渐延长时间。下水时的水温应不低于 15℃，当水温低于 15℃时，雏鸭尽量不要下水。每次下水后应在运动场的背风处休息、理毛，待羽毛干后再赶入鸭舍。

（4）合理的饲养密度　合理的饲养密度有利于雏鸭的生长发育。蛋鸭育雏期的饲养密度一般为：1～2 周龄 25～35 只 / 米^2，3～4 周龄 15～25 只 / 米^2，以后根据雏鸭发育的具体情况来调节饲养密度，6 周龄以上 12 只 / 米^2。

（5）搞好清洁卫生　随着雏鸭日龄的增大，粪便不断增多，鸭舍极易潮湿、污秽。这种环境极易使雏鸭的绒毛沾湿、弄脏，有利于病原微生物的繁殖。因此，必须及时清除粪便，勤换垫草，保持舍内的干燥清洁。保持喂料用具的干净及饮水的清洁卫生。育雏舍周围的环境也要经常打扫，四周的排水沟必须畅通，以保持干燥、清洁、卫生的良好环境，至少每周消毒一次。

（6）及时免疫接种　育雏期间，要严格按照本场蛋鸭（种鸭）免疫程序的规定，在相关技术人员的指导下按时进行有关疫苗的预防接种工作，接种时要认真仔细，避免雏鸭"漏免"、免疫失败等现象发生，免疫的同时需要在饲料或饮水中添加国家许可的抗生素药物预防细菌性疾病。但须注意的是在弱毒活疫苗免疫接种期间前后各3天时间内，禁止使用消毒药品带鸭消毒或者饮水消毒。

（7）全进全出　同一栋鸭舍针对同一日龄的雏鸭进行育雏，采用统一的饲料、统一的免疫程序和管理措施，同时转群，避免不同日龄鸭群间存在交叉感染的机会，减少病原微生物的感染，确保鸭群的健康及安全生产。

（8）雏鸭的脱温　脱温是指在育雏舍内不需要取暖，在自然温度条件下能正常生长发育。雏鸭随着日龄的增长，采食量逐渐增大，体温的调节能力也日趋完善，所需的环境温度降低，或者舍外气温升高，可满足雏鸭所需要的适宜温度时，即可脱温。脱温时间要根据季节、气温的高低、雏鸭的健康状况、品种等因素的不同而定，灵活把握。

脱温要逐渐进行。在不加热的情况下室温达到18℃时即可脱温。如果达不到18℃或者昼夜温差比较大时，可白天停止加温，夜间温度低时再进行加温。一般经过5～7天的过渡，当雏鸭适应自然温度时，可停止加温。

（9）做好各项记录　雏鸭在育雏期间需做好健康状况、温度、湿度、光照、通风、采食量、饮水量、用药情况、疫苗接种、粪便情况等的记录，如有异常情况发生，以便及时查找原因。

第二节　蛋鸭育成期饲养管理

蛋鸭自5周龄起至开产前的中鸭，也称育成鸭或青年鸭，是育雏期到产蛋期的过渡时期。育成期需要特别注意控制生长速度、体重和开产的日龄，使蛋鸭适时达到性成熟，在理想的开产日龄开产，迅速达到产蛋高峰，并维持较长的时间。

一、育成期蛋鸭的主要生理特点

1. 适应性强

随着饲养日龄的增长，青年鸭的体温调节能力逐渐增强，对外界气温变化的适应能力也逐渐增强。同时，由于羽毛的着生，御寒能力也逐步加强。青年鸭的消化道生长迅速，消化器官增大迅速，消化能力也大为增强，可以充分采食、消化、吸收、利用天然动物性饲料和植物性饲料，青年鸭的杂食性大大增强。在育成期，充分利用青年鸭的特点，进行科学的饲养管理，加强锻炼，提高生活力，使生长发育整齐、均匀度高，为产蛋期的稳产、高产打下良好基础。另外育成期蛋鸭免疫功能好、抗病力强，应在此时进行免疫接种和驱虫工作。

2. 体重增长速度快

以绍兴鸭为例，尽管 4 周龄时其体重已达到初生重的 24 倍，但是 28 日龄以后，其青年鸭的体重绝对增长速度加快，到 42～44 日龄时，体重的绝对增长速度达到体重的增重高峰，然后体重增长速度又逐步减慢，到 110 日龄时其体重接近成年蛋鸭体重，110 日龄后体重的增长速度又非常慢。

3. 羽毛生长迅速

蛋鸭的羽毛主要在青年鸭阶段长成，以绍兴鸭为例，育雏结束时，雏鸭身上还覆盖着绒毛，麻羽即将长出，而到 42～44 日龄时胸腹部的羽毛已经长齐，到达"滑底"，52～56 日龄时已长出主翼羽，80～90 日龄时已换好第二次新羽毛，100 日龄左右已长满全身羽毛，两边的主翼羽已"交翅"。如果青年鸭的饲料营养太差，在鸭群开产后，会出现鸭群产蛋一边上升一边掉大毛的现象。

4. 性成熟迅速

在 60～100 日龄时，青年鸭性器官发育迅速，母鸭卵巢上的卵泡快速增长，蛋鸭性成熟的时间一般要早于肉鸭。此时，要适当限饲，限饲可以限制饲料质量，也可以限制饲料的数量，其目的均在于防止青年蛋鸭过于肥胖和过早性成熟，不利于以后产蛋性能的发挥。

二、育成期蛋鸭的主要饲养方法

育成期蛋鸭的饲养方法主要有舍内圈养法、半舍饲半圈养法、放牧饲养法、上笼饲养法等。

1. 舍内圈养法

育成鸭的整个饲养过程始终在鸭舍内进行，称为舍内圈养或关养。一般鸭舍内采用厚垫料饲养，或是网状地面和栅栏地面饲养。由于鸭的吃料、饮水、运动和休息全在鸭舍内进行，因此饲养管理比较严格。育成舍内必须设置足够的、合理的饮水系统和排水系统。采用垫料饲养的，垫料要厚，要经常疏松，为保持舍内垫料的干燥，必要时还要进行翻晒。采用网状地面或栅栏地面饲养的，其地面要比鸭舍地面高60厘米以上，鸭舍地面用水泥铺成，并有一定的坡度（每米落差6～10厘米），便于清除鸭粪。网状地面最好用涂塑铁丝网或压扎钢丝网，网眼为24毫米×12毫米，大小适中，既可以漏下鸭子的粪便，又不会卡住鸭子的脚。栅栏地面可用宽20～25毫米、厚5～8毫米的木板条或25毫米宽的竹片，或者是用竹子制成相距15毫米空隙的栅栏地面，这些结构最好制成组装式，以便于冲洗和消毒。舍内圈养的饲养方式优点如下：①可以控制鸭舍内饲养的小环境，受外界气候环境的制约小，有利于科学养鸭达到稳产、高产的目的；②集中饲养，便于向集约化生产过渡，同时可以增加饲养量，提高劳动效率；③由于不外出放牧，可减少寄生虫病和传染病感染的机会，从而提高成活率。但是该方法饲养成本较高，养殖户可以根据自身的经济条件来选择是否采用。随着养鸭业的集约化、规模化发展，舍内圈养成为必然的发展趋势，特别是在水源缺乏的北方地区。

2. 半舍饲半圈养法

鸭群饲养于鸭舍、陆上运动场和水上运动场，三者面积比为

1:1:1，种鸭为1:2:3，不外出放牧。蛋鸭吃料、饮水可设在舍内也可设在舍外。舍外一般不设饮水系统，饲养管理要求与舍内圈养基本一致，但又没舍内圈养严格。其优点与舍内圈养一样，可减少疾病传染源，便于科学饲养管理，这种饲养方式一般与养鱼的鱼塘、水库、小型湖泊等结合在一起，形成一个良性的生态循环。

3. 放牧饲养法

利用鸭合群性好、觅食能力强的特点，在农田、河塘、沟渠和海滩进行放牧饲养，鸭觅食各种天然的动植物性饲料，可以节约大量饲料，降低成本。

4. 上笼饲养法

气候环境条件一直是制约我国养鸭业发展的一个重要因素。特别是在北方地区，冬季持续时间长，且气温低，多数采用地面平养的饲养方式。由于鸭舍内外的小气候条件难以控制，蛋鸭一直处于不利环境的应激下，影响了蛋鸭生产潜力的有效发挥，导致"南蛋北调、北饲南调"现象的发生。蛋鸭在气候寒冷的条件下进行笼养不仅可行，而且也能达到较好的生产性能。与平养方式相比，笼养具有单位面积载禽量大、饲养管理操作方便、生产效率高、饲料转化率好、有利于防疫、蛋品卫生等许多优点。

蛋鸭笼养方兴未艾，操作方法与蛋鸡笼养类似，但是笼具要求差别太大，不能照搬蛋鸡笼具。利用根据我们特别设计的专用蛋鸭笼具对荆江蛋鸭高产系（湖北省农业科学院畜牧兽医研究所培育的一种高产蛋鸭新品系，已经通过湖北省科技厅成果鉴定，各项生产性能达国际领先水平）进行笼养试验，在长江流域及长江以北地区笼养的荆江蛋鸭高产系和南方平养相比产蛋量没有显著差异，饲料转化率、成活率、蛋品质量等指标都有不同程度的提高，取得了满意的效果。

目前在江南水网密布地区进行蛋鸭笼养生产实践，除了要注意蛋鸭专用笼具的问题外，笼养蛋鸭的鸭粪处理也是需要积极解决的问题。由于笼养蛋鸭鸭粪含水率特别高，不适合直接利用或者堆积发酵，所以利用鸭粪种植莲藕及水生蔬菜是目前认为较好的生态循环利用模式。

三、青年鸭的饲养管理要点

1. 严格按照要求进行限制饲喂

放牧鸭群由于运动量大，能量消耗也较大，且每天都要不停地找食吃，整个过程就是很好的限制饲喂过程，只是在放牧饲料不足时，注意限制性补充饲喂，特别是个体弱小的青年鸭要单独挑出来进行补饲。而舍内圈养和半舍饲半圈养鸭则要重视限制饲喂，否则会造成不良的后果。

限制饲喂一般从 8 周龄开始，到 16 ～ 18 周龄结束，早熟的小型蛋鸭限制饲喂要适当提前 1 ～ 2 周开始，提前 1 ～ 2 周结束。当青年鸭的体重称量结果符合本品种该阶段适当体重时也不需要限制饲喂。主要通过限制饲料质量和数量进行限制饲喂，各养鸭场可根据本场的蛋鸭品种、饲养方式、管理方法、饲养季节和环境条件等因素综合而定。

不管采用哪种限制饲喂方法，限制饲喂前都必须按照要求给鸭群抽样称测体重。限制饲喂开始后，每两周必须对整个鸭群抽样称重一次，并及时调整限制饲喂的饲料质量或数量。整个限制饲喂过程是由称测体重—按照体重大小分群—分别确定饲料量（营养需要）三个环节组成，循环往复进行。限制饲喂的目标任务就是最后将整个鸭群的体重控制在一定范围内，如小型蛋鸭开产前的体重只能在 1.4 ～ 1.5 千克，超过 1.5 千克则视为超重，会影响其产蛋量。

2. 及时进行分群与调节饲养密度

分群可以使鸭群生长发育一致，便于管理。在育成期分群的另一个原因是，育成阶段的鸭对外界环境十分敏感，尤其是在长毛细血管时，当饲养密度较大，互相挤动会引起鸭群骚动，使刚生长的羽毛轴受伤出血，甚至互相践踏破皮出血，导致生长发育停滞，影响今后的开产和产蛋率。因而，育成期的鸭要按体重大小、强弱和公母分群饲养，一般放牧时每群为 500 ～ 1000 只，而舍饲鸭主要分成 200 ～ 300 只为一小栏分开饲养。其饲养密度，因品种、周龄而不同。一般 5 ～ 8 周龄，养 15 只 / 米^{2}左右；9 ～ 12 周龄，养 12 只 / 米^{2}左右；13 周龄起为 10 只 / 米^{2}左右。

3. 按照青年蛋鸭的饲养要求严格控制光照

光照的长短与强弱也是控制性成熟的方法之一。育成期蛋鸭的光照时间宜短不宜长。有条件的养鸭场，育成期蛋鸭于 8 周龄起，光照时间人工控制在每天 8～10 小时，光照强度控制为 5～10 勒克斯。

4. 加强运动

促进圈养蛋鸭骨骼和肌肉的发育，防止偏肥，影响产蛋性能。舍内圈养的青年鸭由于条件所限，不能像放牧的鸭子那样活动而得到锻炼，饲养人员每天必须定时强制性地驱赶鸭群在舍内进行转圈运动，每次运动 5～10 分钟，每天转圈活动不少于 2～4 次。特别是冬季寒冷时，鸭群必须转圈热身好才能下水。

5. 多与鸭群接触

饲养人员应多与鸭群接触，以便提高鸭子胆量。圈养青年鸭天性胆小，圈养蛋鸭神经尤其敏感，饲养人员要在青年鸭饲喂时期，充分利用喂料、喂水等机会多与鸭群接触。喂料时，饲养人员站在料盆或料槽旁，仔细观察采食情况，让鸭子自由走动，可以锻炼并提高鸭子胆量。

6. 饲养人员固定

每一群蛋鸭从雏鸭到青年鸭再到产蛋鸭以及淘汰出售，应由固定饲养人员饲养，中途不可随意更换饲养人员，换人不利于蛋鸭群的稳产、高产。

7. 通宵点灯，弱光照明

青年蛋鸭培育期间，不要用强光照明，夜里通宵采用弱光照明，以便鸭子夜间饮水，并防止因老鼠或鸟兽走动时惊群。晚间光线过强，则会诱发蛋鸭性成熟提前，不利于蛋鸭的高产、稳产。

8. 定时作息，建立稳定科学的管理程序

圈养蛋鸭的生活环境比放牧鸭稳定，根据鸭的生活习性，定时作息。作息制度形成后，尽量保持作息制度的稳定，不可随意变动，以利于蛋鸭的正常生长发育。

9. 免疫接种

青年鸭免疫功能好，抗病力强，应及时做好免疫接种工作。严

格按照本场免疫程序在技术员指导下进行有关疫苗的预防接种，接种要认真仔细，防止免疫失败或"漏免"，同时在饲料或饮水里添加有效的药物预防细菌性疾病。但在弱毒活疫苗免疫接种的前后 3 天，禁止使用对疫苗有影响的药物（包括消毒剂）。

10. 免疫监测

在免疫后 2 ～ 3 周（14 ～ 21 天）对鸭群抽样采血及时进行免疫抗体水平监测，确定免疫效果。

11. 驱虫

及时做好青年鸭的驱虫工作。

12. 其他工作

放牧饲养要做好采食训练、信号调教、定时放牧、选择路线以及掌握不能放牧的几种情况等工作。

第三节　蛋鸭产蛋期饲养管理

成年母鸭从开始产蛋到淘汰为止，统称为产蛋鸭。蛋鸭在产蛋期饲养管理的主要任务是提高产蛋量、减少破蛋量、节省饲料、降低鸭群的死亡率和淘汰率、获得最佳的经济效益。

一、产蛋期鸭的生活特性

1. 喜水、怕湿

产蛋期鸭喜欢在水上觅食（水草、小虫、小虾等）、洗澡、嬉戏、求偶配种等。产蛋鸭从水里上岸后，边休息，边用嘴将自己身上的鸭毛理顺，保持鸭身干爽清洁。

2. 耐寒

产蛋鸭的羽毛外紧内松，绒毛密，且表面涂有尾脂，有一定的防止水渗透功能。所以，鸭的耐寒性较好。在 0℃时鸭仍能在水中活动自如；在舍温 5℃以上、营养满足需要的情况下，仍能正常产蛋。

3. 合群

产蛋鸭圈养时能合群生活，互相之间很少有争斗行为发生。但群体不宜过大，如鸭群数量大，可分为若干小群，每小群 200 ～ 500 只。

4. 代谢旺盛，对饲料质量要求高

蛋鸭的产蛋率高且持久，小型蛋鸭的产蛋率在 90% 以上的时间可持续 6 个月左右，整个主产期的产蛋率基本稳定在 80% 以上。需要大量的营养物质，产蛋鸭表现出很强的觅食能力，早晨醒得早叫得早，出舍后四处寻食，喂料时最先响应。产蛋鸭代谢旺盛，要求质量高的饲料，喜食鲜活动物性饲料。

5. 胆大

产蛋鸭比青年鸭胆大，喜欢接近饲养人员。

6. 性情温顺

开产以后的母鸭，性情变得温顺起来，在鸭舍内，安静地休息、睡觉，不到处乱跑乱叫。

7. 产蛋鸭要求环境安静

正常情况下，鸭子产蛋都在深夜 1：00 ～ 2：00，于凌晨 3：00 ～ 5：00 达到产蛋高峰。此时有应激因素出现会惊群。鸭舍内要保持相对安静，杜绝陌生人进出鸭舍。

二、产蛋期饲养阶段划分

蛋鸭的产蛋期按照生理特点和产蛋量可划分为产蛋前期、产蛋中期、产蛋后期三个阶段。一般从初产蛋至 300 日龄为产蛋前期，300 ～ 400 日龄为产蛋中期，400 ～ 500 日龄为产蛋后期。

三、产蛋鸭饲养方式

产蛋鸭的饲养方式包括放牧、全舍饲、半舍饲、笼养四种。目前产蛋鸭的饲养多以半舍饲方式为主，笼养相对较少。

四、产蛋前转群入笼

由于蛋鸭的见蛋日龄较早，如龙岩山麻鸭 85 天左右即可见蛋，因此如果产蛋鸭采用笼养，需在 70 ～ 80 日龄转群入笼。在转群入笼的前后 2 ～ 3 天在水中添加多维，这样可以减少因转群对产蛋鸭造成的应激。

转笼后的前 5 天比较重要，这段时间让鸭尽快适应笼养生活是笼养蛋鸭成败的关键。主要工作包括以下八个方面：

① 笼养多采用乳头式饮水，如果蛋鸭青年期饮水时未采用乳头式饮水，在蛋鸭入笼后前 3 ～ 5 天把乳头式饮水器拧至慢慢滴水，让鸭认识水源。

② 于入笼后第二天观察料槽饲料的情况及鸭的粪便情况，如果发现料槽中的饲料未减少或有排绿色粪便的鸭，要及时对其进行调教饮水，让其嘴巴张开后在乳头式饮水器上连续啄几次。

③ 第 3 ～ 5 天继续观察鸭的活动状况，将站立困难或排绿色粪便的鸭挑出，放回育雏舍让其体况恢复 1 周左右再实施转笼，其他能正常生活的鸭可将其乳头式饮水器关紧。

④ 转群入笼的鸭先不要换料，继续饲喂育成料，待转笼 1 周，蛋鸭状态稳定后再逐渐过渡到产蛋料。

⑤ 经常检查料槽中饲料的情况，是否存在霉变结块，如发现饲料有霉变结块要及时进行清理。

⑥ 在炎热的夏季，如果鸭舍内温度过高可在舍内安装喷雾系统，通过喷雾的方式进行降温。

⑦ 饲养人员要尽量固定，禁止外来人员随意出入鸭舍参观。

⑧ 定期进行带鸭消毒（1 周 1 次）可有效预防疾病的发生。

五、产蛋期饲养管理

1. 温度

鸭对外界环境温度的变化有一定的适应范围，成年鸭适宜的环境温度是 5 ～ 27℃。产蛋鸭最适宜的环境温度是 13 ～ 25℃，此时期的饲料利用率、产蛋率都处于最佳状态。

2. 光照

进入产蛋期后要逐步增加光照时间，提高光照强度，促使性器官发育；进入产蛋高峰期后，要稳定光照时间和光照强度，使其达到持续高产。光照分自然光照和人工光照。开放式鸭舍常充分利用自然光照，不足则加上人工光照（常用电灯照明），而封闭式鸭舍则采用人工光照。

从 16～17 周龄开始，光照时间就可逐步开始增加，直至 22 周龄后，达到 16 小时，以后维持在这个水平。在整个产蛋期内，其光照时间不能缩短，更不能忽长忽短。产蛋期光照强度 5～8 勒克斯，日常使用的灯泡按每平方米鸭舍 13 瓦计算。当灯泡离地面 2 米时，一个 25 瓦的灯泡，就可覆盖 18 米^2 鸭舍的照明。另外，灯与灯之间的间距应一致，目前灯距以 2.5～3 米为宜。灯泡上最好加上防水灯罩，便于日常的清洁卫生。由于各地电压不稳定，如果电压低于 220 伏时，应换上瓦数稍大点的灯泡；反之则换上瓦数稍小点的灯泡。如果过早加光，会使鸭早产。

蛋鸭的光照时间和光照强度可参见表 8-2。

表 8-2　蛋鸭的光照时间和光照强度

周龄／周	光照时间	光照强度
1	24 小时	8～10 勒克斯
2～7	23 小时	5 勒克斯，另 1 小时为朦胧光照
8～16	8～10 小时或自然光照	晚间朦胧光照
17～22	每天均匀递增，直至 16 小时	5 勒克斯，晚间朦胧光照
23 以后	稳定在 16 小时，临淘汰前 4 周可增加到 17 小时	5 勒克斯，晚间朦胧光照

3. 产蛋期饲养管理的注意事项

当母鸭适龄开产后，产蛋量逐日增加。日粮营养水平，尤其是粗蛋白质应随产蛋量的递增而调整，并注意蛋能比，促使鸭群尽快达到产蛋高峰，达到高峰期后要稳定饲料种类和营养水平，使鸭群的产蛋高峰期尽可能保持长久些。此期内白天喂 3 次料，晚上 21～22 时再给料一次。一般情况下，蛋鸭具有"依能而食"的特性。日粮中能量高时，采食量相应减少；能量低时，采食量会相应增加。但是，在夏季环境温度偏高时，采食量会减少；反之冬季气温低时，采食量会增加。能量过高时，母鸭偏肥胖，产蛋量降低；能量过低时，母鸭体型偏瘦，也会对产蛋造成影响。采食量的多少，会相应影响蛋白质和其他营养物质的摄食量。蛋鸭体重一般为1400~1500克，每天采食的精料约150克。在产蛋高峰期（产蛋率达到90%），每天需要获得代谢能16.736千焦左右，所以要求每千克饲料中应含代谢能112.968千焦，能量过高容易造成产蛋鸭脂肪肝。蛋鸭蛋白质的需求比较重要，它会直接影响到产蛋率、蛋重和蛋品质。特别是蛋氨酸、赖氨酸、色氨酸等几种必需氨基酸必须保证。产蛋高峰期每天需要粗蛋白质27~28克，蛋白质含量过低易造成痛风症状的发生。

另外，此期内光照时间逐渐增加，达到产蛋高峰期时自然光照和人工光照时间应保持在16小时。在210~300日龄时，每月应空腹抽测母鸭的体重，如超过或低于此时期标准体重的5%以上，应检查原因，并调整日粮的营养水平。

产蛋高峰期持续100多天后是蛋鸭最难养好的阶段。此时，蛋鸭体力消耗较大，对环境条件的变化敏感，如不精心饲养管理，难以保持高产蛋率，甚至引起换羽停产。此时的营养水平要在前期的基础上适当提高，日粮中粗蛋白质的含量应达到20%，并注意钙水平。日粮中含钙量过高会影响适口性，可在粉料中添加1%~2%的颗粒状石粉或壳粉，或在舍内单独放置碎壳片槽（盆），供其自由采食，并适量添加多种维生素。光照总时间稳定保持在16~17小时。在日常管理中要注意观察蛋壳质量有无明显变化，产蛋时间是否集中，精神状态是否良好，洗浴后羽毛是否沾湿等以便及时采取有效措施。

蛋鸭群经长期持续产蛋之后，在产蛋率快速下降时，饲养管理上应尽量减缓鸭群产蛋率的下降幅度。如果饲养管理得当，此期内鸭群的平均产蛋率仍可保持在75%~80%。此期内应按鸭群的体重和产蛋率的变化调整日粮营养水平和给料量。如果鸭群体重增加有过肥趋势时，应将日粮中的能量水平适当下调，或控制采食量。如果鸭群产蛋率仍维持在80%左右，而体重有所下降，则应增加一些动物性蛋白质。如果产蛋率已下降到60%左右，已难以使其上升，无需加料，应及早淘汰。

4. 产蛋鸭补钙技术要点

钙是蛋鸭生产中不可缺少的营养物质。蛋鸭在产蛋期需要大量的钙、磷，其中有大约90%的钙用于骨骼和蛋壳的生成。根据产蛋鸭的生理特点和营养需要，实行科学补钙十分重要。

（1）钙源饲料的选择　贝壳、石灰石、方解石均为钙的主要来源，以海产粗贝壳粉效果最好，粗贝壳粉是由大贝壳粉碎成直径8～12目颗粒而成，不含细沙，含钙量一般为35%～37%，是蛋鸭的优质饲料。骨粉和磷酸钙是优良的钙、磷饲料，磷矿石含氟量高，应做脱氟处理，骨粉因调制方法不同，其品质差异很大，有蒸骨粉和生骨粉之分，应选择经过加工处理的蒸骨粉，千万不能用生骨粉。蒸骨粉是经过加工处理后除去大部分蛋白质和脂肪，又经压榨、干燥、粉碎而成。蒸骨粉呈白色或银灰色，无臭味，含钙30%、磷14.5%、粗蛋白质7.5%、粗脂肪1.2%。生骨粉是在设备简陋条件下生成的一种劣骨粉，仅将杂骨简单冲洗后用大锅蒸煮几小时，不加压、不脱胶，然后捞出晒干、粉碎而成。这种生骨粉有臭味，呈黑色或暗灰色，含钙23%、磷10.5%、粗蛋白质21%、粗脂肪5%，饲喂未经高温、高压处理的生骨粉，其骨钙与骨胶结合在一起，鸭体对钙的吸收利用远比蒸骨粉差，长期饲喂能引起鸭体内的钙、磷比例失调，导致蛋鸭的产蛋率下降。

（2）补钙数量　饲料中钙含量不足会直接影响产蛋量、蛋壳厚度、蛋的破损率、种蛋的受精率、鸭出壳率以及血清含钙量。蛋鸭生产需要补钙，但不是越多越好，应该掌握适当的数量。一般雏鸭饲料中含钙量为2%。产蛋鸭每产一个蛋需要钙质4克左右，饲料中钙的含量以3%～4%为宜，特别是在产蛋高峰期对钙的需求量更大。如果日粮中钙的含量过高，也会造成不良后果：使饲料的适口性变差，鸭群的采食量下降；使尿酸盐在蛋鸭体内蓄积，导致消化不良而引起拉稀，严重的还会出现痛风症状。

（3）补钙时间　为了使鸭多产蛋、产好蛋，要在开产前2周及时补钙。母鸭连产时，多在上午产蛋，产蛋后0.5小时下一个蛋黄即从卵巢排入输卵管，蛋壳实际上在夜间形成。所以连产母鸭上午不需要补钙，到下午14时后，随着蛋壳沉积速度的增加，鸭采食钙质饲料的数量也随之增加。因此，在每天 12～18 时对产蛋鸭补饲钙质饲料效果最佳，将全天补钙量的 2/3 留在午后喂给，使产蛋鸭不必动用骨髓中的钙，就能保证产蛋期间对钙质的需要。

（4）补钙方法 钙质饲料可单独放置，任鸭自由采食，也可混于饲料中饲喂。此外，产蛋期的鸭最好喂一部分贝壳碎片，因为鸭体内保留钙的能力有限，碎片状贝壳在消化道内溶解慢，可以在夜间形成蛋壳时将所含的钙质释放到血液中而被有效利用。

（5）钙磷比例与其他营养物质的补充 一般饲料中钙、磷比为2∶1，产蛋鸭应为 4∶1 或 5∶1。维生素 D（鱼肝油）可促进肠道对钙的吸收，因此需注意在蛋鸭饲粮中补充维生素 D，以满足其营养需要。

六、蛋鸭季节管理

1. 春季饲养管理

春季是万物焕发生机、万象更新的时候，也是蛋鸭一年中产蛋量最多的季节。这时气候温和，气温回升，日照时间延长，鸭群容易饲养管理。如果此时饲料供应正常，营养满足鸭群生理需要，管理细心妥善到位，则鸭群的产蛋率可达 90％以上，优秀个体可达 100％。但仍然需要注意以下几个方面。

（1）随时注意防寒保暖 早春在长江中下游地区，尚有寒流频频侵袭。因此，这个季节仍需要准备好鸭舍保暖用的草披、垫草、塑料薄膜。一旦寒流来临，能及时保温挡风，减少应激，不至于影响鸭群产蛋。

（2）及时通风防早热 有的鸭舍往往从冬天一直到春季都严密封闭保温，一旦春季早热，鸭舍内的温度突然上升，舍内氨气浓度增加，致使鸭群骚动不安或者生病而减蛋。因此，要注意天气变化，在天晴有阳光、温度升高时要及时打开门窗通风换气，密切注意天气变化，及时与鸭场的日常管理进行紧密联系，采取主动预防措施。

（3）勤换垫草保持干燥 春季气温回升后，鸭舍内的垫料不宜过厚，应定期清除。因为春季温度回升、湿度加大，特别适合霉菌的生长，饲料、垫草要防止霉变。每清一次垫料要及时消毒一次，防止鸭子霉菌感染，饲料盆或者料槽要定期清理防止饲料霉变，及时清除霉变饲料。随时保持鸭舍内的清洁卫生，否则鸭群易感染病菌，并引发疾病。如果遇上阴雨天气，应缩短放鸭时间或者暂时不放，防止鸭羽毛潮湿、不洁而患病。

（4）加足饲料保证营养　　由于春季蛋鸭的产蛋率高，新陈代谢旺盛，对营养的要求也高，特别是对蛋白质、能量的需求。所以，要让鸭子充分吃饱，不要怕吃过头。否则，鸭群会因营养水平低而体质逐渐减弱，从而影响以后的产蛋量。

2. 梅雨季节饲养管理（半舍饲半圈养）

我国南方（主要为长江以南）各省在6月份先后进入梅雨季节，此时往往阴雨连绵，高温高湿，鸭舍内既闷热又潮湿。有些低洼地区常有洪水发生，对鸭子的饲养环境更为不利，是蛋鸭管理上的难关，稍不注意就会使产蛋率下降10%～20%。所以一定要做好日常的饲养管理操作。

3. 夏季饲养管理

夏季7～8月份是一年中的炎热季节，如果鸭群管理不当，产蛋率会下降，而且常常会发生中暑或传染病。这时期只要精心管理，重点搞好防暑降温工作，则鸭群产蛋率仍可保持在85%或90%以上。

（1）遮阳以防日射　　蛋鸭在烈日暴晒下易发生中暑（日射病），特别是中午前后，要让鸭子在鸭舍前面的树荫下休息，没有树荫的一定要在鸭舍前的运动场上搭1～2个面积足够大的简易凉棚，凉棚面积以每平方米养15只蛋鸭计算。如果是草房鸭舍，应将四周草帘卸空，改围矮篱笆和尼龙网。如果是较低的瓦房鸭舍，应在房顶上铺盖稻草或麦秆，再在上面用石灰乳浇白，阻拦太阳光的强烈直射。

（2）加强通风　　除大雨、大风天以外，要把鸭舍所有的门窗都打开，加速鸭舍内的通风换气，以保持棚舍内的空气新鲜。必要时，可用电风扇或者大排风扇进行适当排风。如果棚舍内过分干燥，可用少量凉水喷洒。也可在舍内放若干个水缸，清晨把缸储满凉水，有利于降低鸭舍内的温度。如鸭舍内过于闷热，鸭子易产生热应激，重者中暑；轻者食欲减退，张口喘气，振翅散热。对于已中暑的鸭，必须让鸭迅速转到阴凉通风处休息，喂给配有"十滴水"的饮水。也可在鸭嘴的两侧边沿、蹼的内侧、翅下内侧细血管处针刺适当放血（已经休克的鸭不宜放血，可用井水泼鸭的头部）。中午避开高温喂料，经常喂些冬瓜、丝瓜之类等青料，并可在饮水中加入"十滴水"等祛暑药物，均有防中暑作用。对于食欲减退的鸭，可用青料诱食，饲料中添加酵母粉（占饲料的3%）、小苏打粉（占饲料的0.2%～0.25%）、维生素 C（占饲料的0.04%），同时设法降低舍温，能增加采食量。

（3）保证清凉干净水源 要保证蛋鸭在夜间能喝到水。饮水盆上应加栅罩，防止鸭子进盆洗澡而污染饮水。日出前应储好清水，以备白天饮用，饮用深井水更好。每次饮干的水盆须清洗后，方可再加饮水。

（4）提早放鸭、晚上乘凉 放鸭出舍要提早些，在清晨 5 : 30 时放鸭较适宜。中午前让鸭吃饱后，在凉棚中休息。尽量避开午后高温饲喂饲料。下午关鸭时间要推迟。晚上舍内温度达到30℃以上时，必须让鸭群在运动场上露天乘凉，运动场上要配置清凉饮用水，但最迟不要超过晚上 12 点，必须让鸭群在舍内产蛋。还要注意在乘凉处装上电灯，并要有人看管，防止鸟兽干扰。运动场上要勤打扫，保持地面清洁卫生。

（5）分小群饲养、降低密度 夏天鸭舍饲养密度以 4 只 / 米² 蛋鸭为宜。饲养密度过密时会影响蛋鸭散热。每个蛋鸭饲养群体不宜过大，一般以300 ～ 500 只为一群，一群蛋鸭以最多不超过1000 只为宜。

（6）使用弱光灯照明 夏季不需要人工补光。夜里只需在鸭舍内和运动场上开弱光灯，光照强度以鸭子能相互看见、不引起鸭群骚动即可，太亮的光照反而不好。

（7）避雷雨防大风 在雷雨到来之前，必须把鸭子赶进舍内，关好窗户，防止雨水飘入棚舍内。雨后风较小时，应迅速打开门窗或放鸭出舍，但不要让鸭子被雨淋到。

（8）做好环境卫生 夏天易滋生细菌，应搞好鸭舍的环境卫生，每周将场地消毒 1 次。饲料中可加入少量大蒜末，不仅能防止消化道疾病，而且还能促进食欲。如果接种鸭瘟等疫苗，应安排在产蛋前或低产期时。一旦发生疾病，必须及时隔离病鸭，请兽医诊疗。对于死的病鸭及其污染物，必须进行妥善的无害化处理，并做好彻底的消杀工作。

4. 秋季饲养管理

9 ~ 10 月份，特别是长江以北地区正值冷暖空气交替的时候，此时气候多变，天气逐渐凉爽。由于前期鸭群产蛋较多，身体较为疲劳，而且越是高产蛋鸭，其身体越疲劳，管理上稍有不慎，鸭群就会大批换羽停产或急剧减产，此季节在管理上要更加细心谨慎。秋季管理要注意以下事项。

（1）加强营养　由于前期鸭群产蛋较多，已经疲惫不堪，只有加强营养，才能快速恢复体质，保持较高的产蛋率。在饲料的配合上，要增加动物性蛋白质饲料、维生素和无机盐类添加剂，并且不要随意更换饲料。日粮中的粗蛋白质含量应不低于 19% ~ 21%。

（2）避免浓雾　秋天的雾特别多，浓雾不仅湿度大、气温低，而且凝集了低空中的病菌和尘埃，很容易使鸭群发病。所以，在浓雾未散之前一定要把鸭关在棚舍内，并关好门窗，等浓雾散后方可放鸭出舍，并及时打开全部的门窗通风换气。

（3）避食初霜　初霜出现在寒潮到来之时，而寒潮前后的温差很大。所以，初霜会令人觉得格外寒冷。如果在初霜未溶解之前就放鸭出舍，鸭子会自然地把初霜当作饲料啄食，霜会对鸭的啄部感觉器官产生强烈刺激，进而影响其产蛋性能。

（4）越冬准备　为了产蛋鸭群能够安全越冬，养鸭户必须早早做好准备工作。如提前准备好充足的越冬垫草、越冬保温用的尼龙薄膜等保温保暖物资，不至于临时手忙脚乱。

5. 冬季饲养管理

每年的 11 月底至翌年的 2 月上旬，是一年中最寒冷的季节，也是鸭群产蛋容易下跌的时候，此时饲养管理不当会造成鸭群的产蛋率迅速下降。特别是 1 月份，气候最冷。冬季日照时间短，产蛋条件较差，如果管理失误，产蛋率一旦下降，那么整个冬天都难以恢复正常的产蛋率，其损失自然难以弥补。但是只要做到精心管理，尤其是做好鸭舍的防寒保温工作，冬季维持较高的产蛋水平（80% ~ 90%）是完全有可能的。

冬季的管理要点：

① 要适当增加饲养密度，可增加到 8～9 只／米^2，并增加鸭群的运动量。

② 要及时调整日粮，适当提高饲料中代谢能的含量，并适当增加饲喂量，最好在夜间再补 1 次饲料，一般夜间补饲的蛋鸭产蛋率可提高约 10%。

③增设保温设施，深夜棚舍内温度应维持在 5℃以上。

④ 要人工补充光照，每天光照至少应保持在 16 个小时。

⑤ 对放牧鸭，早上应迟放鸭，傍晚早关鸭，只在上、下午气温较高时让鸭群各洗浴 1 次，每次不超过 10 分钟。

⑥ 要减少应激，还要搞好舍内外清洁卫生，防止老鼠等敌害的侵袭。

第四节
不同类型种鸭饲养管理

一、蛋用种鸭饲养管理

蛋用种鸭和蛋鸭的饲养方法基本一致，管理要求也相差不大，但蛋用种鸭与蛋鸭的饲养目的却截然不同。饲养蛋鸭是为了获得较多的商品食用蛋，以此获得一定的经济利益；而饲养蛋用种鸭则是为了获得更多优质的种蛋，能够高效率地繁殖后代，并以出售雏鸭来获得一定的经济利益。从这一点来说，饲养种鸭的要求比饲养蛋鸭要高一些。除了养好种母鸭外，还需要养好种公鸭，以便获得较高的受精率和孵化率。蛋用种鸭的饲养管理应注意以下几点。

1. 确定优良蛋鸭品种

要养好种鸭，先要确定和选好优良品种。如果想饲养蛋用型品种，其种鸭就必须选择性情温和、适应性广、抗病力强、体型适中、成熟较早、耗料省和产蛋率高的品种，如绍兴鸭、龙岩山麻鸭、金定鸭、荆江鸭配套系等。种鸭场在确定饲养品种时还要充分考虑当地人们的饲养和消费习惯，以此确定种鸭的毛色、体型大小等地习惯要求。

现在国内蛋用种鸭规模生产企业已经与各省的科研院所进行技术合作，利用不同优良品种杂交配套生产二元杂交或者三元杂交配套系良蛋用种鸭，以取得最佳的生产水平和最好的经济效益。

2. 种鸭要多购少留、选择优良种鸭

种鸭一般要大群体选种，养种鸭要求多购少留，留有选种余地。一般在购买青年鸭或者雏鸭时，要比实际留种数多购入 30% 左右或者更多。选种余地越大，所选留的品种质量就越纯正，种用价值就越高。在开产前进行一次选种，要求选留下来的种鸭与该品种的标准体重相符，群体内的个体大小匀称一致，其外貌特征也应与该品种的标准一致。例如，绍兴鸭的标准特征：母鸭在 100 日龄时体重 1300 克，成年鸭体重 1400 ~ 1500 克，公鸭比母鸭轻 50 克左右。母鸭嘴长、颈细长、身长、脚长、眼突、背宽、毛紧，成年时腹大圆垂，龙骨与耻骨间距为 4 指，耻骨间距为 2 指以上者，属优质品种。

3. 严格选择、养好公鸭

留种的公鸭必须按种公鸭的标准经过育雏期、育成期和性成熟初期三个阶段的严格选择和饲养，以保证用于配种的公鸭生长发育良好、体格强壮、性器官发育健全、精液品质优良、品种纯正。在育成期最好将公母鸭分群饲养，留种公鸭采用以半舍饲为主的饲养方式，让其多锻炼、多活动。选好的种公鸭在配种前 20 天再放入母鸭群，此时的种公鸭应多放水中，少关养，以促使种公鸭的性欲旺盛。如果采用人工授精，需将性成熟后的种公鸭关到人工授精笼中单独饲养，注意补充营养，上笼 7 ~ 10 天后进行种公鸭的训练、采精。为了提高种公鸭的精液质量，保证种蛋的受精率，种公鸭应早于配种母鸭 1 ~ 2 个月孵出，因为相同品种的公鸭一般比同龄的母鸭晚成熟 1 ~ 2 个月。种公鸭习惯上在利用 1 年后淘汰，但有时也可延长至两年。

4. 根据实际情况配好公母比

种鸭群的公母比太大或太小，对鸭群种蛋的受精率均有直接的影响。在种鸭实际生产中，我们应根据所选留公鸭的体质、当时当地

的气温高低和种鸭群当时实际的种蛋受精率情况，来调整或者确定公母比例，使之达到最佳配种比例。我国麻鸭类型的蛋鸭品种，种公鸭体型小而灵活，性欲旺盛，配种性能极佳。在早春和冬季，麻鸭类型的蛋鸭品种公母配比可为1:20，夏、秋季节公母配比可提高到1:30，这样公母比例的种蛋受精率可达90%或以上。实际生产中如发现种蛋受精率偏低，则应首先检查种公鸭有无问题，其次检查公母配比是否恰当。在配种季节，应随时观察种公鸭配种表现，如果发现有伤残的种公鸭应及时挑出，并补充新种公鸭。种公鸭过多时，不仅会造成资源浪费，而且会给母鸭造成过多伤害，影响产蛋和经济效益。

5. 加强营养，保证配种需要

种鸭的营养要求，除了与蛋鸭需求相同的营养物质外，还应特别注意保证或者补充维生素E和色氨酸的含量。这两种营养物质，蛋鸭需求较少或有时基本不需要，但对种鸭的性欲及其蛋的受精率、孵化率均有较好的帮助，是饲养种鸭必不可少的营养要素。要求日粮中每千克饲料含维生素E 25毫克、色氨酸2.4克。饲料原料中以豆粕和鱼粉中的色氨酸含量较高。因此，种鸭饲料不可缺少豆粕或鱼粉。其他必需氨基酸的含量应略高于商品蛋鸭饲料中的含量。维生素E则需要从种鸭预混料中额外添加，不可缺少。公鸭的营养要求与母鸭略有不同，钙磷比例比母鸭要低。

6. 增加鸭群运动量，保证配种机会

种鸭的运动量应略大于商品蛋鸭，才能具有良好的性欲。比如半圈养商品蛋鸭的鸭舍、运动场、水面三者的面积比为1:1:1，而半圈养种鸭的鸭舍、运动场、水面三者的面积比为1:2:3。只有适当延长种鸭在棚舍外活动的时间，才能增加公母配种的机会，特别是早上在水面上活动对配种更为重要，虽然说鸭群的交配是全天进行的，但总的来讲，清晨是鸭群的交配高峰期。因为鸭子属水禽，喜爱在水面上交配，所以要求水质清洁，而且是水流缓慢的"活水"，保证种鸭交配方便、安全。

7. 清洁鸭舍，保证种蛋不受污染

种鸭舍的卫生条件要求要比商品蛋鸭舍高得多，种鸭舍内必须

有良好的通风条件，随时保持空气新鲜，使种鸭能够安睡无扰。种鸭舍内的垫草也一定要随时保持干燥、清洁、柔软，千万不可被鸭子的粪便或其他污物污染，污染的垫草一定要随时更换，防止污染种蛋。

8. 及时收集种蛋

每天应按照规定的时间及时收集种蛋，不要让种蛋受潮、受晒、弄脏。对于已破损、畸形、污脏、软壳、沙壳、特大、特小等不合格的种蛋，应单独盛放，作商品蛋处理。产在水中的蛋，因蛋膜被水溶解，易感细菌，不能作种用。种蛋从种鸭舍运送到种蛋储存库的路途中，要用棉毯遮盖，以防太阳照射，影响种蛋的孵化率。种蛋收集后要及时挑选，然后熏蒸消毒，消毒后或孵化或上架储存。种蛋每次收集完成后一般要求马上在种蛋储存库或者消毒间进行熏蒸消毒最好，可以及时杀灭种蛋表面的细菌或者病毒。地面平养的种鸭每天最好收集种蛋 3 ～ 4 次，收集参考时间为 4：00、7：00、10：00、14：00。

上架储存的种蛋一般每天翻蛋 2 次，翻蛋角度≥45°，早晚各一次。种蛋应储存在装有空调的种蛋储存库中，种蛋储存库温度应保持在 10 ～ 20℃。种蛋储存库需要定期进行清洗消毒。

二、肉用种鸭饲养管理

1. 育雏期的饲养管理

肉用种鸭的父母代种鸭育雏期为 0 ～ 4 周龄。育雏期的培育是为育成鸭和成年鸭打好基础。因此，须采取科学的饲养管理，才能培育出优良的种雏鸭。

（1）饲养方式　雏鸭采用舍饲的饲养方式，一般采用网上平养或地面平养。

（2）营养条件　必须饲以全价配合颗粒料（用于 2 周龄前）或粉料。作种用的雏鸭营养要求不同于商品代肉鸭，只要达到其最低营养需要量即可。

（3）育雏准备　在进雏前 1 周，做好房舍及用具的消毒；在进雏前 48 小时，打开经消毒的鸭舍门窗，提前 12 ～ 24 小时将育雏舍温度升上去，并加满料槽、水槽。

（4）饲养技术　肉用种雏鸭"开水""开食"方法同肉用雏鸭。

① 饮水。不能缺少饮水，应充分饮水。前 3 天，可在水中加维生素 C、葡萄糖、矿物质等，以减少环境改变引起的应激。

② 饲喂。种雏鸭的喂料量可以按规定的日粮标准分次饲喂，也可以按照规定次数每次喂饱。1～7 日龄，自由采食，白昼、夜晚皆喂料。1 日龄可以 1 个小时喂一次，每次量不宜多，以吃饱而不浪费为原则。8～14 日龄，逐渐减少夜晚喂料时间，到 14 日龄时夜晚不喂料。15～21 日龄日喂 3 次，22～28 日龄日喂 2 次。

（5）管理技术

① 温度。用育雏伞四周围护雏圈。1 日龄伞下温度 34～36℃，圈内 29～31℃，室温 24℃。加温视鸭舍温度和气温而定，夏、秋两季白天温度超过 27℃时可以不加温，温度偏低或夜间，尤其是在特别寒冷时，应该加温满足雏鸭对温度的要求。降温要逐步进行，前期可每日降温 1℃，后期每日降 2℃或隔日降 1℃，使其在 21 日龄前能适应自然温度。

② 光照。1～3 日龄用白炽灯 5 瓦 / 米 ^{2}，每日 23 小时光照、1 小时黑暗。4 日龄逐渐减少夜间的补充光照，直至 4 周龄结束时与自然光照时间相同。也可以 2～3 周龄即过渡到自然光照，如到 4 周龄结束时自然光照 9 小时，可 4～6 日龄每天减少 1 小时，以后隔日减少 1 小时或每 4 日减少 2 小时光照。

③ 密度。1 周龄至少 25 只 / 米 ^{2} 雏鸭，2 周龄 10 只 / 米 ^{2}，3 周龄 5 只 / 米 ^{2}，4 周龄 2 只 / 米 ^{2}。

2. 育成期的饲养管理

种鸭育成期一般指 5 周龄到开产前（25 周龄），育成期结束之后即是产蛋期。能否保持产蛋期的产蛋率和孵化率，关键是在育成期能否控制好体重和光照时间。

（1）饲养方式　一般采用半舍饲饲养方式。

（2）限制饲养　育成期的限饲必须从两方面考虑，一是限制饲养水平，二是限制饲料喂给量。限制饲养水平又称为限质，限制饲料喂给量又称为限量。

① 限质。限制日粮的营养水平，降低能量、粗蛋白质的含量，

增加粗纤维,但饲喂量不限制,使种鸭采食同样数量的饲料却不能获得足够的可供生长的营养物质,从而使其生长速度变慢,性成熟延缓。但是要注意,在限质过程中,对钙、磷、微量元素和维生素的供应必须充分,这样才有利于育成期种鸭骨骼、肌肉的生长。

② 限量。限量即限制饲料的喂给量。限量饲喂一般从 5 周龄开始,其限制方式有每天限饲、隔日限饲和每周限饲三种。

a. 每天限饲法。将每日限喂给量一次投入,或早上投料 70%、下午投料 30%。

b. 隔日限饲法。将两日的限喂给量,在一天内喂完。

c. 每周限饲法。将一周的限喂给量分 5 天喂完,停喂 2 天,一般为周三和周日不喂。

无论采用哪种限饲法,在喂料当天的第一件事都是早上 4 时开灯,按每群分别称料,然后定时投料。

③ 限饲注意事项

a. 限饲前应将体重过小或体弱的鸭移出或淘汰,因这些鸭子不能采取限制饲养。

b. 要定时进行体重抽测,最好每周或每 2 周抽测一次体重,每次抽测的数量为群体的 10% 左右,以观察体重增减情况,然后根据体重要求,适当调整日粮。称重时必须空腹。

c. 一般正常鸭群在 4～6 小时吃完饲料。在喂料不改变的情况下,应注意观察吃完饲料所需时间的改变。

d. 要有足够的料槽、水槽,防止鸭群饥饱不均,影响限饲效果。

e. 限饲时要注意鸭的健康状况。限饲过程中可能会出现死亡,更应照顾好弱小个体。

f. 限制饲养时,要严格实施限饲计划,不可因鸭子饥饿叫唤而补喂饲料,否则会影响限饲效果。

g. 限饲要与光照控制相结合。

(3) 光照　育成期的光照原则是不延长光照时间或增加光照强度,以防鸭过早性成熟。5～20 周龄,每日固定 9～10 小时的自然光照,实际生产中多在此期采用自然光照。

(4) 开产前饲料量的调整　在 24 周龄开始改喂产蛋期饲粮和增加饲喂量。一种方式是从 24 周龄开始连续 4 周加料,每周增加 25 克产蛋期饲粮。4 周后完全采用产蛋期饲粮，自由采食。另一种方式是从 24 周龄起改用产蛋期饲粮，并在 23 周龄饲喂量的基础上，增加 10% 的饲料；产第一个蛋时，在此基础上增加饲喂量 15%。如 23 周龄时饲喂量为 140 克/（日·只），则下个周龄喂料 154 克，产第一个蛋时喂料 177 克。正常鸭群 26 周龄开产，并达到 5% 产蛋率。

3. 产蛋期的饲养管理

产蛋期（26 周龄至产蛋结束）的饲养目的是要做到"三高"，即产蛋率高、受精率高和孵化率高。要做到这一点，必须进行科学的饲养管理。正式进入产蛋期后，各种饲养管理日程要稳定，不轻易变动，以免产蛋率急剧下降，在产蛋高峰时更应如此。

（1）饲养方式　与育成期相同。

（2）设置产蛋箱　每个产蛋箱尺寸为 40 厘米长、40 厘米高、30 厘米宽，每个产蛋箱可供 4 只母鸭产蛋，可以 5～6 个产蛋箱连在一起组成一列。在产蛋箱底部铺上干燥柔软的垫料，垫料至少每周更换 2 次，越清洁则蛋越干净，孵化率越高。产蛋箱于种鸭 24 周龄前（一般在 22 周龄）放入鸭舍，要安装在最低光照区，使产蛋箱内黑暗，而且箱盖要求半开，在舍内四周摆放均匀，位置不可随意更改。

（3）光照管理　每日提供 16～17 小时光照，时间固定，不可随意更改，否则会严重影响鸭产蛋。

（4）垫料管理　地面垫料必须保持干燥清洁，当舍内潮湿时应及时清除，换上新垫料。可以每日增添新垫料，并尽可能保持鸭舍周围环境的干燥清洁。

（5）种蛋收集　及时将产蛋箱外的蛋收走，不要长时间留在箱外，被污染的蛋不宜作种用。通过增加捡蛋的次数来及时收集种蛋以保证种蛋质量，一般来说每天要收集种蛋 4～5 次。

（6）种公鸭的管理　配种比例为 1∶4，有条件的可按 1∶5 或 1∶7 的比例混养。但公鸭过少，可能导致精液质量不均衡；而若公鸭过多也不好，可引起争配使受精率降低。应淘汰阴茎畸形、发育不良或阴茎过短的公鸭。对性成熟的种鸭还可进行精液品质鉴定，对不合格的予以淘汰。

（7）预防应激反应　要有效控制鼠类和寄生虫，并维持种鸭场周围环境清洁安静，保持环境空气尽可能新鲜，必要时可调节通风设备，使环境温度在适宜范围内。寒冷地区温度应维持在 0℃以上。

（8）做好产蛋及疾病等记录　要认真做好产蛋期的产蛋和疾病等记录，为产蛋鸭的科学管理提供依据。

（9）做好卫生消毒和疫病防治工作

① 严格执行兽医卫生制度，保持鸭舍及运动场的环境卫生、饮水和饲料卫生，谨防饲料发霉变质，水盆、饲盆每天要洗刷，舍内外及运动场要定期消毒，必要时可在饮水中添加消毒剂。

② 预防或治疗疾病时，不使用禁用药物和影响产蛋的药物，可选用微生态制剂。疫苗接种和驱虫等事项应在开产前进行。

第五节　商品肉鸭饲养管理

一、肉用仔鸭的饲养管理

肉用仔鸭大多采用全舍饲，即鸭群的饲养过程始终在舍内，这种饲养方式要求日粮的营养成分必须完善。主要分为以下三种类型。

1. 地面平养

水泥或砖铺地面撒上垫料即可。若出现潮湿、板结，则局部更换厚垫料。一般随鸭群的进出全部更换垫料，可节省清圈的劳动量。这种方式因鸭粪发酵，在寒冷季节有利于舍内增温。采用这种方式舍内必须通风良好，否则垫料潮湿、空气污浊、氨气浓度上升，易诱发各种疾病。这种饲养方式的缺点是需要大量垫料，舍内尘埃多，细菌也多等。

2. 网上平养

在地面以上 60 厘米左右铺设金属网或竹条、栅条。这种饲养方式粪便可由空隙中漏下去，省去了日常清圈的工序，可防止或减少由粪便传播疾病的机会。采用铁丝编织网时，网眼孔径：0 ～ 3 周龄为 10 毫米 ×10 毫米，4 周龄以上为 15 毫米 ×15 毫米。网下每隔 30 厘米设一条较粗的金属架，以防网凹陷，网状结构最好是组装式的，以便装卸时易于起落。网下可采用机械清粪设备，也可用人工清理。采用竹条或栅条时，竹条或栅条宽 2.5 厘米、间距 1.5 厘米。这种方式要保证地面平整，网眼整齐，无毛刺及锐边。应用这种方式必须注意饮水结构不能漏水，以免鸭粪发酵。

3. 笼养

笼养是指把雏鸭放在育雏笼（或育雏床）内进行饲养。目前在我国，笼养方式多用于养鸭的育雏阶段。笼养可提高饲养密度，减少禽舍和设备的投资，减少清理工作，还可采用半机械化设备，减轻劳动强度。笼养鸭不用垫料，既免去垫料开支，又使舍内灰尘少、粪便纯。同时笼养雏鸭完全处于人工控制下，受外界应激小，可有效防止一些传染病与寄生虫病发生。加之又是小群饲养，环境特殊，通风充分，饲粮营养完善，采食均匀。因此，笼养鸭生长发育迅速、整齐，比一般放牧和平养生长快、成活率高。笼养育雏一般采用人工加温，因此舍内上部空间温度高，较平养节省燃料；且育雏密度加大，雏鸭散发的体温蓄积也多。

二、0～3 周龄肉用仔鸭的饲养管理

0～3 周龄是鸭的育雏期，习惯上把这段时间的肉用仔鸭称为雏鸭。该阶段是生产的重要环节，雏鸭刚孵出，各种生理功能不完善，还不能完全适应外部环境条件，必须从营养上、饲养管理上采取措施，促使其平稳、顺利地过渡到生长阶段，为以后的生长奠定基础。无论采用地面平养、网上平养或笼养，其饲养管理技术基本一致。

1. 引进雏鸭前的准备

在雏鸭运到之前应根据所引进的雏鸭数目做好足够的房舍、饲料、供暖、供水和供食用具准备，准备好料槽、水槽等。室内墙壁、地面、房顶和一切用具全部消毒并晾干。消毒措施应在进雏前 2 周实施。门窗、墙壁、通风孔等均应检查，如有破损则及时修补，防止贼风。采用网上平养或笼养时，要仔细检查网底有无破损，铁丝接头不要露出平面，竹片或木片不得有毛刺和锐边，以免刺伤鸭脚或皮肤。

进雏前的另一重要事件是在雏鸭入舍前 12 ~ 24 小时把保温伞或育雏室调到合适的温度，千万不要等到雏鸭已放进育雏室或育雏笼时才临时加温。

2. 环境条件及其控制

（1）温度　肉鸭是长期以来用舍饲方式饲养的鸭种，不容易适应环境温度的变化。因此，在育雏期间，特别是在出壳后第一周内要保持适当的环境温度，这也是育雏能否成功的关键所在。育雏的温度随供温方式不同而不同。

采用保温伞供温时，保温伞可放在房舍的中央或两侧，并在保温伞周围围一圈高约 50 厘米的护板，距保温伞边缘 75 ~ 90 厘米。护板可保温防风，限制幼雏活动范围，防止雏鸭远离热源。待幼雏熟悉到保温伞下取暖后，从第三天起向外扩大，7 ~ 10 天后取走护板。保温伞和护板之间应均匀放置料槽和水槽。保温伞直径 2 米可养雏鸭500 只，2.5 米可养 750 只。

保温伞育雏，1 日龄的伞下温度控制在 34 ~ 36℃，伞周围区域为 30 ~ 32℃，育雏室内的温度为 24℃。2 ~ 3 周龄末降至室温。育雏温度应随日龄增长，由高到低而逐渐降低。至 3 周龄，即20 天左右时，应把育雏温度降到与室温相一致的水平。一般室温为18 ~ 21℃最好。需注意的是，降温应每周分为几次，使雏鸭容易适应。不要等到育雏结束时突然脱温，这样容易造成雏鸭感冒和体弱。每天应检查或调节温度，使温度保持适当和稳定。育雏温度是否合适，除根据温度计外，还可以从雏鸭的动态表现出来，当育雏温度合适时，雏鸭活泼好动、采食积极、饮水适量、过夜时均匀散开；若温度过低，则雏鸭密集聚堆、靠近热源、并发出尖厉叫声；若温度过高，则雏鸭远离热源、张口喘气、饮水量增加、食欲降低、活动减少；若有贼风（缝隙风、穿堂风等）从门窗吹进，则雏鸭密集于热源一侧。饲养人员应该根据雏鸭对温度反映的动态，及时调整育雏温度。做到"适温休息、低温喂食、逐步降温"，提高雏鸭的成活率。

（2）湿度　雏鸭体内含水量大，约 75%。若舍内高温、低湿会造成环境干燥，很容易使雏鸭脱水，羽毛发干。若群体大、密度高，活动不开，会影响雏鸭的生长和健康，加上供水不足甚至会导致雏鸭脱水而死。湿度也不能过高，高温高湿易诱发多种疾病，这是养禽业最忌讳的环境，也是雏鸭球虫病暴发的最佳条件。地面平养时要特别防止高温。因此，育雏第一周应该保持稍高的湿度，一般为65%，以后随日龄增加，要注意保持鸭舍的干燥。要避免漏水，防止粪便、垫料潮湿。第二周湿度控制在60%，第三周以后为55%。

（3）密度　密度是指每平方米地面或网底面积上养的雏鸭数。密度要适当，过密雏鸭活动不开，采食、饮水困难，空气污浊，不利于雏鸭生长；而过稀则房舍利用率低，能源消耗多，不经济。适当的密度既可以保证高的成活率，又可充分利用育雏面积和设备，从而达到减少肉鸭活动量、节约能源的目的。育雏密度依品种、饲养管理方式、季节的不同而异。

（4）光照　光照可以促进雏鸭的采食和运动，有利于雏鸭的健康生长。在出壳后的头3天采用23～24小时光照，以便于雏鸭熟悉环境、寻食和饮水，关灯1小时保持黑暗，目的在于使鸭能够适应突然停电的环境变化，防止一旦停电造成堆集死亡。光照强度不可过大，过强烈的照明不利于雏鸭生长，通常光照强度在10勒克斯。一般开始时白炽灯每平方米应有5瓦强度（10勒克斯，灯泡离地面2～2.5米），以后逐渐降低。在4日龄以后，可不必昼夜开灯。白天利用自然光照，早、晚喂料时，只提供微弱的灯光，只要鸭能看见采食即可，这样既省电，又可保持鸭群安静，也不会降低鸭的采食量。但值得注意的是，采用保温伞育雏时，伞内的照明灯要昼夜亮着。因为雏鸭在感到寒冷时要到伞下去，伞内照明灯有引导雏鸭进伞的功效。

（5）通风　雏鸭的饲养密度大、排泄物多，育雏室容易潮湿，积聚氨气和硫化氢等有害气体。因此，在保温的同时要注意通风，以排除潮气、有害气体等，其中以排出潮气最为重要。舍内湿度以保持在55%～65%为宜。适当的通风可以保持舍内空气新鲜，夏季通风还有助于降温。因此，良好的通风对于保持鸭体健康、羽毛整洁、生长迅速非常重要。开放式育雏时维持舍温在21～25℃，尽量打开通气孔和通风窗，加强通风。如在窗户上安装纱布换气窗，既可使室内外空气对流，并以纱布过滤空气，使室内空气清新，又可防止贼风，则效果会更好。

（6）营养　刚出壳雏鸭的消化器官消化功能较弱，同时消化器官的体积很小，但生长速度很快，育雏期末的体重是初生重的十多倍。因此，只有满足雏鸭的营养需要，日粮中的能量、蛋白质、氨基酸和维生素、矿物质等营养全面，而且要平衡、比例适当，所配的饲料要容易消化；在饲喂上要少喂多餐，才能满足雏鸭快速生长的需要。

3. 雏鸭的饲养管理技术

（1）"开水" 雏鸭的第一次饮水称为"开水"。一般雏鸭于出壳后 24～26 小时，在"开食"前先"开水"。由于雏鸭从啄壳到出壳时间较长，且出雏器内的温度较高，体内的水散发较多，因此必须适时补充水分。在饮水中加适量葡萄糖或维生素 C，能促进雏鸭肠胃蠕动，清理肠胃，促进新陈代谢，加速吸收剩余卵黄，增加食欲，增强体质，有利于生长发育。

（2）"开食" 雏鸭的第一次喂食称为"开食"。传统喂法是用焖的大米饭、碎米饭，或用蒸熟的小米、碎玉米、碎小麦粒，食物往往较为单一。应提倡用配合饲料制成颗粒料直接"开食"，最好用破碎的颗粒料，更有利于雏鸭的生长发育和提高成活率。雏鸭"开食"过早不行，过迟也不行。"开食"过早，一些体弱的雏鸭，活动能力差，本身无吃食要求，往往被吃食好的雏鸭挤压、受伤、影响今后"开食"；而"开食"过迟，因不能及时补充雏鸭所需的营养，致使雏鸭因养分消耗过多、疲劳过度，降低雏鸭的消化吸收能力，造成雏鸭难养，成活率也低。

（3）喂料 1 周龄的雏鸭应让其自由采食，经常保持料槽内有饲料，随吃随添。一次投料不宜过多，否则堆积在料槽内，不仅造成饲料的浪费，而且容易污染饲料。1 周龄以后还是让雏鸭自由采食，也可采用定时喂料。一般按 2 周龄时昼夜投料 6 次，3 周龄时昼夜投料 4 次进行。每次投料若发现上次喂料到下次喂料时还有剩余，则应酌量减少，反之则应增加一些。

（4）分群 雏鸭群体过大不利于管理，水槽、料槽、温度等因不易控制，易出现惊群、挤压而死。为了提高育雏率，应分群管理，一般每群 300～500 只。

（5）搞好清洁卫生 雏鸭抵抗力差，要创造一个干净卫生的生活环境。随着雏鸭日龄的增大，排泄物不断增多，鸭舍或鸭栏的垫料极易潮湿。因此，垫料要经常翻晒、更换，保持生活环境干燥，所使用的料槽、饮水器每天要清洗、消毒，鸭舍要定期消毒等。

（6）搞好疫病防治工作，严禁从疫区引进鸭苗

① 搞好消毒。注重鸭棚及环境的消毒，以及料槽、饮水器的刷洗、消毒，选择 2～3 种不同的消毒剂交替使用，防止细菌产生耐药性。

② 预防用药。重点预防雏鸭沙门菌、大肠杆菌、支原体感染，1～7 日龄可用抗菌药物预防。

③ 疫病预防。做好鸭瘟、鸭病毒性肝炎、鸭传染性浆膜炎、禽流感疫苗的免疫工作。注射疫苗时，可加饮多维或维生素 C 粉拌料。注射疫苗前后应停用抗菌药物 1～2 天。

三、4～8 周龄肉用仔鸭的饲养管理

4～8 周龄是鸭的育肥期，习惯上把这段时间的肉鸭称为仔鸭。该阶段肉用仔鸭的体温调节机制已趋于完善，骨骼和肌肉生长旺盛，采食量大大增加，消化功能已健全，体重增长快。根据肉鸭自身生理特征发生的变化，其相应的饲养管理措施也须进行适当的调整。

1. 饲养方式

肉鸭 4～8 周龄多采用舍内地面平养或网上平养，育雏期地面平养或网上平养的，可不转群，既避免了转群给肉鸭带来的应激，又节省劳力。但育雏期结束后采用自然温度育肥的，应撤去保温设备或停止供暖。对于由笼养转为平养的，则在转群前 1 周，对平养的鸭舍、用具做好清洁卫生和消毒工作。地面平养的准备好 5～10 厘米厚的垫料。于转群前 12～24 小时料槽加满饲料，保证饮水不断。

2. 温度、湿度和光照

室温以 15～20℃为宜，冬季应加温，使室温达到最适温度（10℃以上）。

湿度控制在 50%～55%，应保持地面垫料或粪便干燥。

光照强度以能看见吃食为准，每平方米用 5 瓦白炽灯。白天利用自然光照，早晚加料时才开灯。

3. 密度

地面垫料饲养，每平方米地面养鸭数为：4 周龄 7 ~ 8 只，5 周龄 6 ~ 7 只，6 周龄 5 ~ 6 只，7 ~ 8 周龄 4 ~ 5 只。具体视鸭群个体大小及季节而定。冬季密度可适当增加，夏季可适当减少。

4. 饲喂次数

自由采食、少量勤添。喂料量原则上与育雏期相同，以刚好吃完为宜，防止饲料浪费及霉变。

5. 饮水

自由饮水，不可缺水。

6. 垫料

地面平养需要垫料。垫料要充足，随时撒上新垫料，且需要经常翻晒，保持干燥。垫料厚度不够或板结，易造成胸囊肿，影响胴体品质。

第九章

鸭场消毒技术

一、消毒的概念

消毒是指消除或杀灭外环境中的病原微生物，切断传播途径、防止传染病扩散或蔓延的重要措施之一。鸭场中的外环境，指的是鸭饲养过程中可能接触到的环境和所有器具，包括地面、墙壁、水源、空气、鸭笼、料槽、水槽、运输车等。

二、消毒的方法

消毒的方法有 3 种，即物理消毒法、化学消毒法和生物消毒法。

1. 物理消毒法

物理消毒法是鸭场应用最普遍的一种方法，简便、经济，主要有以下几种。

（1）机械法　清扫和洗刷等机械的方法，可以清除粪便、垫草、鸭的分泌物等，从而除去潜在的大量病原微生物。

（2）通风干燥法　干燥不利于病原微生物的生存，但不能杀死病原微生物。鸭舍内保持较长时间干燥，可以使病原微生物逐渐死亡。

（3）火焰高温灼烧法　常用于金属工具、水泥地面等的消毒。

（4）焚烧法　主要用于病死鸭、病死鸭污染的垫料等的处理。

（5）煮沸法。

（6）干热空气消毒法。

（7）紫外线照射消毒法　包括紫外灯的照射和太阳的暴晒。

（8）压力蒸汽消毒法。

（9）辐射消毒法。

2. 化学消毒法

利用化学消毒剂（简称消毒剂）杀灭微生物的方法称为化学消毒法，是常用的消毒方法，主要有喷雾法、擦拭法、浸泡法和熏蒸法等。化学消毒法的效果取决于消毒剂的种类、浓度、作用时间、环境等。根据消毒剂杀灭微生物的效能，将其分为高效、中效和低效三类。高效消毒剂能杀灭包括细菌芽孢和真菌孢子在内的各种微生物，能灭活所有病毒。中效消毒剂能杀灭细菌芽孢以外的各种微生物。低效消毒剂只能杀灭一般细菌、部分真菌和部分病毒。根据化学组成，将消毒剂分成以下几类。

（1）酚类　酚类消毒剂主要包括苯酚、煤酚皂溶液、六氯酚、对氯间二甲苯酚、来苏儿、复合酚等。在高浓度下，酚类可裂解并穿透细胞壁，使菌体蛋白凝集沉淀，快速杀灭细胞；在低浓度下，可使细菌的酶系统失去活性，导致细胞死亡。酚类消毒剂属于中效消毒剂，可有效杀灭细菌、真菌，可灭活大部分病毒，但不能杀灭细菌芽孢。一般用于环境及用具的消毒。

（2）醇类　醇类消毒剂属于中效消毒剂，可杀灭细菌、真菌和部分病毒，对细菌芽孢无效。主要用于皮肤和手的消毒，与其他消毒剂具有良好的协同作用，主要包括乙醇、丙醇、异丙醇和复方醇类。其作用机理包括三个方面，一是使蛋白质变性；二是破坏细菌的细胞壁；三是破坏微生物的酶系统，影响其正常代谢。

（3）醛类　醛类消毒剂是使用最早的一类消毒剂，普遍具有杀菌力强、杀菌谱广、性能稳定、容易储存和运输、可用于金属器械、对有机物的影响小等诸多优点，包括甲醛、戊二醛、邻苯二甲醛等。醛类消毒剂通过醛基的烷基化作用，破坏生物分子的活性而杀死微生物。

（4）酸类及相应的盐　常见的有乳酸和甲酸等，能使菌体蛋白变性、沉淀或溶解，从而杀死微生物，作用力强，有一定的腐蚀性，对细菌芽孢有一定效果。

（5）碱类及相应的盐　常见的有石灰和氢氧化钠等，能使菌体蛋白变性或沉淀而杀死微生物，有一定的腐蚀性，作用相对弱些。

（6）氧化物　包括过氧乙酸、过氧化氢、臭氧和高锰酸钾等。这类消毒剂与有机物相遇时可放出新生态氧，通过氧化细菌体内的活性基团而发挥杀菌作用，作用快而强，各种微生物对其十分敏感，可将所有微生物杀灭。其优点是消毒后在物品上不残余毒性，但消毒效果仅以表面为限；易分解，不稳定，须现用现配，使用起来不方便；高浓度时可刺激或损害皮肤黏膜、腐蚀物品。

（7）卤素类　包括含氯消毒剂、含碘消毒剂、含溴消毒剂等。

① 含氯消毒剂。包括无机类含氯消毒剂如次氯酸钠、漂白粉、二氧化氯等和有机类含氯消毒剂如二氯异氰尿酸、二氯异氰尿酸钠、三氯异氰尿酸、二氯海因等，属于高效消毒剂。有机类含氯消毒剂杀菌力强于无机类含氯消毒剂，在水中使用药效持久，是以非解离形式起到杀菌作用的，所以在酸性环境中其杀菌效果好，碱性环境稍差。该类消毒剂性质稳定、易储存、使用方便、高效、消毒谱广，是环境消毒的首选消毒剂。缺点是易受有机质、还原性物质和酸碱度的影响，另外有机类含氯消毒剂对人畜有一定的危害性。

② 含碘消毒剂。包括碘酊、碘伏、复合碘制剂等，属于中效消毒剂。这类消毒剂的优点，一是消毒谱广，对各种细菌、芽孢、病毒以及真菌均有杀灭能力；二是作用迅速；三是刺激性小、毒性低；四是性质稳定。其不足之处，在酸性环境下（pH2～5）消毒效果好，却对金属有腐蚀作用，pH 值偏高时，杀菌效果较差。

③ 含溴消毒剂。包括二溴海因、溴氯海因、含溴异氰尿酸类等。其杀菌效力与含氯消毒剂相似，但价格高，所以在畜禽消毒上很少应用。

（8）季铵盐类　其能吸附在细菌的表面，从而改变细菌细胞壁和细胞膜的通透性，使菌体内的酶、辅酶和代谢的中间产物外漏，妨碍细菌的呼吸及糖酵解过程，使菌体蛋白变性。包括洁尔灭、新洁尔灭、百毒杀等。杀菌浓度低，无刺激性、腐蚀性及漂白性，易溶于水，使用方便，不污染物品。该类消毒剂在碱性或中性环境中杀菌作用较强，但在酸性环境中效力大减。对无囊膜的病毒效果不好，易被各种表面有机物影响消毒效果，配伍禁忌较多。

（9）烷基化类　包括环氧乙烷、环氧丙烷等，通过对微生物的蛋白质、DNA 和 RNA 烷基化作用而使微生物灭活。其杀菌谱广而强，对物品几乎无损害，但刺激性大且有一定的毒性和致癌性。

3. 生物消毒法

生物消毒法是利用自然界广泛存在的微生物或人为添加的微生物在氧化分解鸭场粪便、垫料、污水和垃圾等中的有机物时所产生的大量热能来杀死病原微生物的方法，常用的有地面泥封堆肥发酵法、地上台式堆肥发酵法、坑式堆肥发酵法等。粪便和土壤中含有大量的嗜热菌、噬菌体和其他抗菌物质。也可选择市面上的乳酸菌、酵母菌或复合益生菌，添加于堆积物中，加快发酵进度和提高发酵的效果。堆肥发酵过程中可能产生高达 50℃ 及以上的温度，不妨碍嗜热菌的生长和繁殖，却可以杀灭一般的细菌、病毒、寄生虫幼虫、寄生虫虫卵等。发酵结束后，可作为肥料返田，或作为有机肥的初级肥料。

第二节　鸭场的消毒程序

一、进入人员及物品消毒

1. 人员的消毒

所有人员进入鸭场前，应在鸭场入口一侧的消毒间内进行人员消毒。人员进入时，应更换鸭场内的专用工作服，特别是场内专用胶鞋。必须洗手消毒，经消毒通道踩在消毒池内进入，接受紫外灯照射。每个鸭舍前设置消毒池，进入时必须将胶鞋踩入消毒。尽量谢绝参观人员，不得已时，参观人员必须按工作人员的消毒方法进行消毒后才可以进入鸭场。

2. 物品的消毒

所有进入鸭场的物品均须消毒，可以采用百毒杀、过氧乙酸或次氯酸钠浸泡的方法，也可采用阳光照射的方法等。

二、车辆消毒

非生产用车辆一律不准进入鸭场，生产用车辆包括汽车、摩托车、三轮车、自行车等必须经过大门口车辆轮胎用的消毒池，池内装有 2% 的烧碱（氢氧化钠）、1% 菌毒敌或 3% 来苏儿溶液等，药液应每 3～5 天更换一次。还应设置针对整车车身的喷雾消毒装置，喷雾液用 2% 来苏儿溶液。

三、环境消毒

环境消毒包括场区道路、办公区、空地等，一般每周消毒 2 次。应在搞好环境卫生、清除杂草、清理垃圾和杂物的基础上进行，采用喷雾消毒的方法，药液可选择过氧乙酸、含氯消毒剂、含碘消毒剂或季铵盐类消毒剂。

四、鸭舍消毒

1. 空鸭舍的消毒

在一个饲养周期结束后，应对鸭舍进行彻底消毒。首先进行清扫，清除出垫料、粪便、饲料残渣等，然后冲洗整个鸭舍，包括地面、墙壁、鸭笼、网床、料槽、水槽、工具等，最后才是喷洒消毒剂。耐腐蚀的地面和墙壁用 2% 烧碱，其余的用过氧乙酸。消毒剂喷完后，应将鸭舍空置 15 天及以上。

2. 带鸭鸭舍的消毒

一般每周 1 ~ 2 次。消毒前给鸭群饮用 0.1% 维生素 C 或水溶性多种维生素溶液以减少应激，选择季铵盐类或过氧乙酸等刺激性小的消毒剂，从顶棚、墙壁到地面即从上至下的顺序进行喷雾，对通风口与通风死角的区域应重点消毒。冬天应用温水以减少对鸭的刺激。

五、饮水消毒

大多数鸭场饮用的是河水、井水、山泉水等，必要时应进行饮水消毒。在饮水中按比例加入百毒杀、强力消毒灵或次氯酸钠等进行消毒，以杀死水中可能存在的病原微生物，一般每周 1 次即可。出壳雏鸭的首次饮水，可以用 0.01% 的高锰酸钾进行消毒。

六、病、死鸭处理及发病鸭场的消毒

1. 病鸭的处理

发病鸭应转移至隔离区进行治疗，隔离区应处于鸭舍的下风向处，饲养员从隔离区出来后，应进行人员消毒，更换衣服和鞋子。病鸭痊愈后应在隔离区饲养 15 天以上，才可以并入原先的鸭群。

2. 死鸭的处理

淘汰的病鸭和死亡鸭，应进行无害化处理，可以选择深埋或焚烧的方法。

3. 发病鸭场的消毒

鸭群发病时，应立即对发病的鸭舍隔离，进入该鸭舍的饲养员，出来时必须进行人员消毒，然后才可以进入其他鸭舍。对发病鸭所在的鸭舍进行局部强化消毒，对可能被污染的用具进行消毒，全群带鸭消毒。

七、污水、粪便和垫料的消毒

采用统一集中堆积发酵的方法进行无害化处理，不仅可消灭病原微生物，也可转化为有机肥的原料再次利用。

第三节　消毒效果检查

消毒效果检查，包括对物理消毒法、化学消毒法和生物消毒法的简单和彻底的消毒效果检查。

一、物理消毒法的简单检查

检查鸭场地面、墙壁、鸭笼、各设备器具等的表面，是否有鸭粪残留、是否有鸭的分泌物残留，用目测的方法即可。

二、化学消毒法的简单检查

查看消毒工作记录，核对消毒药的配制方法、使用浓度、使用用法及用量等，检查消毒药的品名，是否有相互拮抗作用的消毒药同时应用。

三、生物消毒法的简单检查

用装有金属套管的温度计，在发酵的不同时间点，测量堆肥内不同点的温度，根据温度的变化来预测消毒的效果。

四、细菌学检查

消毒后的地面、墙壁、鸭笼、各设备器具等，按要求随机划出取样区域，用消毒的湿棉签擦拭涂抹取样区域表面，置于生理盐水中浸泡，送化验室检查其中的细菌总数、大肠杆菌数、沙门菌数等，如遇细菌病发生时的消毒，还需检查相应的致病菌数。

五、病毒学检查

当鸭群发生病毒性传染病时，需对场地等进行消毒，此时须检查针对特定病毒的消毒效果。按要求取样，送化验室进行相关病毒的检查和检测，评价消毒效果。

第四节　提高消毒效果措施

一、正确选择消毒剂

结合鸭场的环境，鸭舍的具体情况，消毒的目的、对象，场内鸭病的流行情况等，依据高效、广谱、经济、副作用小等原则，合理选择消毒剂，严格按照使用说明书配制并使用。如革兰氏阳性菌比革兰氏阴性菌对消毒剂更敏感，更易被卤素类、酚类消毒剂灭活；真菌类病原微生物也对卤素类和酚类消毒剂敏感；病毒对大多数消毒剂均敏感，亲脂病毒对亲脂消毒剂更敏感。购入的消毒剂，应检查标签和说明书，看是否为合格产品、是否在有效期内。鸭场长期使用单一品种的消毒剂，会使病原微生物产生耐受性，影响消毒效果，应交叉使用不同品种的消毒剂。

二、制订消毒计划并严格执行

应制订鸭场的消毒计划，包括消毒范围、消毒频率、消毒剂的选择、日常消毒的方法、疫情发生时的临时消毒方法等，并监督检查，确保严格执行。

三、消毒对象表面清洁

有机物的存在，鸭的粪便、分泌物等均能妨碍消毒剂与病原微生物的接触而影响消毒效果，含有蛋白质的污物可部分中和消毒剂特别是阴离子表面活性剂药物，因此消毒前应彻底清洗消毒对象，确保消毒对象表面清洁。

四、药物浓度应正确

不同的药物浓度，消毒效果不同。通常消毒药物的浓度在一定范围内和消毒效果成正比，但不能一概而论。如75%的酒精，杀灭微生物的效果比100%的酒精效果好。因此，消毒剂的浓度必须按照说明书的方法和要求进行配制，浓度过高或过低均会影响消毒效果，应改变浓度越高消毒效果越好的错误观点。

五、注意配制用水

消毒剂的分子能与硬水中的钙、镁等离子结合，而使消毒效果降低，硬水也可以降低消毒剂的溶解性，进一步影响消毒剂的消毒效果。在配制消毒剂的过程中，应注意避免使用硬水。

六、药物的量充足

使用消毒剂进行浸泡、喷洒、熏蒸、涂擦、喷雾、冲洗等消毒工作时，应确保消毒剂有足够的量，从而使被消毒对象表面均能接触到消毒剂，保证消毒效果。

七、接触时间充足

消毒剂必须与消毒对象作用一定的时间，才能发挥最佳的消毒效果。接触时间的长短，随病原微生物的特性、消毒剂的种类和浓度、环境温度等有一定的区别。

八、勿与其他消毒剂或杀虫剂等混合使用

消毒工作中，不要随意把两种或两种以上消毒剂混合使用，也

不要随意将消毒剂和杀虫剂混合使用，以免出现配伍禁忌而产生拮抗作用，降低消毒效果。

九、注意使用安全

消毒剂各有特点，使用时应严格按说明书进行。应注意使用过程中的各项安全工作，如环境安全、消防安全、人身安全、鸭的安全等。比如，易燃的消毒剂不能在距离火源较近的地方使用；大量污水和粪便处理时，应考虑是否会引起公害；使用消毒剂时应做好个人的防护工作，消毒剂不能直接对着鸭喷雾等。

十、保持环境的温度和湿度

环境温、湿度和消毒对象的温、湿度，都会影响消毒剂特别是气体消毒剂的效果。一般情况下，温度相对高些，消毒效果相对更好。消毒对象的湿度过大，会降低消毒剂的消毒效果，应增加消毒时间。每种消毒剂都有其适用的相对湿度范围，在使用说明书中一般都会标明。

十一、控制环境的酸碱度

环境和消毒对象的酸碱度，直接影响消毒剂的消毒效果。比如，次氯酸、苯甲酸等，在酸性环境中的杀菌作用增强；戊二醛则在碱性环境中的杀菌作用增强；阳性子消毒剂在碱性条件下消毒效果更好，阴离子消毒剂则在酸性条件下消毒效果更好。

第十章

鸭病的临床和剖检诊断技术

第一节　鸭病的流行病学调查

　　流行病学诊断是根据疾病的流行特点进行诊断的一种方法，主要考虑疾病的群体现象。任何疾病，包括传染病和非传染病，都有特定的流行病学，如能根据流行病学做出诊断，或提供重要线索，将可大大缩短诊断疾病的时间，并能提高其准确性，为有效防治或扑灭疾病赢得宝贵时间。流行病学调查是疾病诊断，尤其是传染病诊断一个非常重要的环节和手段。

　　当某地或某养鸭场有发病鸭只出现时，应先考虑鸭群饲养的各种环境因素，进行系统全面的流行病学调查。如果怀疑是传染性疾病，还应找出传染源、传播途径和传播媒介，以便采取控制和扑灭措施。

一、了解发病情况

　　根据病程长短、发病率、死亡率等因素可以初步判定疾病种类。

　　如果在饲养条件不同的鸭舍或养鸭场均发病，则可能是传染病，可排除慢性病或营养缺乏病；如在短时间内大批发病、死亡可能是急性传染病；若疾病仅在一个鸭舍或养鸭场内发生，应考虑非传染性疾病的可能。在确定以上事项后，可先采取紧急预防措施，如消毒、紧急预防接种及更换饲料等，以减少损失。

如果一个鸭舍内的少数鸭只发病后，在短时间内传遍整个禽舍或相邻禽舍，应考虑其传播方式是经空气传播。在处理这类疾病时，应注重切断传播途径。发病较慢，病鸭消瘦，应考虑是慢性传染病如结核、马立克氏病或是营养缺乏症。若为营养缺乏症，则饲喂不同饲料的患禽病情差异明显。

了解发病日龄，有助于缩小可疑疾病的范围。有些病各种日龄均可发生，如慢性呼吸道病、传染性支气管炎等；有些病只发生于雏禽或只有雏禽症状明显，如雏鸡白痢、脑脊髓炎、脑软化症、雏鸭肝炎和小鹅瘟等；有些病只发生于成年禽，如淋巴细胞白血病、减蛋综合征等。了解疾病的发病季节，可为排除、确诊某些疾病提供线索。有些疾病具有明显的季节性，若在非发病季节出现症状相似的疾病，可少考虑或不予考虑该病。住白细胞原虫病只发生于夏季和秋初，若在冬季发生了一种与其症状相似的疾病，一般不应怀疑是住白细胞原虫病。

二、了解用药防疫情况

有些鸭病经防疫后就不会发生，或者即使发病症状也不典型，病情较轻。若防疫后还发生典型病例，则可能是由于疫苗质量不好或防疫时间不当而导致免疫失败。但是，有时病原毒力过强或抗原性改变（如超强毒马立克氏病病毒），也是造成发病的原因。

了解用药情况，也可排除某些疾病，缩小可疑疾病的范围。如用药后病情减轻，或未出现新病例，则提示用药正确。患细菌病或寄生虫病时，如选用敏感药物，亦可起到防病治病的作用。但是，长期使用某一种药物，有些病原体易产生耐药性，用药效果也不一定理想。有些病毒病，虽然没有很好针对病毒的药物，但通过抗生素的应用控制继发感染，也可能减轻症状，但不能防止新病例的出现。

三、了解管理状况

管理是影响疾病发生的重要因素，很多疾病与管理不良有关。管理包括以下诸因素：消毒、密度、通风、温度、湿度、噪声等。在上述因素中，通风不良、过度拥挤、温度过高或过低、湿度过大、强噪声等均属应激因素，可降低机体抵抗力，诱发很多疾病。例如，大肠杆菌病是一种典型的应激性疾病，当机体抵抗力下降时，正常鸭体内的细菌可能异常繁殖，导致疾病发生；鸭群密度过大、通风不良，特别是有害气体浓度过高是诱发呼吸道疾病的重要因素。

四、流行病学监测

流行病学监测是在大范围内有计划、有组织地收集流行病学信息，并对有关信息分析、处理的一种手段。流行病学监测的目的是净化鸭群，为防疫提供依据。

禽流感的抗体监测是一个非常成功的实例。通过定期对鸭群血液中抗体效价变化规律的监测，确定免疫接种时间，减少盲目性，可以非常有效地预防高致病性禽流感的发生。

沙门菌病和白血病是经垂直传播途径引起的疾病，其净化是在抗体监测的基础上进行的。通过抗体监测，检出阳性带菌（毒）鸭，淘汰、切断传染源，达到控制和消灭相应疾病的目的。

对饲料进行监测，在预防鸭病中也是重要的一环。饲料中有些有害物质，如黄曲霉毒素、劣质鱼粉、食盐和药物的添加超量，检出后少用或不用这些饲料，或经处理后再用，可减少中毒病发生。如果是霉菌毒素超标，则很难"消毒"后再用。有时饲料存放不当，或时间过长，可能污染致病菌，根据监测结果，采取消毒处理措施后使用，也可防止感染性疾病的发生。

饲料监测更重要的一项内容就是检查其营养成分是否合理，如钙磷比例是否适当，蛋白质、氨基酸和碳水化合物等含量是否平衡，根据检测结果进行适当调整，可以减少代谢病，特别是营养缺乏症的发生。

第二节　鸭病的临床诊断

在调查了流行病学的基础上，通过肉眼对发病鸭群进行临床症状的观察，主要包括发病鸭群的群体检查和病鸭的个体检查。临床检查坚持"先群体，后个体；先全身，后局部；先静态，后动态"的原则。

一、群体检查

群体检查先在鸭舍的一角或运动场外进行。不要惊扰鸭群，静静观察全群鸭的状态。然后适当驱赶鸭群，观察动态情况。主要包括：精神状态；饮水食欲情况；生理活动；运动和行为；羽毛情况；粪便情况；饲养环境、卫生状况及饲养管理的各个环节。

1. 精神状态

健康的鸭对外界刺激反应灵敏，在兽医进入棚舍时，健康的鸭都会有逃离动作、跑动有力，或者抬头观察，双眼有神，头部动作灵活。而发病的鸭则无精打采，对外来人漠不关心。

2. 粪便情况

发声或者敲击棚舍驱赶鸭群，刚刚站立的鸭子都有排便习惯，顺势观察鸭粪便的情况，正常的粪便为灰色粪便或灰色稀便；不正常的粪便有白色、褐色、黏液、水样等情况的变化。

3. 饲料

询问鸭的采食量，更换饲喂时间，根据采食量的变化情况确定鸭的发病情况。在临床检查时，养鸭户应该不断将已经发现的症状与能出现这一症状的鸭病联系起来，一种疾病的好几种症状都在病鸭中出现时，就预示有可能发生这种疾病。

群体检查时发现的疑似病鸭、鹅和病鸭、鹅都要及时挑出，隔离饲养，并对其进行详细的个体检查。

二、个体检查

个体检查按照"从前到后、先健部后患部、先轻后重、先外后内"的原则进行。包括头部检查（皮肤、口腔、喉头、气管、眼睛等）；食道膨大部检查；胸腹部检查；肛门、泄殖腔检查；腿、关节、脚和蹼检查；羽毛与皮肤检查；体温测量；神经功能检查。

第三节　鸭病的剖检诊断

一、鸭体剖检要求

① 及早剖检，应在鸭死亡后立即剖检，特别是夏季有的脏器在死亡之前就开始腐败，为减少死后变化干扰，有必要时可选取病情危重的病鸭人工致死后剖检。

② 防止疫病扩散，注意剖检人员自身防护。剖检时应选取远离鸭舍、无风或密闭的专门场所。剖检后的尸体、废物应焚烧或深埋，工具、污染的环境应清洗、消毒。

③ 剖检之前应对病情有所了解，应根据流行病学、临床症状、死亡姿态等做出初步判断，做到心中有数、有重点地进行剖检。剖检应按皮下、呼吸道、心、肝、脾、肾，最后看胃肠的顺序，依次剪开，对疫病有指示作用的病变要特别注意，如皮下组织、食管、气管、肝脏、腺胃、脾脏、肠黏膜及泄殖腔等。

④ 剖检过程应全面观察，对病情进行客观描述，详细记录，结合流行病学、临床症状和病因检验等资料，做综合分析和推理判断。

二、鸭体剖检方法

将病死鸭或处死鸭浸于自来水或消毒水中使羽毛浸湿，洗去尘垢、污物，先将腹壁和大腿内侧的皮肤切开，用力将大腿按下，使髋关节脱臼，将两大腿向外展开，从而固定尸体。再于胸骨末端后方将皮肤横切，与两侧大腿的竖切口连接，然后将胸骨末端后方的皮肤拉起，向前用力剥离直到头部，使整个胸腹及颈部的皮下组织和肌肉充分暴露，以便检查皮下组织和肌肉是否存在病变（如水肿、出血、结节、变性、坏死等）。然后在胸骨后腹部横切穿透腹壁，从腹壁两侧沿肋骨头关节处向前方剪断肋骨和胸肌，然后握住胸骨用力向上向前翻拉，去掉胸骨露出体腔，观察内部情况（如位置、颜色、腹水性状，有无肿胀、充血、出血、坏死等）。术者将手指伸到肌胃下，向上勾起，从腺胃前端剪断，在靠近泄殖腔处把肠剪断，将整个消化道连同脾脏取出。小心切断肝脏韧带并连同心脏一起取出。如果是公鸭注意保留睾丸的完整；如果是母鸭可把卵巢和输卵管取出，使肾脏和法氏囊显现出来。用小镊子将陷于肋间的肺脏完整取出，从嘴角一侧剪开至食管和嗉囊，把气管剪开。从鼻孔上方切断鸡喙，露出鼻腔，用手挤压，检查分泌物的性状和鼻腔及眶下窦有无病变。剪开眶下窦，剥离头部皮肤，用弯尖剪剪开颅腔露出大脑、小脑。在大腿内侧剪去内收肌，暴露出坐骨神经。此外，脊柱两侧、肾脏后部有腰荐神经，肩胛和脊椎之间有臂神经，在颈椎两侧、食管两旁可找到迷走神经，若需要时，可分别重点检查。

三、病理剖检诊断

鸭的病理剖检一般遵循"由内向外、由无菌到污染、由健部到患部"的原则，按照一定的顺序分器官逐步完成，并逐一做好记录，以便归类分析，做出正确的病理学诊断。

1. 体表检查

肥而丰满的病死禽，多死于急性病（如成年禽发生急性传染病、雏禽过食、嗉囊扩张等）；瘦而孱弱的病死禽，往往死于慢性病（如寄生虫病、消耗性病、营养不良性病等）。皮肤大面积青紫，可见于鸭瘟、巴氏杆菌病等；个别死禽皮肤呈片状出血、瘀血，多见于外伤；皮肤上有水肿、出血、脱毛等可见于葡萄球菌病等。鸡冠、肉髯发绀，多见于禽霍乱、禽流感等。可视黏膜、冠髯苍白或发绀、羽毛逆立蓬乱、泄殖腔周围有粪血污染，多为球虫病。肉髯肿胀多见于慢性巴氏杆菌病及支原体病。头面部皮下水肿，无色或淡黄色渗出物增多，多为禽流感等。眼睑肿胀，多见于慢性呼吸道病或传染性鼻炎、禽流感等。眼结膜充血潮红，眼球浑浊或失明，可见于传染性鼻炎、葡萄球菌病、支原体病等；眼结膜充血肿胀，有散在性出血点，是鸭瘟的病变特征。肛门外翻、后躯不洁，多为传染病引起的下痢（如雏鸭伤寒、大肠杆菌病）和肠炎。腿关节及胫关节肿胀、粗大、变形，常见于病毒性关节炎、支原体病、大肠杆菌病、葡萄球菌病或微量元素缺乏症（如锰缺乏症）。

2. 皮肤检查

禽类皮下脂肪含量少，剖检时应注意观察，若皮下脂肪有出血点或出血性胶冻样浸润，可见于传染病型败血症；皮下有充血、瘀血、出血、水肿、坏死等多为葡萄球菌病；腹部皮下及大腿内侧有淡绿色胶冻样水肿液，多是缺硒的表现；硒 - 维生素 E 缺乏时，也可见皮下脂肪和肌间出血、胸肌和腿肌上出现灰白色条纹等病变。若为单一性肌肉出血，多见于磺胺类药物中毒、住白细胞原虫病、包涵体肝炎等，鸭卡氏住白细胞原虫病的病变特征为肌肉苍白，胸部、腿部肌肉出现点状或片状出血。

3. 胸、腹腔检查

胸、腹腔内有出血点、出血斑，可见于传染病型败血症；胸、腹腔内有积血或血凝块，多是应激导致器官破裂引起的腔积血；腹腔内有大量清亮透明或呈淡黄色的液体，常见于肝硬化、腹水症等；若有大量纤维素性渗出物并致使各脏器粘连在一起，多见于大肠杆菌病、沙门菌病、腹膜炎或陈旧性卵黄脱落症；雏鸭腹腔内有大量黄绿色渗出液，常见于硒-维生素E缺乏症，这一病变多与上述皮下肌间的病变相一致。

4. 呼吸道检查

鼻腔内渗出物增多或充满黏稠脓性液体，多见于传染性鼻炎、禽霍乱、禽流感、支原体肺炎和大肠杆菌感染引发的肿头综合征等；气管内有大量干酪样渗出物，可见于传染性喉气管炎、传染性鼻炎、支原体肺炎等。

5. 肺脏检查

检查肺脏时，若发现有大面积硬结肿块，可能是淋巴细胞白血病。雏鸭肺脏上有灰白色坏死灶或灰色肝变区并伴随有心、肝等器官变性、坏死的病变，多见于禽伤寒；若肺脏上有米黄色小结节，可见于霉菌性肺炎；肺脏呈灰红色，表面有纤维素性渗出物附着，常见于大肠杆菌病；肺部以瘀血、水肿和实变为特征，有时见到黑紫色坏疽样病变，应为肺型葡萄球菌病。气囊增厚、浑浊并有干酪样渗出物，可见于传染性喉气管炎、传染性鼻炎、败血症型支原体病等。气囊上附有纤维素性渗出物，常见于大肠杆菌病或沙门菌感染。

6. 消化道检查

剖检时，见口腔、咽部、食道有黄白色脓液状小结节，多为维生素 A 缺乏症；有片状烂斑或溃疡，多为维生素 B_2 缺乏症；消化道黏膜表面有假膜，尤以食道黏膜上出现充血性浅在溃疡，大小不一，表面有淡黄色物质附着，是鸭瘟的病变特征。腺胃的弥漫性出血或分泌物黏稠、增多，多与饲料单一或配比不当有关；腺胃肿胀、增厚、有肿块或结节，多见于寄生虫病。肌胃角质层发生溃疡，多见于长期采食霉变饲料或日粮中铜含量过高；硫酸铜中毒死亡的病例，剖检可见食道、嗉囊黏膜出现凝固性坏死，胃肠黏膜有渗出性炎性反应。腺胃、肌胃萎缩，多见于营养不良、慢性消耗性疾病或日粮过精、砂粒采入量过少。小肠黏膜充血、出血，见于球虫病、禽流感、禽霍乱、中毒等。盲肠有显著肿胀多见于盲肠杯叶吸虫病；肠黏膜弥漫性充血、出血，整个肠道呈紫红色，多为大肠杆菌病；盲肠有出血、坏死，多为球虫病（以出血为主）或盲肠肝炎（以坏死为主）。

7. 肝脏检查

肝脏肿大呈暗红褐色，横切面流出大量暗红色凝固不良的血液或见到大量黑紫色血凝块（陈旧禽尸），应为肝瘀血（但要注意与死亡倒、侧卧形成的坠积性瘀血相区别）；若是肝表面有多个灰黄色或灰白色增生性结节或油脂状肿瘤结节，多为白血病、结核病等；肝脏肿大呈紫红色或铜锈色，被膜增厚并有渗出物附着，可见于大肠杆菌病；肝脏肿大并有粟粒大小灰白色或黄白色坏死灶，表面可见出血点，多见于番鸭呼肠孤病毒病、禽霍乱、沙门菌病，而卡氏住白细胞原虫病多以肝脏表面有芝麻至绿豆大小出血点的病变为主；肝有结节状凹凸不平的肿胀物或体积缩小、硬度增加，多为肝癌或肝硬化；肝表面有鱼眼状溃疡灶或葡萄样坏死灶（中央部为灰黄色坏死，周边有出血环隆起），应为肝炎；肝脏明显肿大，呈灰黄色或土黄色，脆性增加，油腻光滑，常是脂肪肝的表现；若肝肿大呈淡紫红色，多是葡萄球菌病。

8. 脾脏检查

脾脏肿大变圆，表面有灰白色油脂样增生结节或散在有细小白点，可见于禽白血病；脾脏高度肿大，被膜紧张，色泽暗紫，脾髓软化如泥，往往是急性细菌性败血症（如巴氏杆菌病）；脾脏被膜增厚并伴有絮状渗出物附着，可见于腹腔内炎症或坠卵型腹膜炎；脾轻度肿大，多为大肠杆菌病等。

9. 心脏检查

心包液浑浊可见于鸭传染性浆膜炎；心包腔内有黄白色渗出物，心外膜和心包膜粘连在一起，可见于番鸭呼肠孤病毒病、纤维素性心包炎、沙门菌病、支原体病、大肠杆菌病等；心脏有肉芽肿、心脏变形，多为雏鸭沙门菌病；心包内有白色尿酸盐沉积，多为内脏型痛风病；心外膜下出血，心尖及心冠脂肪组织上有出血点、出血斑，可见于许多急性传染病（如禽流感、禽霍乱、禽伤寒等）；心肌有片状或带状坏死灶，可见于白肌病；心脏扩张，心肌色泽变淡，多见于硒-维生素E缺乏症。

10. 肾脏检查

肾脏被膜上有灰白色粉末状物质沉积，多因饲料配合不当，钙、磷比例失调引起；肾脏内部有黄白色微细颗粒沉着或出现结石，多为尿酸盐沉着、维生素A缺乏、重金属中毒、尿毒症、沙门菌感染等疾病引起；肾脏肿大并有肿瘤出现，多见于淋巴细胞白血病。

11. 法氏囊检查

法氏囊是禽的中枢免疫器官。法氏囊上有结节性肿瘤多见于淋巴细胞性白血病；法氏囊充血、出血、水肿、坏死，有些病例呈紫葡萄状，有些病例呈胶冻样，内含大量脓性黏液，为传染性法氏囊病；这些病例有时还伴有泄殖腔黏膜充血、出血，分泌物增多。在病程后期，可见法氏囊萎缩，囊内有黄色絮状物或干酪样物质。

12. 生殖系统检查

剖检时，应重点检查卵巢、输卵管、睾丸等病变。卵巢水泡样肿大，见于淋巴细胞性白血病；卵泡异形、出血、灰暗、坏死、破裂、萎缩，多见于急性大肠杆菌病、禽伤寒等。母鸭（特别是产蛋期母鸭）的卵巢上呈弥漫性出血，有些病例整个卵巢呈紫红色，切开时可流出红色而浓稠的卵黄液体，这是鸭瘟的特征性病变。睾丸肿大增生，多见于淋巴细胞性白血病；睾丸萎缩并见有脓肿灶，往往是沙门菌病。

13. 神经系统检查

脑膜出血水肿，脑实质灶状软化，坏死组织呈灰白色豆腐脑样变，病久死亡者可见到脑内有黄绿色浑浊的液体，多见于幼雏缺硒及维生素 E 缺乏症。

第十一章
鸭病的实验室检测技术

第一节　组织病理学检测技术

一、病料采集注意事项

病理材料选取、固定和送检方法正确与否，直接关系到病理组织切片能否完整、如实地显示出疾病的原有病变。取材过程还应按要求进行，否则将影响检验结果。

① 采集病料应在鸭死后尽快进行，夏天不超过 24 小时，冬天可稍长一些。

② 剖检病例的症状及病变典型，在病变中要带有正常组织部分以供对照。

③ 要同时包括器官的重要结构，如肾脏应包括皮质、髓质和肾盂。取肿瘤材料时，要从外到内，取 2 ～ 3 块组织，包括肿瘤的实质区，不要只在肿瘤中心坏死区取样。

④ 取材应注意代表性和全面性，以显示病变的发展过程。

⑤ 尽量减少人为破坏。刀具要锋利，操作时不要挤压，以免人为破坏组织的原有结构。例如水肿组织及变性质脆组织很容易被钝刀

锯碎，破坏了组织块的完整性。组织块及肠段在固定前不要冲水，因为水分的接触可改变组织的微细结构。

⑥ 组织块大小。应以 1.5 厘米×1.5 厘米，厚度不超过 0.5 厘米为宜。但在实际操作中，可以取略大些的组织放入固定液，待对组织块固定一段时间后，再按修整要求，重切成规定的大小。

⑦ 胃、肠、胆囊取材时应先剪开，将其浆膜面平贴在旧报纸上，再放入固定液中。否则会发生弯曲、扭转，不易制作切片。

⑧ 同时有几份相同器官的组织块，应分别放入有标记的瓶子中固定，或把相似组织切成不同的形状等以便区别。所采取的病料，应做好编号和记录。

⑨ 已取好的组织块应立即投入现配的固定液中。材料与福尔马林固定液体积比应为 1∶9 较合适。如果是皮肤组织，最好用鲍因氏液固定。

⑩ 对准备以病理切片为送检目的的组织块，千万不要先放在冰箱中冻结后再取出送检。因为，组织块一经冻融，细胞结构被破坏。因此，凡送检的病理材料，除了是死后不久的动物可以直接送检以外，其他已剖检的病理材料，一律预先固定好。注意同时把送检的目的、要求、组织块名称、数量以及病史等材料，一同交给病理检验室。

二、病料固定

采取的病理材料必须立即放入固定液中，这样细胞迅速死亡，能够保存细胞原有的形状和构造。固定组织所用的固定液不能太少，一般应为组织块体积的 10 倍，否则会影响切片的质量和诊断。

现介绍几种常用的混合固定液。

1. 甲醛固定液（10% 中性福尔马林）

福尔马林	100 毫升
蒸馏水	900 毫升
磷酸二氢钠	4 克
磷酸氢二钠	6.5 克

2. 酒精福尔马林液（AFA）

酒精（95%）	85 毫升
福尔马林（40% 甲醛水溶液）	10 毫升
冰醋酸	5 毫升

这种固定液，同时具有固定和脱水作用，多数用于病理检验的切片，从固定液取出的组织块，可以直接浸入 95% 酒精或无水酒精，不需要用水冲洗。

3. 鲍因氏液（Bouin 氏液）

苦味酸饱和水溶液	75 毫升
福尔马林（10%）	25 毫升
冰醋酸	5 毫升

这是常用的固定液，穿透速度快，固定均匀，固定皮肤更为合适（因为苦味酸有软化皮肤的作用）。鲍因氏液固定后，组织着黄色，用饱和碳酸锂水溶液洗数次，黄色即可褪掉。

4. 卡诺氏液（Carnoy 氏液）

无水酒精	60 毫升
氯仿	30 毫升
冰醋酸	10 毫升

这是渗透力最强的一种固定液，固定的组织切片适合各种染色法，新鲜标本固定 1 ～ 2 小时。固定细胞分裂的组织更为合适，固定后用 95% 酒精洗涤。

三、脱水、透明、浸蜡和包埋

1. 脱水

组织脱水前，必须用流水洗去固定液。组织经固定和水洗后，组织中含有大量水分。这时还不能浸石蜡包埋，因为水不能与石蜡混合。必须先把组织内的水分除去，便于石蜡浸入。但脱水剂必须是与水在任何比率下均能混合的液体，脱水剂兼有硬化组织的作用。最常用的脱水剂为酒精、丙酮等。

① 酒精是最常用的脱水剂。组织经固定及冲洗后，再经过一系列由低浓度到高浓度的酒精，逐渐脱净组织中的水分。脱水的程序为 50% → 70% → 80% → 95% → 100%。各级酒精 2 ~ 4 小时，视材料的大小、厚薄而定。脱水过程要逐级进行，不能操之过急，否则会引起组织块强烈收缩变形。无水酒精要用两瓶，组织经两次酒精处理。100% 酒精有硬化组织的作用，时间不宜太长，一般不超过 3 小时。坚韧的组织如骨、韧带、肌肉等，时间不能过长，约 2 小时。脑组织、脂肪组织或疏松结缔组织，脱水时间要适当延长。

② 丙酮作用一般与酒精相同，但它的脱水力与收缩力比酒精强。为了避免组织过度收缩要先经过低浓度丙酮（40% 丙酮），再放入纯丙酮中，每级浸 1 小时。快速石蜡切片，用丙酮脱水，效果较好。

2. 透明

透明对组织有脱酒精及透明两种作用，具有这种作用的试剂称为透明剂。透明剂不仅有脱酒精的功能，而且能溶解于石蜡，便于石蜡渗入。常用的透明剂有二甲苯、松油醇、香柏油。

① 二甲苯是最常用的良好透明剂，不影响各种染色。二甲苯易溶于酒精，能溶解石蜡，也是封固剂，不吸收水，透明力强。但组织不能放置过久，放置时间视组织块的大小而定，通常为 0.5 小时左右，否则组织容易变脆。为了避免组织剧烈扭转与收缩，最好在投入二甲苯透明前，先经过二甲苯与无水酒精 1∶1 混合液。

② 松油醇是兼有脱水作用的透明剂。吸水力强，优于其他透明剂。组织块经过各级酒精，脱水至 95% 酒精时，取出组织块浸松油醇时，即能透明（不需要经过无水酒精、二甲苯）。组织块放在松油醇中，可放置过夜。经松油醇透明的组织块穿透力弱，浸蜡时间要适当延长。

③ 香柏油对组织收缩及硬化的程度比其他透明剂小，具有高度的透明作用，不会使组织过度硬化。缺点是透明慢，不易被石蜡所替代，所以组织经香柏油透明后，最好再经二甲苯透明。

3. 浸蜡

浸蜡时间以能取代组织内的透明剂，并充分渗入石蜡为原则。先将组织块放入二甲苯加石蜡各半的混合液中，于 52 ~ 58℃温箱内

放置 1 小时，然后将标本移入保持在 52～58℃温箱中的石蜡 2～3
小时，或更长时间。一般的浸蜡时间为 4～6 小时。如用松油醇、香
柏油透明，则要延长浸蜡时间。冬天用溶点 53～54℃石蜡，夏天用
溶点 56～58℃石蜡。

4. 包埋

将溶解的石蜡倒入金属包埋框中（在倒入石蜡前，先将包埋框的内
面涂布液体石蜡，以便冷却后，石蜡所埋的组织块易于脱离）。再将浸
过蜡的组织块放入包埋框的中央，并将预备切的组织面向下。等到石蜡
表面形成薄膜时，立即将包埋框沉入冷水内 15～20 分钟。取出石蜡块，
按照组织块大小划分若干块加以修整，组织外面应留有适当的石蜡。

四、切片

① 将蜡块固定在切片机上，使蜡块的切面与刀口平行。刀的倾
斜度通常为 15°，调整切片厚度，转动圆盘，切成 4～6 微米厚度
的切片。

② 右手旋转轮，左手持笔轻轻拨起切片，然后把切片放入盛有
35～40℃温水的培养皿或其他容器中展平。

③ 将切片铺在涂有蛋白甘油的载玻片上，送入烤片箱
（49～50℃，勿高于溶点），烤片以一昼夜为宜，过早取出染色，易
使蜡片脱落。

五、染色

1. 染色前的准备工作

① 组织片经二甲苯脱蜡 10～20 分钟。

② 脱二甲苯。切片从高浓度酒精开始，逐渐移入低浓度酒精，
即 100%、95%、80%、70%、50%，各级酒精 5 分钟左右，然后水洗
5 分钟以上。

2. 苏木精 – 伊红染色法

染色顺序：

① 切片经脱蜡到水洗。

② 移入 Harris 苏木精液内 10 ～ 15 分钟（淋巴组织染色时间要缩短）。苏木精主要染细胞核。

③ 水洗。

④ 移入 1% 盐酸酒精分化数秒至半分钟（褪去细胞质颜色，保存细胞核颜色，此种区别作用称为分化）。

⑤ 中和。在加数滴饱和碳酸锂溶液的水中处理 0.5 分钟。

⑥ 流水充分洗涤。

⑦ 移入 0.5% ～ 1% 伊红酒精溶液复染 2 ～ 3 分钟（主要染细胞质）。

⑧ 脱水。80%、95% 和 10% 酒精各 5 分钟。

⑨ 透明。二甲苯透明 10 ～ 15 分钟。

⑩ 封固。切片上滴以中性加拿大树胶，然后盖上盖玻片，干后即可观察。

第二节 微生物学检测技术

一、病料采集技术

病料采集与处理包括微生物学检查、寄生虫学检查、抗体检查及组织病理学检查等。

1. 采血方法

① 翼下静脉采血。将翅膀展开，露出腋窝，将羽毛拔去，即可见明显的由翼根进入腋窝较粗的翼下静脉。用 5% 碘酊或 75% 酒精消毒皮肤，抽血时用左手拇指、食指压迫此静脉向心端，血管即怒张。右手持 5 毫升注射器或禽用采血器，针头由翼根向翅膀方向沿静脉平行刺入血管内，即可抽血。

② 心脏采血。将鸭侧卧保定，于胸外静脉后方约 1 厘米的三角坑处垂直刺入，穿透胸壁后，阻力减小，继续刺入感觉有阻力，注射器轻轻摆动时，即刺入心脏，徐徐抽出注射器推筒，采集血至 5 ～ 10

毫升。

③ 腿部采血。一人将鸭右侧向下保定于采血架上或地上，并捉住左脚，使其不能自由活动。采血人员左手抓住被检鸭的右脚，手掌与鸭右脚掌背紧贴，手指握住其脚跟，使鸭脚保持一条直线。用酒精棉球在鸭右肢的大跗骨内侧擦拭，此时血管清晰可见。右手拿着套好针头的采血器，找到右脚的第一趾与第二趾上方、大跗骨中下端，针尖斜正对血管形成 5°～8°，刺入血管 0.2～0.3 厘米即可。采血完成后将棉球放在采血处，拔出针头，压住针眼 1～2 分钟即可。

2. 采集原则

① 尽早采样。病料应于鸭死亡后 2 小时以内（最迟不超过 6 小时）采集。

② 无菌操作。采样应注意无菌操作，刀、剪、镊子、器皿、注射器、针头等用具应先消毒，一套器械与容器只能采集一种病料。

③ 采样方法。根据采样目的、内容和要求选择采集样品的种类、数量、部位与抽样方法，抽样时应注意减少和消除影响样品代表性的各种因素。

④ 加强防护。采样人员应加强个人防护，严格遵守生物安全操作规定，避免对样品、环境造成污染及对自身造成伤害。

二、涂片镜检

① 压片镜检。将所采集的病料置于载玻片上，制成抹片或压片，不经染色，直接在低倍显微镜下观察。常用此法诊断曲霉菌病、球虫病和其他寄生虫病。

② 染色镜检。将病料制成抹片、干燥、固定和染色后，在显微镜下观察病原体的形态。常用的染色方法有革兰氏染色法、亚甲蓝染色法和瑞氏染色法等。此法主要用于细菌性传染病的诊断。

三、病原的分离培养与鉴定

选择病料经过处理，通过人工培养的方法分离出病原，并进行细菌、真菌、支原体、螺旋菌鉴定等，通过人工接种到一定的培养基（根据病原特性决定），观察菌落生长情况、形态、特性、生化试验、动物接种试验及血清型鉴定等。病毒分离则需接种于鸭胚并组织培养。

第三节　寄生虫学检测技术

一、粪便虫卵和幼虫的检查

1. 涂片检查法

先在玻片上滴1～2滴甘油与水等量混合液

↓

用牙签或火柴取少量粪便，加入其中

↓

混匀夹去较大的粪渣，盖上盖玻片

↓

置于低倍显微镜下检查

本法简便，可发现蠕虫的虫卵和幼虫，但被检粪便量少，故检出率低（可作为辅助方法），每样粪便需检查3～5片。如缺少甘油，可用清水，加甘油的好处为既能使标本清晰又能防止水分过快蒸发。用过的火柴、牙签应集中烧毁。涂片厚薄应适中。

2. 集卵法

原理：利用各种方法先将粪便中分散的虫卵加以集中，再进行检查，以提高检出率。最常用的有如下两种：

（1）沉淀法

① 原理：用密度小于虫卵的水处理被检粪便，使虫卵沉淀集中，本法可检查各纲虫卵，但多用于诊断虫卵密度较大的吸虫病。

② 方法

a. 自然沉淀法

取粪便5～10克于烧杯中

↓

加10倍水，用筷子均匀混合

↓

粪筛（40～60目）或两层湿的纱布过滤

↓

滤液于三角烧瓶或烧杯中，静置15～20分钟

↓

倾去上清液，再加清水，搅匀、沉淀

↓

反复2～3次至上清液清亮为止

↓

倒去大部分上清液

↓

用滴管吸取沉淀物少许滴于载玻片上，涂成薄片

↓

加盖玻片，镜检

涂片要求为长方形宽涂片，一般要求检查3～5片

b. 离心沉淀法

取粪便1～2克于烧杯中

↓

加5～10倍水，用筷子均匀混合

↓

粪筛（40～60目）或两层湿的纱布过滤于离心管中

↓

放入离心机，以800转/分钟的速度离心2～3分钟

↓

倾去上层液，加水混匀，再离心，如此反复数次

↓

直至上层液透明，倒去上清液

用滴管吸取少量沉淀物，滴于载玻片上

↓

涂成薄片，加盖玻片，镜检

注：上述方法中涂片浓度的要求同涂片检查法。

（2）饱和盐水漂浮法（费勒鹏氏法）

① 原理：利用比虫卵相对密度大的饱和盐水作漂浮液（1000毫升水中加食盐380克，相对密度为1.18），使虫卵浮集于液面。

本法简便高效，对大多数线虫卵和某些绦虫卵有效，但对相对密度大于饱和盐水的后圆线虫卵、大多数吸虫卵及棘头虫卵无效。

② 方法

取粪便5～10克置于100～200毫升的烧杯中

↓

加入少许饱和盐水，用玻璃棒将粪便搅拌成糊状

↓

再加入余下的饱和盐水并搅拌均匀

↓

用粪筛或两层湿纱布过滤于平底标本管中，静置30分钟

↓

用直径5～10毫米的铁丝圈，在液体的表面蘸取薄膜数次

↓

抖落于载玻片上，加盖玻片，镜检

3. 幼虫检查法

方法为漏斗幼虫分离法（贝尔曼氏法）：

在贝尔曼氏法装置的漏斗内放入两层湿纱布

↓

取新鲜的粪便约15～20克置于湿纱布内

↓

于漏斗的边缘徐徐加入40℃左右的温水，直至淹没粪球为止

↓

静置1～3小时

$$\downarrow$$

取出小试管，倒去上层液

$$\downarrow$$

把全部沉淀物倒在1～2张载玻片上或倒在小平皿内

$$\downarrow$$

置于低倍显微镜下检查，可见到活动的幼虫

本法适用于生前诊断鸭的线虫病，还可用于发现任何器官、组织和饲料或土壤中的线虫幼虫。

各种虫卵的特征如下。

线虫虫卵的一般特征：虫卵一般呈椭圆形或近圆形，大多数是对称的卵壳，一般由四层膜组成，卵膜有的完整包围着，有的虫卵的一端或两端有瓶塞状的小盖，如鞭虫卵；卵壳的表面有的平滑，有的则凹凸不平，如蛔虫卵。其色泽也随种类不同而异，从无色到褐色。卵内还有胚胎，当虫卵随粪便排出体外时，有些虫卵已不处于分裂前期，仅有一个卵胚细胞，如蛔虫卵；有些虫卵则已为分裂细胞，如桑葚期（肾虫卵）；还有一些线虫虫卵内已含有一个幼虫，如后圆线虫卵。

吸虫虫卵的一般特征：虫卵呈卵圆形，卵壳厚而坚实。绝大多数吸虫虫卵的一端有一个小的卵盖，但也有某些吸虫虫卵无卵盖，如血吸虫虫卵。虫卵随粪便排出体外时，有的内含一胚细胞和许多卵黄颗粒，如片形吸虫虫卵；有的则已发育成为一个毛蚴，如胰阔盘吸虫虫卵。吸虫虫卵常呈黄褐色或褐色。

绦虫虫卵的一般特征：假叶目绦虫和圆叶目绦虫的虫卵形态不同。圆叶目绦虫虫卵呈近圆形、椭圆形或三角形，卵壳由四层膜组成，卵内含有一个椭圆形具有三对胚钩的六钩蚴。多数绦虫虫卵无色，少数呈黄色或黄褐色。

棘头虫虫卵的一般特征：虫卵呈椭圆形或橄榄状，卵的中央有一长椭圆形由三层膜包着的胚胎。其一端具有三对胚钩，虫卵呈暗棕色。

二、螨虫检查

用质地较硬、弹性好的毛刷，轻轻刷笼架接缝处聚集的虫体，放入容器中密封保存；或者用沾有酒精或水的棉签，黏附笼架或鸡体上的虫体，放入容器中密封保存。将收集到的虫体经 90% 酒精处理后放在 10 倍光学显微镜下进行形态结构观察，虫体呈淡红色或棕黑色（吃饱血后），长椭圆形，后部略宽，体表密生短毛，假头长，一对螯枝呈细长的针状，有 3 对足（幼虫）或是 4 对足（若虫和成虫），足很长，有吸盘，背板部分比其他角质部分显得明亮。根据以上形态特征即可进行确诊。

三、蛲虫卵检查

蛲虫病的诊断主要依据蛲虫卵的检出，目前仍以棉棒法和透明纸带法较为常用。

① 棉棒法。将棉棒用生理盐水湿润后，在肛门周围用力擦拭 4～5 次，再将擦拭后的棉棒置于生理盐水悬液试管内，振荡 0.5 分钟，取出棉棒并在管壁上挤净悬液后弃去，离心取沉淀镜检。

② 透明纸带法。将透明粘胶纸裁成约 1.5 厘米 ×5 厘米的长条，粘面向外侧裹于小试管底端，于被检动物肛门四周的皮肤处用力擦 4～5 次，然后将透明纸粘面向下平贴于载玻片上镜检。在粘纸和玻片间加入甲苯 1 滴，以防出现气泡，使视野清晰易见虫卵。

蛲虫虫卵为椭圆形，两侧不对称，一侧扁平，一侧稍凸。大小约为 25～55 微米 [（20～30）微米 ×（50～60）微米]，卵壳较厚，无色透明，内含幼虫。

第四节　鸭群抗体检测技术

一、凝集反应

凝集反应是指细菌、红细胞等颗粒性抗原或表面覆盖抗原的颗粒状物质与相应抗体特异性结合，在适量电解质存在的条件下，形成肉眼可见的凝集现象。颗粒性抗原（如细菌、红细胞等）可直接与相应抗体特异性结合，在适量电解质存在条件下，出现肉眼可见的凝集现象，称直接凝集反应。直接凝集反应有玻片法和试管法两类。将可溶性抗原（或抗体）先吸附在一种与免疫无关、一定大小的载体颗粒表面成为致敏载体颗粒，然后与相应抗体（或抗原）结合，在适量电解质存在的条件下，出现肉眼可见的特异性凝集现象，称间接凝集反应。

快速全血平板凝集反应，用于鸭沙门菌病和支原体病的检疫；血细胞凝集和血凝抑制反应用于诊断鸭副黏病毒病和禽流感及其免疫监测；乳胶凝集试验用于检测鸭坦布苏病毒病、番鸭细小病毒病及其抗体水平；间接血细胞凝集试验用于检测鸭病毒性肝炎和鸭瘟等。

1. 平板凝集试验

将待检血清及诊断试剂置室温下，使其温度达20～25℃。

↓

取洁净玻板一块，用记号笔划成方格（3～4平方厘米），标记被检血清代号，设置对照组。

↓

用100微升微量可调移液器按下列量加被检血清于方格内，第1格80微升、第2格40微升、第3格20微升、第4格10微升。

↓

每格加平板凝集抗原30微升，从血清量最少的一格起，用牙签将血清与抗原混匀，一份血清用一根牙签。

↓

混合完毕后，将玻板置于37℃恒温培养箱中，在3～5分钟内记录反应结果。

↓

设立标准阳性血清和阴性血清以及生理盐水作对照，观察对照组结果，明显时立即判定待检血清结果。

结果判定：按下列标准记录反应结果。

＋＋＋＋：出现大的凝集块，液体完全透明，即 100% 凝集。

＋＋＋：有明显凝集块，液体几乎完全透明，即 75% 凝集。

＋＋：有可见凝集块，液体不甚透明，即 50% 凝集。

＋：液体混浊，有小的颗粒状物质，即 25% 凝集。

－：液体均匀混浊，无凝集现象。

2. 血凝及血凝抑制试验

有些病毒具有凝集某些动物红细胞的能力，称为病毒的血凝，利用这种特性设计的试验称血细胞凝集 (HA) 试验，以此来推测被检材料中有无病毒存在，是非特异性的，但病毒凝集红细胞的能力可被相应的特异性抗体所抑制，即血细胞凝集抑制 (HI) 试验，具有特异性。通过 HA-HI 试验，可用已知血清来鉴定未知病毒，也可用已知病毒来检查被检血清中的相应抗体和滴定抗体的含量。

（1）病毒的血细胞凝集 (HA) 试验

加生理盐水：在 96 孔微板上进行，从左至右各孔分别加 50 微升生理盐水。

↓

稀释抗原：用微量移液器取病毒抗原液 50 微升加入第 1 孔内，吸头浸于液体中缓慢吹吸几次使病毒与稀释液混合均匀，再吸取 50 微升液体小心地移至第 2 孔，如此连续稀释至第 11 孔，第 11 孔吸取 50 微升液体弃掉；病毒稀释倍数依次为（1∶2）～（1∶2048），第 12 孔为红细胞对照，具体操作详见表 11-1。

↓

加红细胞悬液：从右至左依次向各孔加入 0.5% 鸡红细胞悬液 50 微升。

↓

振荡混匀：在振荡器上振荡混匀 1～2 分钟。

↓

作用：置 37℃温箱中作用 15~20 分钟。

↓

观察：待对照孔红细胞已沉淀即可进行结果观察。

↓

结果判定：细胞全部凝集，沉于孔底，平铺呈网状，即为 100% 凝集（++++）；不凝集者（-）红细胞沉于孔底呈点状。

能使 100% 红细胞凝集的病毒液最高稀释倍数，称为该病毒液的红细胞凝集效价。如病毒液的 HA 效价为 1∶128，则 1∶128 为

1 个血凝单位，1∶64、1∶32 分别为 2 个、4 个血凝单位，或将 128/4=32，即 1∶32 稀释的病毒液为 4 个血凝单位。

表 11-1　病毒血凝试验的操作方法　　　　单位：微升

孔号	1	2	3	4	5	6	7	8	9	10	11	12
病毒稀释度	1∶2	1∶4	1∶8	1∶16	1∶32	1∶64	1∶128	1∶256	1∶512	1:1024	1:2048	对照
生理盐水 病毒液	50 50	50 50	50 50	50 50	50 50	50 50	50 50	50 50	50 50	50 50	50 50	50
0.5% 红细胞	50	50	50	50	50	50	50	50	50	50	50	50
置振荡器上混匀 1～2 分钟，放 37℃温箱静置 15～20 分钟												
结果观察	+++ +	+++ +	+++ +	+++ +	+++ +	+++ +	+++ +	+++	+	+	-	-

注：+++ 表示 75% 凝集；+ 表示 25% 凝集；- 表示不凝集。

（2）病毒的血细胞凝集抑制 (HI) 试验

配制4个单位病毒液：根据HA试验结果，确定病毒的效价，配制出4个血凝单位的病毒液。

↓

加生理盐水：在96孔微板上进行，用固定病毒稀释血清的方法，自第1孔至第11孔各加50微升生理盐水。

↓

稀释血清：第1孔加被检鸡血清50微升，吹吸混合均匀，吸50微升至第2孔，依此倍数比稀释至第10孔，吸弃50微升，稀释度分别为1:2、1:4、1:8、…、1:1024；第12孔加阳性血清50微升，作为血清对照。

↓

加4个单位病毒液：自第1孔至第12孔各加50微升 4个血凝单位的病毒液，其中第11孔为4单位病毒液对照。

↓

振荡混匀：在微量振荡器上振1分钟，混合均匀。

↓

作用：置37℃温箱中作用15～20分钟。

↓

加0.5%红细胞：自第1孔至12孔各加0.5% 鸡红细胞悬液50微升。

↓

振荡混匀：在微量振荡器上振1分钟，混合均匀。

↓

作用：置37℃温箱中作用15～20分钟，观察结果（表13-2）。

↓

观察：待病毒对照孔（第11孔）出现红细胞100%凝集（++++），而血清
对照孔（第12孔）为完全不凝集（-）时，即可进行结果观察。

↓

结果判定：以100%抑制凝集（完全不凝集）的被检血清最大稀释度为该血
清的血凝抑制效价，即HI效价，用被检血清的稀释倍数或以2为底的负对
数(-log2)表示。

由表 11-2 可知，该血清的红细胞凝集抑制效价为 1∶128 或 HI
效价为 7log2。

表 11-2　病毒血凝抑制试验的操作方法　　　　　单位：微升

孔号	1	2	3	4	5	6	7	8	9	10	11	12
血清稀释度	1∶2	1∶4	1∶8	1∶16	1∶32	1∶64	1∶128	1∶256	1∶512	1∶1024	病毒对照	血清对照
生理盐水	50	50	50	50	50	50	50	50	50	50		
被检鸡血清	50	50	50	50	50	50	50	50	50	50		50
4个单位病毒液	50	50	50	50	50	50	50	50	50	50	50	
	振荡器上振荡 1 ～ 2 分钟，置 37℃作用 15~20 分钟											
0.5%红细胞	50	50	50	50	50	50	50	50	50	50	50	50
	振荡器上振荡 1 ～ 2 分钟，置 37℃作用 15~20 分钟											
结果观察	-	-	-	-	-	-	-	+	++	+++	+++	-

注：- 表示不凝集；+ 表示 25% 凝集；++ 表示 50% 凝集；+++ 表示 75% 凝集。

（3）乳胶凝集试验

乳胶凝集试验是以乳胶颗粒作为载体的一种间接凝集试验。即吸
附可溶性抗原于其表面，特异性抗体与之结合后，可产生凝集反应。

二、琼脂免疫扩散试验

琼脂免疫扩散试验为可溶性抗原与相应抗体在含有电解质的半

固体凝胶（琼脂或琼脂糖）中进行的一种沉淀试验。其原理是可溶性抗原与相应的抗体在琼脂凝胶中各自向四周扩散，若抗原与抗体相对应，则在二者比例适当处形成白色沉淀线；若抗原与抗体无关，则不会出现沉淀线。琼脂免疫扩散试验可用于鸭禽流感、传染性法氏囊病、产蛋下降综合征等。

操作方法如下：

琼脂板制备：称取 1 克琼脂粉，加入 100 毫升 0.85% 生理盐水（炭疽沉淀试验）或 8.5% 的高渗盐水（禽类），煮沸使之溶解。待溶解的琼脂温度降至 55~60℃时倒入平皿中，厚度约为 2 ～ 3 毫米。

↓

打孔：用打孔器在琼脂板上按7孔梅花图案打孔，孔径约3～5毫米，中心孔和周围孔间的距离约为3～5毫米。

↓

挑琼脂：挑出孔内琼脂凝胶，注意不要挑破孔的边缘。

↓

补底：用酒精灯火焰烧烫的铁丝在琼脂孔周轻轻划一圈，使琼脂凝胶微微熔化，以防止孔底边缘渗漏。

↓

加样：以毛细滴管（或加样器）将样品加入孔内，注意不要产生气泡，以加满为度。

（1）检测血清　将已知的特异性琼扩抗原置中心孔，周围 1、3、5 孔加已知阳性血清，2、4、6 孔分别加待检血清，每加一个样品应换一个滴头。

（2）检测抗原　将已知的标准阳性血清加入中心孔，将待测抗原置于周围孔中。如将鸡传染性法氏囊病阳性血清加入中心孔，周围孔分别加鸡传染性法氏囊病琼扩抗原和待检法氏囊组织浸提液。

↓

作用：将琼脂板加盖放在湿盒中，置于37℃温箱，24～48小时后，判定结果。

↓

结果判定：

（1）检测血清结果判定　当待检血清孔与阳性血清孔出现的沉淀线完全融合者判为阳性。待检血清无沉淀线或所出现的沉淀线与阳性对照的沉淀线完全交叉者判为阴性。

（2）检测抗原结果判定　当周围的待检抗原孔与已知抗原孔出现的沉淀线完全融合者判为阳性。周围的待检抗原孔与中心的标准阳性血清孔无沉淀线或所出现的沉淀线与周围已知标准抗原孔的沉淀线完全交叉者判为阴性。

三、酶联免疫吸附试验

酶联免疫吸附试验的基本原理是抗原与抗体之间的特异性结合。将已知的抗原或抗体吸附在固相载体（聚苯乙烯微板）表面，使酶标记的抗原抗体反应在固相载体表面进行，用洗涤法将液相中的游离成分洗除，最后结合在固相载体上的酶量与标本中受检物质的量成一定比例。加入酶反应的底物后，底物被酶催化变为有色产物，产物的量与标本中受检物质的量直接相关，故可根据颜色反应的深浅来进行定性或定量分析。该方法既可用于测定抗原，也可用于测定抗体。酶联免疫吸附试验 (ELISA) 可用于多种病毒病的诊断和免疫监测，如鸭瘟、鸭病毒性肝炎、番鸭细小病毒病等。其操作方法如下：

试剂盒回温：将诊断试剂盒所有试剂及已包被的检测板、待检血清置室温下或恒定在温箱中，使其回温到25℃左右。

↓

阴、阳对照血清稀释：阳性对照血清和阴性对照血清均以1:1稀释（120微升样品稀释液中加120微升阳性或阴性对照）。

↓

待检血清稀释：在血清稀释板中按1:1稀释待检血清（100微升样品稀释液中加100微升待检血清）。

↓

加阴、阳性血清：取已包被好的检测板，设阴、阳性对照孔各2孔，每孔分别加入已稀释好的阴、阳性对照血清各100微升。

↓

加待检血清：在检测板中，分别加入已稀释好的待检血清样品，每孔100微升。

↓

振荡混匀：轻轻混匀孔中样品。

↓

孵育：将检测板置37℃温育30分钟。

↓

洗板：甩掉板孔中的溶液，用洗涤液洗板5次，200微升/孔，每次静置3分钟后倒掉，最后一次在吸水纸上拍干。

↓

加酶标二抗：每孔加酶标记物100微升，置37℃温育30分钟。

↓

洗板：洗涤5次，方法同上。

↓

加底物：每孔加底物液A、底物液B各一滴（50微升），混匀。

↓

显色：置室温（18～25℃）避光显色10分钟。

↓

终止：每孔加终止液一滴（50微升）。

↓

结果测定：在15分钟内测定结果，在酶标仪上测各孔OD$_{492nm}$值。

↓

结果判定：试验成立条件是阴性对照孔平均OD$_{492nm}$值与阳性对照孔平均OD$_{492nm}$值之差大于或等于0.4。

S＝样品孔 OD$_{492nm}$ 值，N＝阴性对照孔平均 OD$_{492nm}$ 值。

若 S/N 值小于或等于 0.6，样品判为鸭瘟抗体阳性。若 S/N 值小于或等于 0.7 但大于 0.6，该样品必须重测，如果结果相同，则过一段时间后重新从动物取样进行检测。若 S/N 值大于 0.7，样品判为鸭瘟抗体阴性。

第五节　常见中毒病的检验

一、食盐中毒的检验

食盐对鸭的生理具有非常重要的调节作用，主要存在于血液和其他体液中，其可促进机体生长、调节体液酸碱平衡、保持血液和体细胞间的渗透压正常。肠道吸收食盐中的钠离子可使消化液呈碱性，能够提高肠道消化酶的活性；食盐中的氯离子可用于合成胃液中的盐酸，确保胃一直处于酸性环境，从而使饲料利用率提高。因此，必须在饲料中添加适量的食盐。但在实际使用过程中，由于鸭具有较低对食盐的耐受力，摄入过量就会发生中毒，因此要严格控制食盐的添加量。

① 取病鸭的嗉囊、胃肠中的内容物以及黏膜，加入足量清水进行搅拌，静置一段时间后进行过滤，对滤液加热，使水分完全蒸发，可见残渣中存在立方性的结晶物。取结晶物与少量硝酸银溶液混合，会形成白色沉淀；取残渣或者结晶物置于火焰上灼烧，可见黄色火焰，由此判断结晶物为食盐。

② 取嗉囊或者胃内容物25克放在烧杯中，加入200毫升蒸馏水，充分搅拌后静置4～5小时，再频繁振荡，然后再用蒸馏水定容至250毫升，过滤后取25毫升滤液，加入5滴0.1%刚果红溶液作指示剂，接着用10摩尔/升的硝酸银溶液进行滴定，直到开始产生沉淀，而液体略微呈透明为止。1毫升浓度为10摩尔/升硝酸银溶液的含盐量相当于0.00585克，因此用消耗硝酸银溶液体积乘以0.234，即可计算出食盐含量的百分率，结果发现食盐含量明显超标。

二、棉籽饼中毒的检验

根据吃棉籽饼（皮）、棉叶的病史，胃肠炎，视力障碍，排红褐色尿液等临床症状及相应的病理学变化，可做出诊断。

根据鸭群发病情况、临床症状可进行初步诊断，如果需要确诊则应进行实验室诊断。在无菌条件下，取病鸭坏死组织进行涂片，经由革兰氏染色镜检，若未发现细菌，将病料接种到培养基上，如果仍没有长出细菌，从而排除因感染细菌发病的可能。取少量棉籽饼，完全研磨粉碎后添加适量的浓硫酸，经过2分钟振荡会变成红色，然后对该溶液进行1～1.5小时的加热，颜色消失，从而表明其含有棉酚。另外，通过尿常规检查发现其中含有大量的白细胞和红细胞，说明其呈现中毒症状。根据以上结果，即可判断发生棉籽饼中毒。

三、有机磷农药中毒的简易检验

全血胆碱酯酶活力测定是诊断有机磷农药中毒、判断中毒程度、疗效及预后估计的重要指标。正常血胆碱酯酶活力为100%，低于80%则属异常。必要时可对呕吐物及呼吸道分泌物做有机磷农药检测。胆碱酯酶可使乙酰胆碱分解为胆碱和乙酸，终止反应后，剩余的乙酰胆碱与碱性羟胺反应，生成乙酰羟胺，然后与三氯化铁在酸性溶液中反应形成棕红色羟肟酸铁络合物，其颜色深度与剩余乙酰胆碱的量成正比，可比色定量。

四、敌鼠钠盐中毒的检验

1. 样品处理

取样品胃内容物或呕吐物、血液等适量（样品为液体的应蒸发至干）加无水酒精10毫升，在水浴上温浸15分钟，过滤，将滤液蒸干得残渣（残渣应为黄色或淡黄色）。

2. 样品检验的方法

（1）氢氧化钠法　取0.1当量氢氧化钠的残渣饱和溶液，加入等体积10当量氢氧化钠。如有敌鼠钠盐存在，则形成黄色沉淀。

（2）三氯化铁法　取三氯化铁9克，加100毫升蒸馏水，制成9%的三氯化铁溶液。将提取液浓缩，加入1.5毫升无水酒精溶解，然后加入三氯化铁溶液1～2滴。如有敌鼠钠盐存在，则呈红色悬浮物。

五、某些常用药物中毒的检验

随着养鸭业的发展，疾病也在不断变化。为防治各种疾病的发生，投药是不可避免的，但如果投药的方法不当（如剂量过大或用药时间过长），则会引起鸭群药物中毒，严重影响鸭的健康和生产性能，甚至造成大批死亡，给养鸭业造成不应有的损失。现就鸭常用药物中毒的诊断检验方法介绍如下。

1. 磺胺类药物中毒的检验

磺胺类药物是化学合成的广谱抗菌药物，能抑制多种细菌生长，养鸭场常用于预防和治疗鸭群疾病，若使用不当，随便加大剂量，即可引发鸭群中毒。一般饲料中添加0.15%～0.2%的磺胺类药物，如果混合不均匀，食用 3 ～ 4 天后，部分雏鸭就会出现中毒现象。如随便增大剂量可造成急性中毒。通过实验室诊断或临床验证可以进行确诊，其方法如下：

① 细菌学检验。以无菌操作采取病死鸭的肝、脾及肾脏涂片，用革兰氏染色镜检未见菌体，病料接种于普通琼脂培养基上，仍未见菌落生长。

② 无菌采取病死鸭肝脏、脾脏、肺等组织，经研磨并加入 PBS 混匀处理，经冷冻离心后制备待检样品，采用 PCR 方法对样品分别进行禽流感病毒、鸭瘟病毒、病毒性肝炎和禽白血病病毒等的核酸检测，结果均为阴性。

③ 取输尿管内白色物镜检，可见到尿酸盐结晶。

2. 喹乙醇中毒的检验

喹乙醇为抗菌促生长剂，具有促进蛋白质同化作用，能提高饲料转化率，使畜禽增重加快。本药以前主要用于促进畜禽生长，有时也用于治疗和预防疾病。但鸭对喹乙醇敏感，特别是雏鸭，添加量过大、混料不均，往往会引起中毒。雏鸭急性喹乙醇中毒，死亡急，死亡率高，常被误诊为鸭病毒性肝炎。

诊断该病要先确定发病鸭群是否使用过喹乙醇，并且要确定好使用的时间以及剂量，然后根据临床症状以及病理变化进行初步诊断。确诊则需要结合对消化道中的内容物、血液以及组织器官进行检测，测定其中喹乙醇的含量。也可根据发病年龄和死亡情况，怀疑为鸭病毒性肝炎或喹乙醇中毒，并用鸭病毒性肝炎易感雏鸭分组进行动物试验，以进行鉴别。

3. 呋喃唑酮中毒的检验

呋喃唑酮又称痢特灵，属于广谱抗菌药，对临床常见的革兰氏阴性菌和革兰氏阳性菌均有效。其内服后难吸收，肠道内药物浓度高，故用于治疗各种肠道感染效果较好，且细菌对其不易产生耐药性，因此在临床上是一种高效常用药物。但若用量过大或使用不当常引起鸭群中毒死亡，损失很大。

无菌方法采取病死鸭肝脏、心包液进行抹片，革兰氏染色镜检；鲜血平板进行细菌分离，37℃培养 24 小时，均未发现细菌。

根据内服呋喃唑酮的量，用药后病情反而加重且来势猛、发展快，临床表现惊厥鸣叫、抽搐痉挛的神经症状及剖检变化，结合实验室检查，诊断为呋喃唑酮中毒。

4. 马杜拉霉素中毒的检验

马杜拉霉素又称马度米星，是一种较新型的聚醚类单价糖苷离子载体的广谱抗球虫类抗生素。本品广泛用于畜禽防治球虫病，效果较理想，但其使用剂量的安全范围很窄，故易引起动物中毒。其诊断方法如下：

① 根据主诉对鸭群用药超量及拌药不匀，结合临床表现，可初步诊断为该鸭群药物中毒。

② 实验室诊断。无菌采集病死鸭肝、脾等脏器组织涂片，自然干燥后经革兰氏染色镜检，未发现可疑病菌体，将上述病料分别接种于普通琼脂培养基和麦康凯培养基上，置 37℃ 培养 24 小时未见菌落生长。经发病情况、临床症状、病尸剖检及实验室诊断，确诊该鸭群为药物中毒。

第十二章
鸭病的主要类型、特点和防治策略

鸭病的类型，主要有传染病、寄生虫病、营养代谢病和中毒病等。不同类型的疾病有不同的特点、不同的发生发展过程以及不同的防治策略。

第一节
鸭传染病的特点和防治策略

一、鸭传染病的特点

凡是由病原微生物引起的，具有一定的潜伏期和临床表现，且具有传染性的疾病，称为传染病。鸭传染病的影响范围比较广泛，危害比较严重。

1. 由病原微生物引起

每种传染病都是由特定的病原微生物（包括病毒、支原体、细菌、真菌等）与动物相互作用引起的。

2. 具有传染性和流行性

病原微生物通过附着于粪便、分泌物、皮肤碎片、羽毛等各种途径从宿主排出体外，再通过呼吸道、消化道、生殖道、伤口等特定方式传染给新的特定动物（本品种或其他品种），呈现出一定的传染性。能够被特定病原微生物感染的动物称为易感动物。传染病可以在动物之间传染，在一定的时间内于特定的区域流行。如果仅在某一个或几个鸭群中发生流行，称为散发；如果发病的鸭场遍布某一个地区，称为地方性流行；如果在多个地方迅速传播并蔓延，称为大流行。传染病传播速度的快慢、流行范围的大小，与病原微生物种类、数量、毒力、易感动物的健康状态、免疫状态等有关。

3. 被感染机体能发生特异性反应

由于病原微生物的抗原刺激，机体可产生特异性的抗体从而获得抵抗特定病原微生物感染的能力。自然感染传染病，病愈后可获得维持时间长度不等的特异性免疫，有的传染病患病一次后可终身免疫。人为接种病原微生物的抗原，也可以使机体获得抵抗特定病原微生物感染的能力。

4. 具有特征性的临诊表现

不同的病原微生物感染后，由于侵害的组织不同、致病机理不同、毒力不同等，而表现出特征性的临诊症状和剖检病变。通过临诊症状和剖检病变可以对传染病进行初步诊断。

5. 传染病的三要素

鸭群中传染病的发生必须具备三个要素，即传染源、传播途径和易感鸭群。预防传染病的发生，就要从这三个要素出发，消灭传染源、切断传播途径或者使鸭群获得免疫能力，均能有效预防传染病，提高鸭群的成活率。

6. 传染病的发展过程

按传染病的发生、发展及转归可分为三期即潜伏期、发病期和恢复期。潜伏期是指病原微生物侵入鸭群至首只鸭子表现症状的时期，不同传染病的潜伏期长短各异，短至数小时，长至数天至数月。发病期是指鸭群中大量出现特征性症状的时期，大多数传染病的症状由轻而重，由少而多，逐渐或迅速达到死亡高峰，维持一定的时间，然后随机体免疫力产生与提高而逐渐消失。恢复期是指病原微生物完全或基本消灭、整个鸭群的免疫力提高、临诊症状陆续消失的时期。了解各传染病的发生及发展过程，在不同时期采取相应的治疗措施，能达到事半功倍的效果。

二、鸭传染病的防治策略

具体的措施如下。

1. 鸭场的选址及鸭舍的建造

除交通相对方便、地势较高、环境或气候干燥、排水性好等一般要求外，还需做好以下工作。

① 远离兽医站、活禽交易市场、屠宰场等。

② 远离其他的养殖场。

③ 应该避开候鸟主要迁徙路线的栖息地。

④ 鸭场周围应有围墙或其他相应的隔离带。

⑤ 育雏舍应位于鸭场的上风向，疫病隔离区、粪便收集场所应位于鸭场的下风向。

2. 生物安全管理

生物安全管理的目的，在于尽量减少病原微生物接触被饲养动物的机会，最大限度地保障动物健康，提高经济效益。

① 人员控制。养殖场应尽量谢绝外来人员，包括参观者、购买者、其他养殖场人员等。养殖人员进入养殖场时，应更换场内专用的服装，特别是鞋子，并进行消毒（视频 12-1）。

② 物品控制。所有场内使用的物品和工具，运入前必须严格消毒。

视频 12-1
扫码观看：鸭场人员消毒

③ 车辆控制。运输车辆进入养殖场，必须做好消

毒工作。车辆消毒通道见视频 12-2。

④ 防鼠、防野鸟、防蚊蝇、防昆虫。

⑤ 慎重购入鸭子。有条件的鸭场自繁自养；没有条件的，引入雏鸭或鸭苗时，应从非疫区、信用和管理良好、健康无疫病的公司引进。如果引入的鸭群要与场内的鸭群混合饲养，应当先隔离 15 天及以上，确认没有疾病发生后方可混群。

视频 12-2
扫码观看：鸭场车辆消毒通道

⑥ 不同种类家禽，尽量不混养。

⑦ 提倡全进全出的饲养模式。不同日龄、不同批次和不同用途的鸭应分开饲养，每一批鸭出栏之后，鸭舍内应彻底清扫、清洗和消毒，并空置一段时间。

⑧ 粪便和垫料的处理。可以直接或经堆积发酵后用作农作物肥料，有条件的经过烘干或塔式发酵罐发酵处理后可用作有机肥。

⑨ 应在鸭场下风向处设置病鸭的隔离治疗区。

⑩ 应有无害化处理病死鸭的设备和场所。可以采用的处理方法有：土埋法、高温处理法、用化尸池或专门设备处理等。病死鸭无害处理见视频 12-3。

3. 良好的饲养管理

尽可能根据不同日龄鸭子的要求，保持鸭舍的合理温度、湿度，保持合理的通风和光照，提供与其生长阶段相适应的全价饲料，保持合理的饲养密度，减少强光、噪声、动物干扰等应激，使鸭群处于健康的状态。

视频 12-3
扫码观看：病死鸭无害化处理

4. 免疫接种

在特定的日龄，对鸭群进行疫苗的免疫接种就是免疫程序，这是养鸭场预防传染病的最后一道防线。疫苗的免疫程序不是固定不变的，应根据地区、品种、生产性能、生产周期、季节、疫病的流行情况、疫苗的免疫特性等建立合适的免疫程序，并在应用过程中根据免疫抗体的监测结果、疫病的发生和发展情况，不断更新和完善。不同类型鸭的疫苗免疫程序见表 12-1 ～表 12-3。

表 12-1　番鸭的疫苗免疫程序

日龄	疫苗名称	剂量	备注
1 日龄	番鸭细小病毒病活疫苗、小鹅瘟活疫苗	1～2 羽份	
	番鸭呼肠孤病毒病活疫苗		
2 日龄	鸭病毒性肝炎高免卵黄抗体	0.5～0.8 毫升	选择使用
5 日龄	禽流感病毒（H5+H7）二价灭活疫苗	0.5 毫升	
7 日龄	鸭 3 型腺病毒病灭活疫苗	按说明剂量	
7 日龄	鸭传染性浆膜炎灭活疫	按说明剂量	选择使用
15 日龄	禽流感病毒（H5+H7）二价灭活疫苗	1 毫升	
25 日龄	鸭瘟活疫苗	2 羽份	
35 日龄	禽霍乱疫苗	1 羽份	选择使用

表 12-2　半番鸭和樱桃谷鸭的疫苗免疫程序

日龄	疫苗名称	剂量	备注
1 日龄	鸭病毒性肝炎高免卵黄抗体	0.5～0.8 毫升	
2 日龄	小鹅瘟高免卵黄抗体	0.5～0.6 毫升	选择使用
5 日龄	禽流感病毒（H5+H7）二价灭活疫苗	0.5 毫升	
7 日龄	鸭传染性浆膜炎灭活疫苗	按说明剂量	
15 日龄	禽流感病毒（H5+H7）二价灭活疫苗	1 毫升	
25 日龄	鸭瘟活疫苗	2 羽份	选择使用
35 日龄	禽霍乱疫苗	1 羽份	选择使用

表 12-3　蛋鸭的疫苗免疫程序

日龄	疫苗名称	剂量	备注
1～2 日龄	鸭病毒性肝炎高免卵黄抗体	0.5～0.8 毫升	
	鸭病毒性肝炎活疫苗	0.5 毫升	选择使用
5 日龄	禽流感病毒（H5+H7）二价灭活疫苗	0.5 毫升	
7 日龄	鸭传染性浆膜炎灭活疫苗	按说明剂量	选择使用
20 日龄	禽流感病毒（H5+H7）二价灭活疫苗	1 毫升	
25 日龄	鸭瘟活疫苗	2 羽份	
35 日龄	禽霍乱疫苗	1 羽份	选择使用
40 日龄	禽流感病毒（H5+H7+H9）三价灭活疫苗	1 毫升	
80 日龄	鸭坦布苏病毒病活疫苗或灭活疫苗	1 羽份	
100 日龄	鸭瘟活疫苗	1～2 羽份	选择使用
105 日龄	禽多杀性巴氏杆菌病活疫苗	1 羽份	选择使用
110 日龄	禽流感病毒（H5+H7+H9）三价灭活疫苗	1.5 毫升	

（1）疫苗的选购与检查 要选购有国家正式批准文号的疫苗，并查看生产日期、有效期、疫苗说明书，检查疫苗的性状、是否密闭以及是否有破损等。不得购入过期或变质的疫苗（如油苗出现分层）。

（2）疫苗的运输与保存 疫苗要放在保温瓶或泡沫箱内冷藏运输，冻干苗须存放在 –20℃冰箱保存，油苗、水剂灭活疫苗一般都在 2～8℃冰箱保存，并防止冰冻，否则会导致疫苗分层、结块而失效。

（3）疫苗使用时的注意事项

① 健康的鸭进行疫苗免疫时才会产生良好的免疫反应，达到免疫的效果。若鸭群出现明显的咳嗽或腹泻以及其他明显病症时，要暂停或延期进行疫苗免疫，否则会加重病情。

② 在免疫细菌性活疫苗时（如禽霍乱疫苗），鸭群在免疫前 2 天以及免疫后 10 天，禁止在饲料或饮水中添加任何抗生素或磺胺类药物，否则会导致疫苗免疫失效。

③ 在免疫病毒性活疫苗时，鸭群在免疫前 2 天以及免疫后 7 天，禁止使用干扰素或抗病毒药物，否则会导致疫苗免疫失效。

④ 灭活疫苗从冰箱取出后要放置在室内回温 1～2 个小时（或用温水回温）后再注射，可以明显减少对鸭体的应激作用，活疫苗稀释后一般在 2～3 个小时内用完。

⑤ 免疫结束后，剩余的液体、疫苗空瓶以及相关器械要用水煮沸处理，或拔下瓶塞后焚烧处理，防止疫苗污染场所。

5. 治疗

应将发病的鸭隔离至专门区域进行治疗，恢复健康 15 天后方可混入原群中继续饲养。

① 必须从正规渠道购买正规厂家的药品，认真阅读使用说明书，特别关注药物的配伍禁忌、药物的休药期。

② 拌料应用的药物，应将药物先与少量饲料混匀，再与更多的饲料混匀，从而保证药物拌料均匀。

③ 以饮水途径添加药物时，用药前 2～3 小时可以对鸭群停止供应饮水，以保证添加药物的饮水可以在较短时间内让全群的鸭饮用。

④ 肌内注射时，应选择较短的针头，斜角刺入肌肉内，千万不

可扎得太深，以免将药物直接注射入腹腔、肺脏、肝脏等，造成人为的应激或死亡。全群注射时，多准备一些针头，尽量做到注射 10 只鸭左右即更换新的无菌针头，避免人为传播疾病。

⑤ 治疗的主要类型有对症治疗、对因治疗和辅助治疗等。对症治疗是针对疾病引起的病理表现进行治疗，如止咳、止泻、促进排泄、降低体温、补充体液、补充电解质、局部包扎、挤脓汁等。对因治疗是针对病因采取的治疗措施，如杀灭细菌、抑制细菌、中和病毒等。辅助治疗指的是非特异性增强体质的方法，如应用黄芪多糖等免疫增强剂、保温、补充多维等。

⑥ 细菌病和支原体病的治疗，选择 2～3 种敏感的抗生素，拌料或饮水，严重者可注射药物以促进病鸭康复。

⑦ 病毒病的治疗原则，一是注射特异性抗体中和病毒，可以收到很好的效果，同时可以应用抗病毒药物；或是采用紧急免疫（如果用活疫苗，不能应用抗病毒药物）的方法让鸭迅速产生特异性抗体以中和病毒。二是饲喂增强免疫力的药物。三是应用抗生素，控制或防止继发感染。

6. 疫病处理

发现疑似传染病发生时，应及时到正规的动物诊疗场所进行诊治；发现重大疫情时，应立即向兽医主管部门报告，并配合相关部门采取各项必要的措施，尽快控制、扑灭疫情。

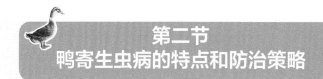

第二节
鸭寄生虫病的特点和防治策略

一、鸭寄生虫病的特点

一个生物生活在另一个生物的体内或体表，从另一个生物体内吸取营养，并对其造成危害，这种生活方式称为寄生。营寄生生活的虫体称为寄生虫，而被寄生虫寄生的动物称为寄主。由寄生虫引起的鸭病称为鸭寄生虫病。寄生虫寄生于鸭时，可能引起寄生部位的损伤，可能分泌特定的毒素引起鸭的功能障碍，还可能吸取营养，造成不同程度的营养不良，导致鸭对其他疾病的抵抗力下降。

1. 寄生虫病流行的地方性特点

寄生虫病的流行常有明显的地方性，这种特点与当地的气候条件、中间宿主或媒介动物的地理分布、鸭群的饲养方式等有关。

2. 寄生虫病流行的季节性特点

由于温度、湿度、雨量、光照等气候条件会对寄生虫及其中间宿主或媒介动物种群数量的消长产生影响，所以寄生虫病的流行往往呈现出明显的季节性。

3. 寄生虫病不易被发现

体表寄生虫和体内寄生虫均具有较高的隐蔽性，少量寄生时不会对鸭子造成很大的影响，但由于其长期吸食鸭子的营养，影响鸭子的生长速度和生产性能，寄生时间较长或大量寄生时才会被发现。

二、鸭寄生虫病的防治策略

1. 合理用药，定期驱虫

根据不同的寄生虫种类，选择合适的药物进行驱虫。常用的驱虫药物主要包括伊维菌素、阿苯达唑、敌百虫、阿维菌素、左旋咪唑、丙硫咪唑、吡喹酮等。

2. 做好卫生管理工作

及时清除粪便并通过生物发酵法处理，可以彻底消灭各种寄生虫及虫卵。

3. 定期消毒

定期对鸭舍的地面、鸭笼、设备用消毒药物进行消毒，保持垫料的干燥，减少寄生虫的滋生。

4. 加强饲养管理

尽可能根据不同日龄鸭子的要求，保持鸭舍的合理的温度、湿度，保持合理的通风和光照，提供与生长阶段相适应的全价饲料，确保饮水的干净卫生，保持合理的饲养密度，减少强光、噪声、动物干扰等应激。

5. 体外寄生虫病的防治

体外寄生虫主要有虱和螨类，用溴氰菊酯、敌百虫定期喷洒鸭舍、鸭笼、料槽、水槽等用具，必要时可喷洒鸭子患处或全身。

第三节
鸭营养代谢病的特点和防治策略

一、鸭营养代谢病的特点

营养代谢病是营养失调和代谢紊乱疾病的总称。营养失调是由于鸭所需的某些营养物质缺乏、供给不足、吸收障碍等引起的疾病。代谢紊乱是鸭体内一个或多个代谢过程异常变化，导致内环境紊乱而引起的疾病。营养代谢病具有以下特点。

1. 早期诊断十分困难

营养代谢病缺少明显的临诊症状，很难通过肉眼对营养代谢病进行早期的诊断。

2. 发病缓慢，病程十分漫长

营养的失调或代谢的异常，发展到一定程度，才会逐渐表现生产性能的下降、免疫功能的下降，或是特征性的症状，发病过程缓慢，且病程会持续较长的一段时间。

3. 多为群发性

营养的失调或代谢的异常，多为鸭群中多数个体发生，引起较大的经济损失。

4. 多与生理阶段和生产性能有关

生长速度快、产蛋率高等特定的生理阶段或人为对生产性能的挖掘，使得鸭对营养的需求增加，也使得代谢长期处于压力之中，容易发生营养代谢病。

5. 有时呈地方性流行

营养代谢病与饲料、土壤、水源有一定的相关性，其流行有时呈地方性流行。比如，在硒缺乏地区饲养的鸭子易患硒缺乏症。

6. 缺乏特征性临诊症状

大多数营养代谢病多表现为精神不振、食欲不佳，生长发育缓慢，喙和脚的颜色偏淡、无光泽。与一般的营养不良、寄生虫病有一定的相似之处。但剖检时常能观察到有特征性的病变。

二、鸭营养代谢病的原因分析

1. 营养物质不足

饲料中缺乏某些维生素、矿物质、微量元素、蛋白质等。

2. 营养物质的需求量增多

由于处于特殊的生长阶段如产蛋高峰期或快速生长阶段，鸭需要的营养物质增多，如果没有提供相应的营养物质，时间久了就会出现营养代谢病。

3. 营养物质的不平衡

营养物质之间的关系是复杂的，各物质之间可以相互转化，也可起相互协同或相互拮抗的作用。如钙、磷、镁的吸收需要维生素 D 的参与；磷过少，则钙难以沉积；钙过多，会影响铜、锰、镁、锌等的吸收和利用。配方不当的饲料无法做到各营养物质之间的平衡，长期使用就会引起各种疾病。

4. 疾病引起的营养物质摄入不足

某些慢性传染病或寄生虫病，会影响鸭的食欲，使采食量减少，或影响营养物质的吸收，长期均可引起疾病。

5. 饲养方式的改变

生产中有多种饲养方式，与传统的地面散养相比有许多的优势，也会影响鸭对某些物质的吸收和利用。

6. 抗生素的影响

饲料中长期添加抗生素或其他药物，可能影响肠道微生物合成必要的维生素或氨基酸等。

7. 饲料的保存

饲料保存不当，霉变后引起营养物质的降解；饲料保存时间过长，也会引起营养物质的降解，从而导致疾病的发生。

三、鸭营养代谢病的防治策略

1. 饲料分析，防重于治

定期分析并监测饲料中的营养成分、比例，确保营养物质供应充分且各营养物质之间没有拮抗作用。根据不同的生产阶段、不同的生产周期，提供相应的饲料。

2. 慢性消耗性疾病的治疗

对影响营养物质消化和吸收的慢性疾病，及时诊断及治疗。

3. 补充营养物质

补充缺乏的营养物质，是治疗的主要手段之一。

第四节
鸭中毒病的特点和防治策略

一些物质进入机体后，会破坏正常生理功能，引起机体器官和功能发生异常变化甚至造成死亡，这一过程称为中毒。毒物和非毒物并不是绝对的，如食盐，常规剂量时不是毒物，但短时间内大量摄入对机体来说就是毒物。常见的引起鸭中毒的有未经脱毒处理的饲料原料、霉菌毒素、有毒植物或食用菌、农药、杀鼠药、金属及微量元素、有害气体、兽药、特殊的毒素等。

一、鸭中毒病的特点

1. 突发性

中毒病多是突然发生。短时间内，鸭群摄入了大量有毒物质后，突然发病。慢性中毒病的初期，鸭群并不表现症状，待毒物蓄积到一定程度时才发病，也是突然发生。

2. 群发性

中毒病多为群体发病，急性摄入型的中毒，鸭群中体格强健、生长发育良好、采食量大的鸭子，发病后表现的症状严重些。

3. 有特征性的临诊表现和病理变化

不同物质引起的中毒，其临诊表现和剖检病变各有特点，可据此做出初步的判断。

4. 可以复制，但无传染性

中毒病是由于摄入或接触某种物质而发生，可以复制成功，但中毒病没有相互传染的特点。

二、毒物的种类

毒物和非毒物并不是绝对的，能引起鸭中毒的物质称为毒物，主要有两大类：生物性毒物和化学性毒物。

1. 饲料类

① 未经脱毒处理的饲料原料，包括棉籽饼、菜籽饼等。

② 食盐。鸭子对咸味不敏感，以含有大量盐分的泔水饲喂时，可能发生食盐中毒。

③ 菜叶类储存不当时，可能产生亚硝酸盐；马铃薯储存不当时，发芽会产生龙葵素等，这些物质被鸭摄入后均可引起中毒。

2. 霉菌毒素类

饲料和垫料保存不当时，霉菌大量繁殖，某些霉菌如黄曲霉、烟曲霉等产生的毒素进入鸭体后会引起中毒。

3. 有毒的植物或食用菌

自然界有许多有毒的植物如夹竹桃、蓖麻、蕨类等或食用菌类，放牧鸭如果采食，会引起中毒。

4. 农药类

鸭群在稻田放牧时，可能会接触到有机磷、氨基甲酸酯类等多种农药，鸭在短时间内摄入一定数量即会引起中毒。

5. 杀鼠药类

磷化锌、安妥、灭鼠灵等多种杀鼠药均会引起鸭中毒。

6. 金属及微量元素类

如铜、铅、钼、砷、氟、汞等。

7. 有害气体类

如氨气、一氧化碳、硫化氢等。

8. 兽药类

长期不规范的用药，或兽药搅拌不均匀等也能引起中毒。

9. 特殊的毒素

如毒蛇咬伤引起的蛇毒、蜂类蜇后引起的蜂毒等。

三、鸭中毒病的防治策略

① 立即停喂可疑饲料、饮水或含有可疑毒物的任何物品。
② 如果是气体类中毒，立即对鸭舍进行大规模快速的通风换气。
③ 供给大量饮水或特效的解毒药。
④ 以预防为主，不让鸭群接触可能的毒物。

第十三章

常见鸭病及防治

第一节　常见传染病防治

一、禽流感

1. 发病历史

禽流感是指由 A 型流感病毒感染引起禽类的一种疫病综合征，在临诊上表现隐性感染、亚临诊症状、轻度呼吸系统症状、产蛋量下降、急性败血、高度致死等多种形式。世界动物卫生组织已将高致病性禽流感归为必须报告的动物疫病，我国将其列入一类动物疫病。一直以来，人们发现水禽是 A 型流感病毒的贮存宿主，带毒而不发病，但自 20 世纪末开始，家养水禽和野生水禽相继感染 H5N1 亚型高致病性禽流感并大量死亡。人类也可感染禽流感，庆幸的是，目前尚无人与人直接传染的确切证据。

2. 病原学简介

禽流感病毒属于正黏病毒科流感病毒属，病毒呈典型的球形或多形性，基因组为单股负链 RNA，包含 8 个长度不同的基因片段。依据血凝素蛋白（HA）和神经氨酸酶（NA）的不同，将禽流感病毒分为不同的亚型，HA 亚型有 16 种，NA 亚型有 9 种，不同的 HA 和

NA 之间可发生多种形式的组合，产生不同亚型的病毒。H5、H7 和 H9 亚型禽流感病毒对鸭的危害相对大些。禽流感病毒对外界的抵抗力不强，由于有脂质囊膜，所以对乙醚、氯仿、丙酮等有机溶剂敏感；对热比较敏感，在 65℃加热 30 分钟或煮沸状态下 2 分钟以上可灭活；对低温抵抗力较强，在粪便等分泌物中于 4℃可保持感染性长达 1 个月以上；对紫外线敏感。

3. **流行病学特点**

（1）传染源　病鸭、潜伏期感染鸭、带毒野生水禽是重要的传染源。鸟类特别是迁徙鸟类在病毒的传播特别是大范围传播中发挥重要的作用。

（2）传播途径　可通过呼吸道和消化道感染，直接接触可感染，通过气溶胶也可感染，带有病毒的粪便污染的车辆、器具、饲料、人、笼子、鼠等也是重要的传播媒介。没有证据表明禽流感可垂直传播，但是在蛋的表面和内部均检测到活的禽流感病毒。

（3）易感动物　可感染家禽和野生水禽等多种鸟类，也可感染猪、马和人等哺乳动物。家禽中几乎所有的饲养品种均可感染发病，且几乎所有的日龄均可感染发病。

（4）流行范围　该病呈世界性分布。

（5）季节性　该病一年四季均可发生，每年的 11 月份至次年的 4 月份，发生较多，与迁徙鸟类的活动有重要关系。

（6）潜伏期　约为 2 ～ 5 天。

（7）发病率和病死率　发病率从 20% ～ 80% 不等，病死率约 30% ～ 60%。

4. **临诊症状及剖检病变**

禽流感在临诊上表现严重程度不一的病变形式，没有症状的隐性感染，轻微症状，轻微呼吸系统症状，仅表现产蛋量下降、急性败血症等。这与禽流感病毒本身的致病力、家禽的免疫状况、营养状况、饲养管理水平、有无并发感染等都有关系。这里我们阐述的是急性败血症的临诊表现和剖检病变。

（1）典型的临诊症状　发病突然，体温升高，饮食量和饮水量急剧下降，精神萎靡，表现神经症状如头部震颤、原地转圈、仰翻在地并不断划脚、站立不稳等，呼吸困难、表现张口呼吸或喘气，有时见头部和脸部水肿，角膜混浊、结膜炎、流眼泪，腹泻，粪便呈黄绿色或黄白色（视频13-1）。

视频13-1
扫码观看：
禽流感

（2）典型的剖检病变

① 组织脏器的出血和坏死。气管、支气管和肺脏出血或积血；心冠脂肪出血、心肌表面见条纹样坏死（图13-1），心包外膜轻微渗出，与胸骨粘连，偶见心包积液；肝脏肿大、瘀血或出血（图13-2）；胰腺表面有大量针尖大小的白色坏死点、透明样或液化样坏死点或坏死灶（图13-3）；脑膜出血，脑组织局灶性坏死以及脾脏、肾脏肿大、瘀血或出血；卵泡充血、出血，甚至破裂于腹腔中，后期萎缩。

图 13-1　心肌的灰白色条纹样坏死（程龙飞供图）

图 13-2　肝脏肿大、出血（黄瑜供图）

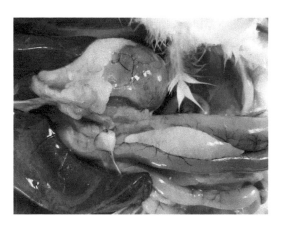

图 13-3　胰腺表面的坏死点和液化样坏死点（程龙飞供图）

② 消化道黏膜的出血。腺胃黏膜局灶性溃疡；肠道（十二指肠、空肠、直肠等）黏膜出血，偶见出血环。

③ 皮下的胶冻样渗出。在头颈部或腹部皮下有时出现淡黄绿色的胶冻样渗出物。

④ 皮肤的出血和发绀。喙部、脚部发绀，胸部皮下、腿部皮肤有时有出血。

5. **诊断**

① 心肌的条纹样坏死和胰腺坏死灶，具有比较重要的诊断意义。根据高死亡率、典型的临诊表现和剖检变化，可以做出初步诊断。

② 临诊诊断时应注意与其他出血坏死性疾病相区别，包括鸭瘟、鸭病毒性肝炎、呼肠孤病毒病、鸭 3 型腺病毒病、禽霍乱以及某些急性中毒性疾病等。

③ 实验室诊断必须在符合国家要求的生物安全三级实验室内进行，包括病毒的分离鉴定、免疫学诊断和分子生物学诊断等。

6. **防治**

（1）生物安全饲养模式　有条件的鸭场应做好生物安全措施，不让鸭子接触到病鸭、潜伏期感染鸭等传染源，防止野生水禽进入鸭场和水流散毒。

（2）免疫预防　灭活疫苗具有良好的免疫保护性，是预防本病的主要措施、关键环节和最后防线。建议鸭的免疫程序：5～15日龄首免、40～55日龄二免、开产前10～15天三免、产蛋中期四免。

（3）治疗　一旦发生疑似高致病性禽流感疫情，应按要求上报农业部门，按有关预案和防治技术规范要求，依法防控，做好疫情的处置工作。发生低致病性禽流感，应采取紧急免疫治疗，同时加强消毒工作，改善饲养管理，防止继发感染等综合措施。可以选择一些抗病毒的药物或多种清热解毒、止咳平喘的中草药或中成药来辅助治疗，必要时可应用抗生素控制继发感染。

二、鸭瘟

1. 发病历史

该病最早于1923年在荷兰发生和流行，1942年通过动物实验等证明该病是一种新的鸭病毒性疾病，并命名为鸭瘟。1949年在第14届国际兽医会议上，将"鸭瘟"作为法定名称。美国曾根据该病的病理特征将其命名为鸭病毒性肠炎。我国早在20世纪50年代末期即有该病发生，并由黄引贤教授首先提出，之后在全国各地陆续发生，给养鸭业造成了巨大的经济损失。

2. 病原学简介

鸭瘟病毒属于疱疹病毒科的 α 疱疹病毒亚科成员，是双股线性DNA病毒。鸭瘟病毒只有一个血清型。病毒有囊膜，对乙醚和氯仿敏感，具有亲脂特性的消毒剂如酚类、阳离子表面活性剂、季铵盐类等对该病毒有效。56℃加热10分钟可将该病毒灭活。

3. 流行病学特点

（1）传染源　病鸭、潜伏期感染鸭、感染康复期带毒鸭、感染带毒或发病的野生水禽，均可长期排毒，成为重要的传染源。

（2）传播途径　可通过消化道和呼吸道感染。在形成病毒血症阶段，吸血昆虫也可传播该病。实验条件下，持续感染的水禽可以发生经卵垂直传播。

（3）易感动物　自然易感宿主仅限于雁形目的鸭科成员，包括鸭、鹅和天鹅等。生产中，所有品种鸭和鹅均可感染发病。发病日龄范围很广，从雏鸭到成年种鸭均可被感染。

（4）流行范围　该病呈世界性分布。

（5）季节性　该病的发生没有明显的季节性特征。

（6）潜伏期　约为2～7天。

（7）发病率和病死率　发病率从5%～100%不等，病死率几乎为100%。

4. 临诊症状及剖检病变

（1）典型的临诊症状　体温升高，导致精神不振、食欲减少甚至不食。运动失调，头、颈和身体震颤，步态不稳，喜蹲伏。病鸭流鼻液和眼泪，眼眶周围羽毛被打湿、眼睑粘连，头和颈部皮肤肿胀，故又被称为"大头瘟"。病鸭腹泻，粪便呈水样，严重时带血。

（2）典型的剖检病变

① 消化道黏膜的出血和坏死。口腔、食道、十二指肠、空肠、直肠和泄殖腔等消化道出血是鸭瘟的特征性病变之一。食道黏膜出血和坏死（图13-4），病程稍长者食道有纵行排列的灰黄色伪膜，剥去伪膜可见溃疡，食道膨大部与腺胃交界处出血。肠道外观可见有明显的环状出血带，剖开可见黏膜出血或有大量的出血斑；直肠后段及泄殖腔黏膜有明显的出血或溃疡（图13-5）。

图 13-4　食道黏膜的出血和坏死（程龙飞供图）

图 13-5　直肠后段及泄殖腔黏膜的出血（程龙飞供图）

② 实质脏器的出血和坏死。心肌、心外膜、心冠状沟、心内膜等有出血点。肝脏肿大、出血、坏死，出血点不规则、大小不一，从针尖大到绿豆大的出血斑都可见到。肾表面有出血斑。脾脏肿大，出血和坏死使得脾脏外观呈斑驳状。胸腺、法氏囊、卵巢等均可见出血或充血。

③ 皮下的胶冻样渗出。在头颈部、腹部及大腿内侧皮下有大量的胶冻样渗出物。

5. **诊断**

① 食道和泄殖腔黏膜的出血或溃疡，肝脏的大小和形状及不规则的出血和坏死，具有很重要的诊断意义。根据高死亡率、典型的临诊表现和剖检变化，可以做出初步诊断。

② 临诊诊断时应注意与其他出血坏死性疾病相区别，包括鸭病毒性肝炎、呼肠孤病毒病、鸭 3 型腺病毒病、禽流感、禽霍乱以及某些急性中毒性疾病等。

③ 实验室诊断包括病毒的分离鉴定、免疫学诊断和分子生物学诊断等。

6. **防治**

（1）生物安全饲养模式　有条件的鸭场应做好生物安全措施，不让鸭子接触到病鸭、潜伏期感染鸭等传染源，防止野生水禽进入鸭场和水流散毒。

（2）免疫预防　接种鸭瘟疫苗是重要的预防手段之一。疫苗的种类有弱毒活疫苗和灭活疫苗两种，均可刺激机体产生良好的免疫反应。弱毒活疫苗 C-KCE 株是将鸭瘟病毒在鸡胚中传代致弱而培育成功，南农 64 株是将鸭瘟病毒在鸡胚成纤维细胞中传代致弱而培育成功，这些毒株对鸭无致病作用，可刺激机体产生良好的免疫反应。实际生产中，非疫区且受鸭瘟威胁较小的种鸭或蛋鸭群通常在 2 月龄左右经皮下或肌内注射接种 1 次弱毒活疫苗，然后每年做一次加强免疫，这样可以在很大程度上减少鸭群被感染的风险。对于疫病流行地区受威胁的鸭群，建议在 2 周龄左右经皮下或肌内接种弱毒苗，之后间隔 2～3 周再免疫一次。种鸭群要定期进行加强免疫。

（3）治疗　鸭瘟一旦发病，死亡率几乎为 100%，没有治疗的意义。但尽早确诊后，可对全群鸭采取相应的控制措施，减少鸭瘟造成的损失。控制措施包括捕杀病鸭，对受威胁的鸭群进行紧急免疫接种，即皮下或肌注接种双倍量或三倍量的鸭瘟弱毒活疫苗，一般能够在较短时间内刺激机体产生免疫力，最大限度降低病毒感染和疫情的蔓延。

三、鸭病毒性肝炎

1. 发病历史

该病最早由美国于 1945 年报道，我国于 1963 年首次报道。鸭病毒性肝炎的病原是鸭甲肝病毒，该病毒有 3 个基因型，基因 1 型为最早流行且至今仍在流行的鸭甲肝病毒，基因 2 型为 2007 年报道的台湾型鸭甲肝病毒，基因 3 型为 2007 年报道的韩国型鸭甲肝病毒。我国流行的鸭甲肝病毒以基因 1 型为主，基因 3 型的流行也日渐增多，这两种基因型鸭甲肝病毒引起的典型病变为肝脏的出血和炎症，我们称为肝炎型。2005 年，法国学者报道了由基因 1 型鸭甲肝病毒引起的新病变型，即肝脏无眼观出血变化而胰腺发黄、脑膜出血。2011年以来，我国南方数省养殖的番鸭、半番鸭均发现同样病例的流行，即由基因 1 型鸭甲肝病毒引起的新病变型，我们称为胰腺炎型。

2. 病原学简介

鸭甲肝病毒在分类学上属于小 RNA 病毒科禽肝病毒属，病毒的基因组为单股正链 RNA。病毒呈球形，没有囊膜，对外界环境及化学因素具有较强的抵抗力，可耐受乙醚和碳氟化合物、氯仿、胰酶的处理，56℃加热 30 分钟后失活，但在有镁离子的情况下，可耐受 56℃长达 90 分钟，在 37℃条件下可存活 21 天。在自然环境中，病毒可在未清洗的污染孵化器内至少存活 10 周，在阴凉处的湿粪中可存活 37 天以上。

3. 流行病学特点

（1）传染源　病鸭、康复带毒鸭和隐性带毒的成年鸭是主要的传染源。

（2）传播途径　可通过消化道和呼吸道感染。在易感雏鸭群中传播迅速。

（3）易感动物

① 肝炎型。多发生于 1～3 周龄的各品种雏鸭，以北京鸭、樱桃谷鸭、麻鸭和半番鸭更常见。

② 胰腺炎型。多侵害 30 日龄内的番鸭和半番鸭，其余品种鸭未见报道。发病日龄比肝炎型略晚，常见的发病日龄为 15 日龄以后。

（4）流行范围　呈世界性分布。

（5）季节性　没有明显的季节性特征。

（6）潜伏期　肝炎型的潜伏期短，发病急，严重者出现症状时后 1 小时左右死亡，鸭群常在发病后 3 天左右达到死亡高峰；胰腺炎型的潜伏期略长，一般为 3～5 天。

（7）发病率和病死率　肝炎型的发病率 20%～70%，病死率为 30%～60%，日龄越小感染后的发病率和病死率均越高，随着日龄的增大，死亡率有所下降。胰腺炎型的发病率约为 10%～30%，病死率约 25%～40%。

4. 临诊症状及剖检病变

（1）肝炎型的临诊症状　常突然发病，病鸭精神萎靡，食欲减退，眼半闭，打瞌睡，随着病程的发展，表现神经症状，身体倒向一侧，两腿痉挛性后踢，头向后仰，呼吸困难，死亡时呈角弓反张姿势。

（2）肝炎型的剖检病变　剖检病变主要在肝脏和肾脏。肝脏肿大，质脆易碎，表面见有出血点和出血斑（图13-6）。肾脏肿大、出血（图13-7），表面血管明显易见，切面隆起。胆囊肿大，充满墨绿色胆汁。心肌柔软，呈暗红色，心房扩张，充满不凝固的血液。

图 13-6　肝脏出血（刘荣昌供图）

图 13-7　肾脏肿大、出血（刘荣昌供图）

（3）胰腺炎型的临诊症状　疾病的发展过程比肝炎型缓和。病鸭初期精神沉郁、采食量下降、喜趴伏静卧、下痢，随着病程的发展，表现绝食、精神萎靡，发病后 3 天开始出现死亡，死亡鸭没有呈特征性的角弓反张姿势。

（4）胰腺炎型的剖检病变　剖检病变主要在胰腺。胰腺出血或外观发黄（图 13-8）。脑膜有时有出血，其他器官未发现肉眼可见的变化。

图 13-8　胰腺外观发黄（傅光华供图）

5. **诊断**

① 发病日龄在 3 周龄以内、发病急、病程短、死亡率高，以及呈角弓反张的死亡姿势、肝脏有出血点或出血斑等，对肝炎型鸭病毒性肝炎的诊断具有重要意义；发病相对缓和、胰腺外观发黄，则对胰腺炎型鸭病毒性肝炎的诊断具有重要意义。

② 临诊诊断时应注意与其他肝脏和胰腺出血或坏死的疾病相区别，包括呼肠孤病毒病、鸭 3 型腺病毒病、禽流感、禽霍乱以及某些急性中毒性疾病等。

③ 实验室诊断包括病毒的分离鉴定、免疫学诊断和分子生物学诊断等。

6. **防治**

（1）生物安全饲养模式　有条件的鸭场应做好生物安全措施，不让鸭子接触到病鸭、潜伏期感染鸭、成年带毒鸭等传染源。

（2）免疫预防　接种鸭肝炎活疫苗可有效预防鸭病毒性肝炎，一般于 1 日龄时免疫一次即可。但是在疫区，雏鸭可能有水平不等的母源抗体，会不同程度干扰疫苗的免疫效果，可以将接种时间推迟到 7 日龄左右。以高免卵黄抗体来预防鸭病毒性肝炎也是常见的做法，根据经验在发病前 2 天左右注射 1 次，必要时可隔 3 天再注射 1 次。自繁自养的鸭场可对种鸭群进行活疫苗的多次加强免疫，可有效保护雏鸭。

（3）治疗　隔离病鸭，注射高免卵黄抗体可以有效治疗鸭病毒性肝炎，前提是尽早确诊、尽早治疗。

四、鸭呼肠孤病毒病

1. 发病历史

该病最早于 1950 年在南非被发现，20 世纪 70 年代在法国流行并成为番鸭的主要病毒病之一，于 1981 年确定了该病的病原，即呼肠孤病毒。我国于 1997 年开始流行，又称为"花肝病""肝白点病"等。2002 年之后，发病鸭的品种增加，除了番鸭外，半番鸭、麻鸭、北京鸭以及部分地方品种鸭也有发病的报道。

2. 病原学简介

鸭呼肠孤病毒在分类上属于呼肠孤病毒科呼肠孤病毒属，其基因组为双链 RNA。鸭呼肠孤病毒没有囊膜，呈二十面体对称，对热有较强的抵抗力，60℃下放置 5 小时仍可存活，对乙醚不敏感，对紫外线敏感，对常用的消毒药敏感。

3. 流行病学特点

（1）传染源　病鸭和康复期带毒鸭为主要的传染源。

（2）传播途径　主要通过水平传播，消化道和呼吸道都可感染。虽然没有确切的证据，但不排除垂直传播的可能性。

（3）易感动物　自然易感宿主包括番鸭、半番鸭、麻鸭、北京鸭、野鸭和部分地方品种鸭等。1 月龄内的鸭发病较为多见，发病日龄越小，病死率越高。

（4）流行范围　该病呈世界性分布。

（5）季节性　该病的发生没有明显的季节性特征。

（6）潜伏期　约为 3 ～ 10 天。

（7）发病率和病死率　发病率从 30% ～ 90% 不等，病死率为 10% ～ 30%。

4. 临诊症状及剖检病变

（1）典型的临诊症状　病鸭精神沉郁，羽毛蓬松无光泽，拥挤成群，不断鸣叫，食欲减退，眼分泌物增多，脚软，喜蹲伏，头颈无力下垂，呼吸急促，腹泻，粪便呈白色或绿色。发病后 5 ～ 7 天为死亡高峰，耐过鸭生长发育不良，成为僵鸭。

（2）典型的剖检病变

① 肝脏和脾脏的出血和坏死。肝脏肿大，质地变脆，肝脏内有大量灰白色的坏死点或坏死斑（图 13-9），俗称肝白点病。或者肝脏内有大量红色的出血点或出血斑（图 13-10），或者肝脏内同时具有出血斑点和坏死灶，使得肝脏外观呈花斑样，即俗称的花肝病。脾脏肿大呈暗红色，表面及实质有许多大小不等的出血点、灰白色坏死点或坏死斑。

图 13-9　肝脏内有大量灰白色的坏死点（黄瑜供图）

② 其他剖检病变。胰腺表面可能有白色细小的坏死点。肾脏肿大、出血，表面有黄白色条斑或出血斑，部分病例可见针尖大小的白色坏死点或尿酸盐沉积。肠道外壁可见有大量针尖大小的白色坏死

点。脑水肿，脑膜有点状或斑块状出血。法氏囊有不同程度的炎性变化，囊腔内有胶冻样或干酪样渗出物。

图 13-10　肝脏内有大量红色的出血斑（程龙飞供图）

5. 诊断

① 肝脏和脾脏的出血和坏死，具有重要的诊断意义。根据发病日龄、临诊症状和剖检变化，可以做出初步诊断。

② 临诊诊断时应注意与其他出血坏死性疾病相区别，包括鸭病毒性肝炎、鸭瘟、鸭 3 型腺病毒病、禽流感、禽霍乱以及某些急性中毒性疾病等。

③ 实验室诊断包括病毒的分离鉴定、免疫学诊断和分子生物学诊断等。

6. 防治

（1）加强饲养管理　搞好环境卫生消毒、减少应激、提高鸭的抵抗力，对降低该病的发病率和死亡率有一定的作用。

（2）免疫预防　疫苗免疫是预防该病的有效措施，目前已商品化的疫苗为番鸭呼肠孤病毒病活疫苗，于出壳后 1 天内注射一次即可。

（3）治疗　一旦发生本病，应隔离病鸭并肌内注射高免卵黄抗体，可起到一定的治疗效果，同时配合抗病毒中药等进行拌料或饮水，以提高疗效。

五、鸭副黏病毒病

1. 发病历史

鸭副黏病毒病是由新城疫病毒引起的传染病，以往的认识，水禽（包括家养水禽和野生水禽）是新城疫病毒的贮存宿主，感染后不发病，携带病毒且可排毒，是重要的传染源。1997年以来，新城疫病毒引起鹅发病死亡在我国流行，之后又有鸭感染发病的报道。事实证明，水禽已不再仅仅只是新城疫病毒的贮存宿主了，临诊中应重视新城疫病毒对水禽的危害。

2. 病原学简介

新城疫病毒在分类上属于副粘病毒科腮腺炎病毒属，其基因组为不分节段的、单股负链RNA。新城疫病毒多呈不规则形状，表面有囊膜和纤突，对外界的抵抗力较强，尤其是在分泌物或粪便中的病毒。病毒耐受低温，4℃下可存活数周，对酸、碱的耐受性较强，对乙醚和氯仿敏感，具有亲脂特性的消毒剂如酚类、阳离子表面活性剂、季铵盐类等对该病毒有效。

3. 流行病学特点

（1）传染源　病鸭、康复期带毒鸭、病鸡、带毒鸡和带毒野鸟等，可通过粪便及口腔黏液排出病毒，是主要的传染源。

（2）传播途径　主要通过水平传播，消化道和呼吸道都可感染。污染含病毒的粪便或分泌物的器具、车辆、饲料、饮水等均可充当传播媒介，感染的飞禽或迁徙鸟类会将病毒传播到很远的地方。该病可以垂直传播。

（3）易感动物　绝大多数的鸟类均可感染发病，番鸭的易感性比其他品种鸭略高些，各日龄鸭均可感染，40日龄以内鸭感染后发病严重，大日龄鸭感染后不表现症状，多为带毒者。

（4）流行范围　该病呈世界性分布。

（5）季节性　该病的发生没有明显的季节性特征。

（6）潜伏期　约为2～6天。

（7）发病率和病死率　发病率从10%～50%不等，病死率为

$10\% \sim 20\%$，日龄越小，感染后的发病率和病死率越高。

4. 临诊症状及剖检病变

（1）典型的临诊症状　病鸭精神不振，食欲减退，排黄白色稀粪或水样粪便，时常甩头、咳嗽，随着病情的发展，表现扭颈、转圈、仰头、头颈震颤等神经症状，呼吸困难，眼睛流泪，眼眶及周围羽毛被泪水打湿。

（2）典型的剖检病变

① 消化道黏膜的出血。腺胃黏膜水肿、出血，腺胃与食道交界处出血，十二指肠和直肠黏膜出血。

② 实质脏器的病变。肝脏稍肿大、出血或瘀血，脾脏肿大，胰腺出血，或有大量针头大小的坏死点。肺脏轻度出血，气管和支气管偶见出血，脑充血水肿。

5. 诊断

① 消化道黏膜的出血具有一定的诊断意义。应根据发病日龄、临诊表现和剖检病变综合分析，做出初步诊断。

② 临诊诊断时应注意与其他消化道黏膜出血疾病相区别，包括细小病毒病、小鹅瘟、禽流感等。

③ 实验室诊断包括病毒的分离鉴定、免疫学诊断和分子生物学诊断等。

6. 防治

（1）生物安全饲养模式　有条件的鸭场应做好生物安全措施，不让鸭子接触到病鸭、带毒鸭、病鸡、带毒鸡和野鸟等传染源。应做好消毒和卫生管理措施，对人员和车辆的出入严格控制并彻底消毒。

（2）免疫预防　疫苗免疫是预防该病的有效措施，目前已商品化的疫苗有两大类：一类是活疫苗，其中有中等毒力的Ⅰ系苗和其他活疫苗（如Ⅳ系苗、N系苗和克隆-30等）；另一类是油佐剂灭活苗。新城疫疫苗免疫鸭后能提供一定的免疫保护，但由于感染鸭的新城疫病毒与疫苗毒在抗原性上存在一定差异，所以以疫苗的效果会相对差一些。鸭专用的新城疫疫苗已有学者开始研制，在不久的将来有望应用于生产。

（3）治疗　发病时应严格消毒场地、物品和用具，隔离病鸭，无害化处理死鸭。根据具体情况可进行紧急接种，用新城疫活疫苗Ⅳ系稀释20倍后滴鼻。紧急接种会加速一部分感染鸭的死亡，但整群在接种后1周左右停止死亡。也可对病鸭注射抗新城疫高免卵黄抗体，每羽1～2毫升，同时应用抗病毒药和抗生素，可在一定程度上控制疫情。

六、禽坦布苏病毒病

1. 发病历史

禽坦布苏病毒病是2010年春在我国河北、江苏和福建等地蛋鸭、种鸭中出现的一种以产蛋量骤然下降，甚至停产为主要临诊特征的疾病，病鸭还伴有发热、食欲减退等症状。随后该病逐步蔓延到我国东南沿海大部分省份及地区，不同地区、不同品种鸭群发病率高低不一，种禽、蛋禽，包括鸭、鹅、鸡及麻雀等都有感染报道。2012年马来西亚、2013年泰国也相继暴发该病，该病已成为危害养禽业健康发展的又一新发疫病。

2. 病原学简介

坦布苏病毒在分类上属于黄病毒科黄病毒属恩塔亚病毒群，其基因组为单股正链RNA。坦布苏病毒呈球形，有囊膜，对外界的抵抗力不强，56℃下15分钟即可被灭活，对酸、碱的耐受性也不强，对乙醚和氯仿敏感，具有亲脂特性的消毒剂如酚类、阳离子表面活性剂、季铵盐类等对该病毒有效。

3. 流行病学特点

（1）传染源　病鸭、康复期带毒鸭、病鸡、带毒鸡等是主要的传染源，可通过粪便排出病毒。从发病鸭场附近的麻雀和死亡鸽体内也分离到病毒，表明野鸟和其他禽类亦可被感染，或者携带病毒成为坦布苏病毒的传染源。

（2）传播途径　该病的传播方式有水平传播和垂直传播两种。直接接触可传染本病，被污染的种蛋、运输工具、饲料、饮水和人员流动均可成为重要的传播载体，实验已证实，该病毒可经蚊虫叮咬传播。种禽在感染期间所产的种蛋极易被病毒污染，造成病毒的垂直传播。

（3）易感动物　所有品种的蛋鸭、肉种鸭、野鸭、蛋鸡、鹅等均可自然感染发病。产蛋期的易感性强,各日龄段均可感染发病。

(4)流行范围 该病目前在中国、马来西亚和泰国等地流行。

(5)季节性 该病的发生没有明显的季节性特征,在蚊虫活动频繁的季节相对多发。

(6)潜伏期 约为2~6天。

(7)发病率和病死率 开产蛋鸭、种鸭、蛋鸡和种鹅等最易感,发病率几乎为100%,主要引起产蛋下降;病死率非常低,仅有个别死亡。

4. 临诊症状及剖检病变

(1)典型的临诊症状 发病早期鸭群表现采食量略下降,部分病鸭排绿色稀粪,趴卧或不愿行走,随之产蛋量急速下降,严重感染鸭群的产蛋率通常在3~7天之内下降至10%以下,直至停产。2~3周龄左右的商品肉鸭也会发病,主要以神经症状为主,患鸭站立不稳、运动失调。病鸭虽然仍有食欲和饮欲,但往往因为行动困难而无法采食,因饥饿或被践踏而死。

(2)典型的剖检病变

① 卵巢的病变。后备鸭感染后,剖检可见卵泡表现不同程度的出血(图13-11),或卵泡停止发育,形成桑葚卵巢。开产鸭感染后,剖检病变主要有卵巢的出血(图13-12)、液化、瘢痕化(图13-13)及卵巢萎缩、卵泡闭锁,形成桑葚卵巢,感染后期会出现卵黄性腹膜炎。

图13-11 后备鸭卵泡不同程度的出血(程龙飞供图)

图 13-12　卵巢的出血（程龙飞供图）

图 13-13　卵巢的瘢痕化（程龙飞供图）

② 其他病变。商品肉鸭感染后，主要的剖检病变为局灶性肝脏出血、脾脏肿大坏死而使其表面呈大理石样，脑轻度出血，其他脏器无肉眼可见病变。种公鸭感染后主要表现为睾丸出血、萎缩，精子质量下降，受精率降低。

5. **诊断**

① 产蛋率的突然大幅度下降，仅有个别死亡，具有一定的诊断意义。应根据发病日龄、临诊表现和剖检病变综合分析，做出初步诊断。

② 临诊诊断时应注意与其他引起产蛋下降的疾病相区别，包括减蛋综合征、禽流感等。

③ 实验室诊断包括病毒的分离鉴定、免疫学诊断和分子生物学诊断等。

6. 防治

（1）生物安全饲养模式　有条件的鸭场应做好生物安全措施，防止疾病传入，不让鸭子接触到病鸭、带毒鸭、病鸡、带毒鸡和野鸟等。做好消毒和卫生管理措施，对人员和车辆的出入严格控制并彻底消毒。

（2）免疫预防　疫苗免疫是预防该病的有效措施，目前已商品化的疫苗有灭活疫苗和弱毒活疫苗两种。商品肉鸭的免疫于 10 日龄左右进行，注射 1 次即可。蛋鸭和种鸭的免疫，于 10 日龄左右首次免疫，两周后加强免疫 1 次，在开产前 2 周左右再次免疫。

（3）治疗　发病时应严格消毒场地、物品和用具，根据具体情况可进行紧急接种，选择弱毒活疫苗，按双倍量进行注射。

七、番鸭细小病毒病

1. 发病历史

该病俗称"三周病""喘泻病"等，最早于 1985 年在福建、广东和浙江等省发生和流行，1991 年林世棠等经病毒分离、电镜观察、中和试验和雏番鸭人工感染试验初步确定该病病原为细小病毒。1993 年程由铨等进一步确认该病的病原为细小病毒科细小病毒属的一个新成员，即番鸭细小病毒。据报道，1989 年在法国即已出现类似的疾病流行。

2. 病原学简介

番鸭细小病毒属于细小病毒科细小病毒亚科依赖细小病毒属雁形目依赖细小病毒 1 型。番鸭细小病毒呈二十面体对称，是单股线性 DNA 病毒，只有一个血清型，近些年出现变异株即新型番鸭细小病毒，侵害的宿主范围有扩大的趋势。该病毒没有囊膜，耐乙醚、氯仿、胰蛋白酶、酸和热，对多种消毒剂不敏感。

3. 流行病学特点

（1）传染源　病鸭和带毒种鸭是主要的传染源，污染病毒的种蛋是重要的传播媒介。

（2）传播途径　可通过消化道和呼吸道途径感染。

（3）易感动物　自然易感动物主要是 21 日龄内的雏番鸭，大日龄番鸭感染后不发病而成为带毒者。

（4）流行范围　该病呈世界性分布。

（5）季节性　该病的发生没有明显的季节性特征，冬春气温较低的季节，发病更为多见。

（6）潜伏期　约为 4 ～ 7 天。

（7）发病率和病死率　发病率从 20% ～ 60% 不等，病死率约20% ～ 40%。

4. 临诊症状及剖检病变

（1）典型的临诊症状　羽毛蓬松、两翅下垂，精神委顿，两脚无力，喜卧于角落，喙端发绀，呼吸困难，常张口呼吸。有不同程度腹泻，粪便呈灰白或绿色，常黏于泄殖腔周围。病程一般为2 ～ 4 天，濒死前两脚麻痹、倒地，最后衰竭死亡。

（2）典型的剖检病变

① 肠道的卡他性炎症。整个肠道呈卡他性炎症，外观肠壁变薄，肠道增粗，内容物水样（图 13-14），以十二指肠和小肠中、前段更严重。十二指肠和直肠后段的黏膜可见不同程度的充血和出血。

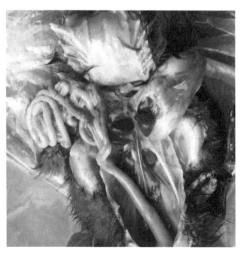

图 13-14　肠道外观肠壁变薄，内容物水样（刘友生供图）

② 实质脏器的病变。胰腺的病变相对明显，胰腺充血或出血，表面散布针尖大小的灰白色坏死点（图13-15）。心脏变圆，心肌松弛，肺瘀血，肾充血，有时见脑膜出血。

图 13-15　胰腺充血，表面散布针尖大小的灰白色坏死点
（刘友生供图）

5. 诊断

① 肠道，特别是中、前段肠道的卡他性炎症，具有很重要的诊断意义。根据发病日龄、典型的临诊表现和剖检病变，可以做出初步诊断。

② 临诊诊断时应注意与其他具肠道病变的疾病、小日龄番鸭常发的其他疾病相区别，包括禽流感、小鹅瘟、鸭呼肠孤病毒病、鸭3型腺病毒病等。

③ 实验室诊断包括病毒的分离鉴定、胶乳凝集试验和胶乳凝集抑制试验、琼脂扩散试验和分子生物学诊断等。

6. 防治

（1）加强饲养管理　做好育雏舍的温度、湿度控制，在保暖的同时做好通风换气工作，做好卫生消毒，减少应激，提高雏鸭的抵抗力，对减轻该病的症状、降低该病的发病率和死亡率有较大的帮助。

（2）免疫预防　接种疫苗是重要的预防手段之一。市面上有番鸭细小病毒病活疫苗、番鸭细小病毒病和番鸭小鹅瘟二联疫苗可以选择。建议出壳时注射 1 次，可有效预防该病的发生。

（3）治疗　发病时，隔离病鸭，注射番鸭细小病毒病高免卵黄抗体，每天 1 次，视病情连续注射 2～3 天，结合作用于肠道的广谱抗生素或抗病毒的中药进行拌料或饮水。

八、小鹅瘟

1.　发病历史

早在 1965 年，我国雏鹅流行一种急性败血性传染病，俗称小鹅瘟，方定一分离并鉴定了病原，为鹅细小病毒，当时该病仅发生于雏鹅。自 1997 年以来，我国南方数省的番鸭流行一种以腹泻、肠黏膜栓塞为主要特征的疫病，经多方面研究，最终确定是由鹅细小病毒引起的疾病，我们称为经典小鹅瘟。

20 世纪 70 年代初期，法国饲养的半番鸭发生一种以上喙变短、生长不良为主要症状的流行病，直到 90 年代末才确诊为新型鹅细小病毒引起的。我国于 2008 年下半年开始出现相似疾病的流行，不仅发生于半番鸭，樱桃谷鸭也有发生，经鉴定，病原和法国的相同，我们称为短喙侏儒综合征。

2.　病原学简介

和番鸭细小病毒一样，鹅细小病毒和新型鹅细小病毒都属于细小病毒科细小病毒亚科依赖细小病毒属雁形目依赖细小病毒 1 型，呈圆形等轴立体对称的二十面体，是单股线性 DNA 病毒。没有囊膜，耐乙醚、氯仿、胰蛋白酶、酸和热，对多种消毒剂不敏感，但对紫外线敏感。

3.　流行病学特点

（1）传染源　病鸭、病鹅和带毒种鸭、种鹅是主要的传染源，污染病毒的种蛋是重要的传播媒介。

（2）传播途径　可通过消化道和呼吸道途径感染。

（3）易感动物　经典小鹅瘟的自然易感动物主要是雏鹅、1～4 周龄内的番鸭，大日龄鹅和番鸭感染后不发病而成为带毒者。短喙侏儒综合征的自然易感动物是半番鸭和樱桃谷鸭，番鸭也偶见感染，感染日龄不确定，感染时日龄越小，长大后表现症状的鸭的比例就越高。

（4）流行范围　该病呈世界性流行。

（5）季节性　该病的发生没有明显的季节性特征，冬春气温较低的季节，发病更为多见。

（6）潜伏期　约为 4 ～ 6 天。

（7）发病率和病死率　经典小鹅瘟的发病率从 50% ～ 70% 不等，病死率约 20% ～ 50%。短喙侏儒综合征的发病率从 20% ～ 50% 不等，偶有个别死亡。

4. 临诊症状及剖检病变

（1）经典小鹅瘟的临诊症状及剖检病变

① 典型的临诊症状。精神委顿，食欲减少甚至不食，羽毛蓬松、两翅下垂，两脚无力，喜卧于角落，有不同程度腹泻，粪便呈黄白色或淡绿色，病程一般为 5 ～ 8 天，常衰竭而死。

② 典型的剖检病变。

a. 肠道的栓塞。整个肠道外观发红，十二指肠出血，肠道中后段肿胀，触压有硬感（图 13-16），剖开可见由脱落的肠黏膜、肠内容物和渗出物等形成的干燥、质地较硬的腊肠样栓塞。

图 13-16　肠道中后段肿胀，触压有硬感（程龙飞供图）

b. 实质脏器的病变。不明显，有时可见心包积液，肝脏略肿大，胆囊充盈，脾脏萎缩等。

（2）短喙侏儒综合征的临诊症状及剖检病变

① 典型的临诊症状。病鸭上喙变短，舌头突出于喙的外部，发育不良，体重减轻，个头明显变小。感染时，鸭群几乎不表现异常，食欲、饮欲、精神状态等没有明显的变化。鸭群从 20 日龄左右开始出现短喙的鸭子，日龄越大，短喙和发育不育的表现越发明显，而且发生的比例也逐渐增多。偶有个别死亡，是长期争食不到、营养不良导致的衰竭死亡，或是被鸭群踩踏致死。

② 典型的剖检病变。无典型的剖检病变。将表现典型症状的鸭扑杀，可见胸腺肿大、出血，骨质疏松，翅膀、胫骨易折断等。

5. 诊断

① 肠道，特别是中、后段肠道的栓塞，对经典小鹅瘟具有很重要的诊断意义。鸭群中出现一定比例（20% 以上）上喙变短、发育不良的个体，即可以初步诊断为短喙侏儒综合征。

② 临诊诊断时，经典小鹅瘟应注意与其他具肠道病变的疾病、小日龄番鸭常发的其他疾病相区别，包括禽流感、番鸭细小病毒病、鸭呼肠孤病毒病、鸭 3 型腺病毒病等。短喙侏儒综合征应注意与鸭圆环病毒引起的生长发育不良相区别。

③ 实验室诊断包括病毒的分离鉴定、胶乳凝集试验和胶乳凝集抑制试验、琼脂扩散试验和分子生物学诊断等。

6. 防治

（1）加强饲养管理　做好育雏舍的温度、湿度控制，在保暖的同时做好通风换气工作，做好卫生消毒，减少应激，提高雏鸭的抵抗力，对减轻该病的症状、降低该病的发病率和死亡率有较大的帮助。

（2）免疫预防　接种疫苗是重要的预防手段之一。市面上有番鸭细小病毒病和番鸭小鹅瘟二联疫苗，免疫后对经典小鹅瘟的保护好些，对短喙侏儒综合征的保护相对差些。建议出壳时注射 1 次即可。

（3）治疗　经典小鹅瘟发病时，将病鸭隔离，注射番鸭小鹅瘟高免卵黄抗体，每天 1 次，视病情连续注射 2 ～ 3 天，结合作用于肠道的广谱抗生素或抗病毒的中药进行拌料或饮水，可收到一定效果。对短喙侏儒综合征，发现时已是疾病的后期，没有治疗意义，只能淘汰病鸭。

九、鸭 3 型腺病毒病

1. 发病历史

鸭 3 型腺病毒病是 2014 年以来开始在我国流行的一种可引起番鸭肝脏肿大、出血和坏死为特征的新病，又称为"白肝病"等。最早由张新珩等报道在广东的番鸭养殖场中发生，随后该病在安徽、福建、浙江、江西、河南、云南等我国大部分地区流行，对我国番鸭养殖业造成了重大的经济损失。

2. 病原学简介

鸭 3 型腺病毒在分类上属于腺病毒科禽腺病毒属，其基因组为线性双股 DNA，呈二十面体对称，没有囊膜，对具有亲脂特性的消毒剂如酚类、阳离子表面活性剂、季铵盐类等不敏感，对各理化因素的抵抗力较强，室温下病毒可存活 10 天以上，56℃下 30 分钟才能被灭活。

3. 流行病学特点

（1）传染源　目前，该病的传染源不明确，估计是成年带毒鸭，污染病毒的种蛋可能是重要的传播媒介，也可能经卵垂直传播。

（2）传播途径　目前，该病的传播途径不明确。

（3）易感动物　目前临诊上发病最多的品种是番鸭，没有性别差异，黑羽番鸭和白羽番鸭均可发生，偶见麻鸭发病。发病日龄多为 10 ～ 40 日龄。

（4）流行范围　该病呈国内流行。

（5）季节性　该病的发生没有明显的季节性特征，冬春气温较低的季节，发病更为多见。

（6）潜伏期　尚不明确。

（7）发病率和病死率　发病率从 20% ～ 50% 不等，病死率约 10% ～ 30%。

4. 临诊症状及剖检病变

（1）典型的临诊症状　病鸭精神不振，打堆，食欲下降，排黄白色稀粪，2 天后陆续有死亡发生，死亡率在表现症状后的第 5 ～ 8 天最高，然后逐渐减少，病程约持续 15 天。

（2）典型的剖检病变

① 心包积液。心包膜略增厚，心包内有少量积液，积液呈清亮的淡黄色。

视频 13-2
扫码观看：鸭 3
型腺病毒病

② 肝脏的病变。肝脏肿大，颜色变淡，呈黄白色或淡黄色，故又称为"白肝病"，表面散布大量的出血点（视频 13-2，图 13-17），或同时有大量的出血点和灰白色坏死点。胆囊肿大、内充满胆汁。

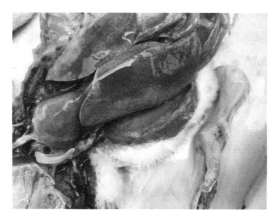

图 13-17　心包内有少量积液；肝肿大，有大量出血点（程龙飞供图）

③ 肾脏的病变。肾脏肿大，有大量的出血点（图 13-18）。

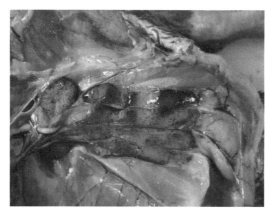

图 13-18　肾脏肿大、出血（程龙飞供图）

④ 其他脏器的病变。脾脏肿大、出血或充血，法氏囊萎缩。

5. **诊断**

① 心包积液，肝脏肿大色淡、出血或坏死，肾脏的肿大出血，这些剖检病变具有重要的诊断意义。结合发病日龄、临诊表现等即可做出初步诊断。

② 临诊诊断时，应注意与其他引起肝脏病变的疾病相区别，包括禽流感、鸭呼肠孤病毒病、禽霍乱等。

③ 实验室诊断包括病毒的分离鉴定、免疫学试验和分子生物学诊断等。

6. **防治**

（1）加强饲养管理　做好育雏舍的温度、湿度控制，在保暖的同时做好通风换气工作，做好卫生消毒，减少应激，提高雏鸭的抵抗力，对减轻该病的症状、降低该病的发病率和死亡率有较大的帮助。

（2）免疫预防　接种疫苗是重要的预防手段之一。该病是近几年出现的一种新病，尚没有商品化的疫苗可供选用。有学者试制了灭活疫苗，于4～7日龄进行注射免疫，收到较好的效果。

（3）治疗　将病鸭隔离，注射鸭3型腺病毒病的高免卵黄抗体，每天1次，视病情连续注射2～3天，结合防止并发症的广谱抗生素或抗病毒的中药进行拌料或饮水，可收到一定效果。

十、鸭传染性浆膜炎

1. **发病历史**

鸭传染性浆膜炎是由鸭疫里默菌引起的主要危害水禽和火鸡的一种非常常见的细菌性传染病，于1932年正式命名，往前追溯，1904年就有美国学者曾报道鹅发生了类似疾病。

2. **病原学简介**

鸭疫里默菌在分类上属黄杆菌科里默菌属，是一种呈革兰氏阴性的小杆菌，无运动性，不形成芽孢，有荚膜，有21种以上的血清型，不同血清型之间的交叉保护力较低。该病没有公共卫生学意义。实验室条件下，鸭疫里默菌纯培养物对理化因素的抵抗力不强，但在自然状态下的抵抗力尚不清楚。

3. 流行病学特点

（1）传染源　病鸭、康复期的感染鸭以及带菌的成年鸭，都是重要的传染源。车辆、工具、饲料、饮水等均能机械性传播病原。

（2）传播途径　经呼吸道和皮肤伤口感染，特别是足部皮肤伤口感染。

（3）易感动物　所有品种的鸭都会感染发病。鹅和火鸡也易感，鸡偶有发病感染的病例。10～50日龄是本病的多发日龄，10周龄以上零星发生，成年鸭不发病。

（4）流行范围　该病呈世界性流行。

（5）季节性　本病的发生有一定的季节性特征，在温度较低的冬、春季相对多发。在环境卫生差、饲养密度过高、通风不良的饲养场多见。

（6）潜伏期　潜伏期为2～5天。

（7）发病率和病死率　发病率从5%～70%不等，病死率约5%～60%。

视频 13-3
扫码观看：鸭传染性浆膜炎（一）

4. 临诊症状及剖检病变

（1）典型的临诊症状　感染鸭临诊表现为精神沉郁、蹲伏、缩脖、采食减少、消瘦，排白色奶油状黏稠粪便，后期站立不稳、原地转圈、共济失调、头颈震颤、衰竭而死，自然耐过或治愈鸭头颈歪斜、生长迟缓（视频13-3）。

（2）典型的剖检病变

① 心包炎。心包增厚并与胸骨粘连、心包膜上有大量灰白色或黄白色纤维素性或干酪样渗出物（视频13-4）。

视频 13-4
扫码观看：鸭传染性浆膜炎（二）

② 肝周炎。肝脏肿大，表面有一层灰白色或灰黄色的纤维素性膜（图13-19），大部分可剥离，病程长的或严重的不易剥离。

③ 气囊炎。气囊膜增厚、不透明，表面有白色或黄色厚薄不一的干酪样渗出物（图13-20）。

④脑膜炎。脑膜充血或出血。

图 13-19 肝脏表面被灰白色纤维素性膜覆盖（程龙飞供图）

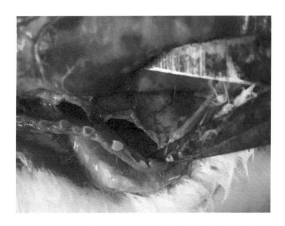

图 13-20 气囊表面覆盖干酪样渗出物（程龙飞供图）

5. **诊断**

① 心包炎、肝周炎、气囊炎，俗称"三炎"，具有重要的诊断意义。结合发病日龄、临诊症状等即可做出初步诊断。

② 临诊诊断时，应注意与其他引起相似炎症的疾病相区别，包括禽流感、大肠杆菌病、沙门菌病、衣原体病、支原体病等。

③ 实验室诊断包括细菌的分离鉴定、免疫学试验和分子生物学诊断等。

6. 防治

（1）加强饲养管理　保持合适的饲养密度，育雏舍注意通风、保持干燥、及时清粪，将空舍时间维持在 10 天及以上等，能有效减少本病的发生率或减轻发病的严重程度。

（2）免疫预防　接种疫苗是重要的预防手段之一。商品化的疫苗是传染性浆膜炎灭活疫苗，目前国内已有多家公司生产了多种血清型灭活疫苗。应选择与本地区流行菌株血清型相同的灭活疫苗，才能有免疫效果。一般于 5～7 日龄首次接种，饲养周期短的樱桃谷鸭和半番鸭免疫一次即可，饲养周期长的半番鸭和番鸭，视场内该病的发生情况，可选择于 40 日龄左右再免疫一次。

（3）药物预防　鸭疫里默菌敏感的药物不多且易产生耐药性，临诊应用时要注意观察效果。可以选择丁胺卡那霉素、庆大霉素或磺胺类药物如磺胺六甲氧嘧啶等，在常发病日龄前添加到饲料或饮水中，能起到一定的预防作用。

（4）治疗　应将死亡鸭、病重鸭深埋或焚烧，严格消毒场地、物品和用具。将症状较轻的发病鸭集中于隔离区内。病情相对重的，采取肌内注射的方式给药；病情相对轻的，采取拌料或饮水的方式给药。治疗用药物可选择氟苯尼考、头孢类抗生素、丁胺卡那霉素、壮观霉素或新霉素等。

十一、鸭大肠杆菌病

1. 发病历史

鸭大肠杆菌病是指由致病性大肠杆菌引起鸭全身或局部感染的疾病，在临诊上有大肠杆菌性败血症和脐炎等多种病型。大肠杆菌在自然界广泛分布，血清型较多，大多数血清型的大肠杆菌在正常条件下是不致病的，只有少数血清型的大肠杆菌与人和动物疾病密切相关。从禽类分离到的大多数致病性大肠杆菌只对禽类有致病作用，而对人或其他动物则表现较低的致病性，但禽类致病性大肠杆菌具有重要的公共卫生学意义。禽类致病性大肠杆菌中编码耐药性和毒力的质粒有可能传递到其他动物源或人源大肠杆菌，从而对其他动物和人类的健康构成威胁。

2. 病原学简介

大肠杆菌在分类上属肠杆菌科埃希氏菌属，是一种呈革兰氏阴性的小杆菌，大多数菌株以周生鞭毛运动，不形成芽孢，部分菌株有荚膜。大肠杆菌可以根据 4 种抗原来进行血清型分类，O 抗原是一种耐热菌体抗原，是细菌溶解后释放出的内毒素，其化学组成是多糖-磷脂复合物，121℃加热 2 小时不破坏其抗原性，已确定的有 180 多种；H 抗原是一类不耐热的鞭毛蛋白抗原，加热至 80℃或经乙醇处理后即可破坏其抗原性，能刺激机体产生高效价凝集抗体，已确定的有 60 种；K 抗原是菌体表面的一种热不稳定抗原，存在于被膜、荚膜或菌毛中，已确定的有 80 多种；F 抗原与细菌的黏附作用相关，也与细菌的毒力相关。虽然有 4 种抗原对大肠杆菌进行分型，但 O 抗原的血清型是最常用的分类依据，国内公布的禽类致病性大肠杆菌的血清型越来越多，但以 O78、O2、O1 等较为多见。

大肠杆菌无特殊的抵抗力，对理化因素敏感，60 ～ 70℃、2 ～ 3 分钟内即可灭活大多数菌株。大肠杆菌耐冷冻并可在低温条件下长期存活。鸭舍灰尘中的大肠杆菌于干燥条件下可长期存活，饲料、垫料、粪便、绒毛、蛋壳等上附着的大肠杆菌可存活数周或数月之久。

3. 流行病学特点

（1）传染源　病鸭、康复期的感染鸭以及带菌的成年鸭，都是重要的传染源，可通过粪便排毒，车辆、工具、饲料、饮水、空气、粉尘、鼠等均能机械性传播病原。

（2）传播途径　经呼吸道、皮肤伤口、生殖道、种蛋污染等多种途径感染。

（3）易感动物　所有品种鸭、所有日龄都会感染发病。

（4）流行范围　该病呈世界性流行。

（5）季节性　本病的发生没有季节性特征。

（6）潜伏期　潜伏期为 2 ～ 6 天。

（7）发病率和病死率　发病率从 5% ～ 80% 不等，病死率约 5% ～ 50%。

4. 临诊症状及剖检病变

大肠杆菌感染后，因细菌毒力不同、感染途径不同、鸭的营养状况等，临诊上表现出的病型也多种多样，可以分为局部感染和全身感染两大类。局部感染常见的有脐炎／卵黄囊感染、腹泻、输卵管炎、滑膜炎、鼻窦炎、蜂窝织炎、脑炎和全眼球炎等；全身感染常见的有败血症、气囊炎和腹膜炎等。

（1）脐炎／卵黄囊感染的临诊症状和剖检病变　发生在孵化过程特别是孵化后期的感染，致病性大肠杆菌直接进入蛋内导致胚胎感染，引起胚胎死亡、出壳后弱雏增多、出壳时间推迟等，脐部多与蛋壳内壁粘连，出壳后的雏鸭腹部膨大，脐部肿胀，有的脐孔破溃，严重者脐部发黑、恶臭，多于3天内陆续死亡。剖检见卵黄未被吸收，呈黄色黏稠状，病程稍长者，卵黄囊肿大发硬或变黑色（图13-21），内容物呈干酪样。

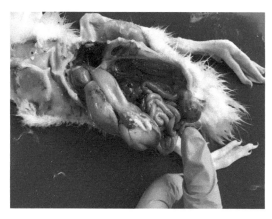

图 13-21　卵黄未被吸收，发硬、变黑（程龙飞供图）

（2）腹泻的临诊症状和剖检病变　鸭出现不同程度的腹泻，长期腹泻的病鸭脱水，剖检见整个肠道苍白、膨胀，肠壁变薄，内有大量液体积聚。

（3）输卵管炎的临诊症状和剖检病变　多发生于产蛋后期或人工配种的种鸭，病鸭精神不振，食欲减退，下痢，排黄白色恶臭稀粪且带有气泡，泄殖腔周围污秽，严重时有脱肛现象。产蛋下降或停止，蛋变小或变形，蛋壳变软或粗糙。剖检见卵巢出血、变形或破裂，输卵管粘连、出血，有时输卵管内充满不成形的蛋清和蛋黄碎片。腹膜炎，腹腔中常有淡黄色污浊恶臭的液体或破裂的卵黄液（图13-22），严重时整个腹腔黏成一块。

图 13-22　卵破裂引起的腹膜炎（程龙飞供图）

（4）败血症的临诊症状和剖检病变　发生于小日龄鸭和成年鸭，常突然死亡，体质良好，嗉囊内充满大量食物。主要病变为肝脏肿大、瘀血，肝脏表面由厚薄不一灰白色或淡黄色纤维素性渗出物覆盖（图13-23），胆囊扩张、充满胆汁；气囊混浊，有不同程度干酪样渗出物附着；脾脏、肾脏肿大。病程稍长者，心包增厚，被纤维素性渗出物包裹。

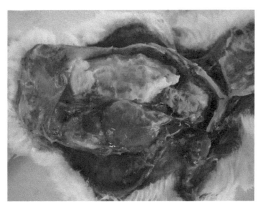

图 13-23　肝脏表面被淡黄色纤维素性渗出物覆盖（程龙飞供图）

（5）气囊炎的临诊症状和剖检病变　多发生于育雏期，病鸭精神不振、食欲减退、喜蹲伏于角落、咳嗽、啰音、张口呼吸、驱赶后病情加重、病死率低但病程会拖得很长。剖检见气囊混浊，附着有灰白色或淡黄色、湿润或干燥、厚薄不一的纤维素性渗出物（图13-24），肝脏表面由厚薄不一灰白色或淡黄色纤维素性渗出物覆盖，心包膜增厚，有大量纤维素性渗出物附着且与胸骨粘连。

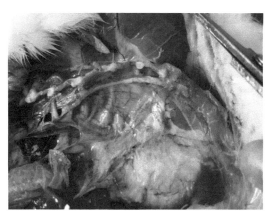

图13-24　气囊混浊，附着有淡黄色纤维素性渗出物（程龙飞供图）

（6）腹膜炎的临诊症状和剖检病变　发生于小日龄鸭和成年鸭，病鸭精神不振、食欲减退、渐进性消瘦、病程长、衰竭而死。主要病变为整个腹腔的浆膜面覆盖了一层厚薄不一的灰白色或淡黄色纤维素性渗出物，味恶臭。

5. **诊断**

① 大肠杆菌表现的病型多种多样，诊断有一定难度，结合发病日龄、临诊症状和剖检病变，可做出初步诊断。

② 临诊诊断时，应注意与其他引起相似炎症的疾病相区别，包括传染性浆膜炎、沙门菌病、衣原体病、支原体病、葡萄球菌病等。

③ 实验室诊断包括细菌的分离鉴定、免疫学试验和分子生物学诊断等。

6. **防治**

（1）加强饲养管理　保持合适的饲养密度，育雏舍注意通风、保持干燥、及时清粪，搞好鸭舍和环境的卫生消毒工作，避免各种应激因素，提供全价饲料，能有效减少本病的发生率或减轻发病的严重程度。

（2）免疫预防　可以考虑，但也有一些不足之处。因为致病性大肠杆菌的血清型有几十种，不同血清型菌株之间没有交叉保护效力，所以免疫接种时应选用与流行菌株血清型相同的疫苗，一般于 15 日龄左右免疫一次即可。

（3）药物预防　许多抗菌药物如硫酸庆大霉素、硫酸新霉素、硫酸卡那霉素、金霉素、氨苄青霉素、头孢类和磺胺类药物等均对本菌有一定的抑制或杀灭作用。但要注意，大肠杆菌易产生耐药性，所以以选择没有拮抗作用的 2～3 种药物同时应用为佳。

（4）治疗　多数抗菌药物都对大肠杆菌有一定的作用，治疗时可选择几种没有拮抗作用的药物同时进行治疗。多数大肠杆菌病是由于其他疾病的影响使得鸭群的抵抗力下降才发生的，因此治疗大肠杆菌病的同时，应请教专门的兽医人员，同时排查其他疾病，以免耽误病情。

十二、禽霍乱

1. 发病历史

禽霍乱是由禽源多杀性巴氏杆菌引起的主要侵害鸡、鸭、鹅等各种禽类的一种接触性传染病。本病早在 1880 年就被发现，1836 年首次被命名为禽霍乱，现在仍在世界各地流行，常急性发作，病程短促，死亡率高，虽然许多抗菌药物能迅速控制本病，但停药后极易复发，造成的损失极大，而且本病一旦流行，不易根除。

2. 病原学简介

禽源多杀性巴氏杆菌在分类上属巴氏杆菌科巴氏杆菌属，是一种革兰氏阴性的小杆菌，无鞭毛，不形成芽孢，有荚膜。血清分型采用将 Carter 荚膜群抗原分型（大写英文字母，A、B、D、E、F 共 5 个群）和 Heddleston 耐热菌体抗原分型（阿拉伯数字，加括号表示较弱的反应，共 1～16 个菌体型）相结合的方法。侵害鸡、鸭和鹅等禽类的菌株，荚膜群几乎全为 A 群。该菌的纯培养物对理化因素的抵抗力不强，但在粪便、分泌物中的细菌对外界抵抗力较强。

3. 流行病学特点

（1）传染源　带菌的鸟类或家禽是重要的传染源，慢性感染家禽、康复期的家禽等都是传染源。健康禽类带菌的比例较高，许多应激因子如天气的突然改变、饲料的突然改变、断水断料等，能使鸭的抵抗力降低导致发病。

（2）传播途径　经消化道、呼吸道和皮肤伤口感染。

（3）易感动物　所有鸟类均易感，所有品种鸭都会感染发病。临诊中，30 日龄以下的鸭较少发病，成年鸭特别是产蛋鸭发病多见。

（4）流行范围　该病呈世界性流行。在高温的地区发病率相对较多。

（5）季节性　本病的发生有一定的季节性特征，在高温、潮湿且多雨的夏、秋季节多见。在我国，南方数省的流行比北方多见。

（6）潜伏期　潜伏期为 1 ～ 4 天。

（7）发病率和病死率　发病率从 5% ～ 50% 不等，病死率约 5% ～ 40%。

4. 临诊症状及剖检病变

禽源多杀性巴氏杆菌的毒力不同，感染鸭后可引起急性型和慢性型两大类型。

（1）急性型的临诊症状及剖检病变　初期常在饲料槽边突然发现死鸭，死亡鸭营养状况良好，嗉囊中充满食物。随着病程的发展，病鸭体温升高，食欲减少，口、鼻分泌物增多引起呼吸困难，严重时摇头企图甩出喉头黏液，腹泻，排黄绿色稀粪，后期粪便中带血。典型的病变表现在心脏、肝脏、肺脏和肠道。心肌、心冠脂肪上有少量或大量的出血点或出血斑；肝脏肿大，质地变脆，表面有大量针尖大至针头大的灰白色坏死点（图 13-25）；肺脏瘀血、水肿或出血，有时有渗出液；肠道出血严重（视频 13-5，图 13-26），以十二指肠最为严重，小肠膨胀至正常的 2 倍大小，内容物呈胶冻样，肠淋巴结出血、呈环状肿大。

视频 13-5
扫码观看：禽霍乱

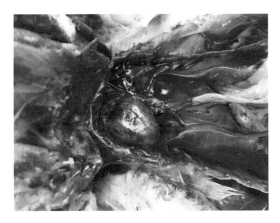

图 13-25　心肌、心冠脂肪上有出血点或出血斑，肝脏表面有大量灰白色坏死点（程龙飞供图）

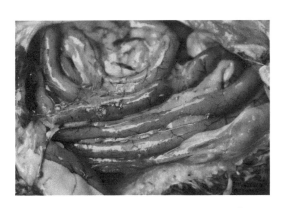

图 13-26　肠道严重出血（程龙飞供图）

（2）慢性型的临诊症状及剖检病变　由毒力弱的毒株引起，或者由急性病例耐过鸭发展而来。病鸭发低热，消瘦，下痢，局部有炎症，鼻炎鸭常有呼吸啰音或咳嗽等，关节炎病鸭行走困难或跛行，病程较长，可拖延几周。

5. **诊断**

①　心冠脂肪上的出血点、肝脏表面数量较多针尖大至针头大的灰白色坏死点，具有重要的诊断意义。结合发病日龄、急性发作等表

现等即可做出初步诊断。

② 临诊诊断时，应注意与其他引起肝脏病变的疾病相区别，包括禽流感、鸭呼肠孤病毒病、鸭 3 型腺病毒病、沙门菌病等。

③ 实验室诊断包括细菌的分离鉴定、免疫学试验和分子生物学诊断等。

6. 防治

（1）加强饲养管理　严格的管理措施，加上对卫生制度的重视，是预防禽霍乱的最佳措施。保持合适的饲养密度，避免鸭舍温度的突然变化，饲料更换时逐渐过渡，保证饮水供应等，尽量减少应激，有助于减少本病的发生率或减轻发病的严重程度。

（2）免疫预防　接种疫苗是重要的预防手段之一。在禽霍乱流行地区，应当考虑免疫接种。目前，我国商品化禽霍乱疫苗既用于鸡，也用于鸭。目前商品化的禽源多杀性巴氏杆菌灭活疫苗有三种佐剂，分别为氢氧化铝胶佐剂疫苗、矿物油佐剂疫苗和蜂胶佐剂疫苗，都是以荚膜 A 型强毒株制备的。三种灭活疫苗的保护率分别为 50%、60% 和 75%，三种灭活疫苗的免疫期分别为 3 个月、6 个月和 6 个月。商品化的禽源多杀性巴氏杆菌活疫苗主要有 G190E40 株、B26-T1200 株和 731 株等，免疫保护率 75% 以上，免疫期为 3.5 个月以上，应用活疫苗前 5 天和后 7 天不能使用抗生素等药品，以避免免疫失败。商品鸭一般于 25 日龄左右免疫 1 次即可，蛋鸭和种鸭每隔半年须再加强免疫 1 次。

（3）治疗　应将死亡鸭、病重鸭深埋或焚烧，严格消毒场地、物品和用具。及时对感染发病的全鸭群用药，如磺胺类、喹诺酮类、青霉素类等多种药物，可很快控制疫情的发展。须引起注意的是，本病于停药后 3 ～ 5 天很容易复发，复发后，原先使用有效的药物往往达不到原来的效果，遇到经常复发的鸭场，在用药的同时应进行灭活疫苗的免疫。

十三、鸭沙门菌病

1. 发病历史

沙门菌病是由沙门菌中不同血清型菌株感染各种动物而引起的

多种疾病的总称，流行于世界各地，沙门菌是人类食物中毒的主要病原之一，具有非常重要的公共卫生学意义。

2. 病原学简介

沙门菌在分类上属肠杆菌科沙门菌属，革兰氏阴性，无芽孢，多数有鞭毛，能运动。沙门菌的血清型主要是根据 O 抗原和 H 抗原来进行分型。O 抗原即菌体抗原，由细菌表面脂多糖中的糖类组成，耐热，同一个细菌可能有多种 O 抗原，以阿拉伯数字表示。H 抗原为热敏感鞭毛抗原，多数菌株的鞭毛抗原具有双相性，即 H1 和 H2。

根据感染宿主范围的不同，可将沙门菌分成三群。第一群感染范围窄，如鸡白痢沙门菌和鸡伤寒沙门菌仅使鸡和火鸡发病，不感染其他动物；第二群可以感染几种动物，感染范围相对宽，如猪霍乱沙门菌大多感染猪发病，偶尔也能感染其他动物；第三群数量最多，可以感染各种动物。引起鸭发病的沙门菌即是第三群沙门菌，主要有鼠伤寒沙门菌、肠炎沙门菌和鸭沙门菌。

3. 流行病学特点

（1）传染源 动物是沙门菌的贮存宿主，沙门菌存在于多种动物的肠道中，随粪便排出，车辆、工具、饲料、饮水等均能机械性传播病原。病鸭和带毒鸭也是重要的传染源。

（2）传播途径 以消化道传播为主，也能垂直传播。

（3）易感动物 所有品种的鸭都会感染发病。临诊中，1 月龄内的小日龄鸭发病和死亡多见；大日龄鸭多为慢性感染，病程长，偶有死亡。

（4）流行范围 该病呈世界性流行。

（5）季节性 本病的发生没有季节性特征，在环境卫生差、饲养密度过大、通风不良的饲养场多见。

（6）潜伏期 潜伏期为 1 ～ 3 天。

（7）发病率和病死率 发病率从 5% ～ 40% 不等，病死率约 5% ～ 30%。

4. 临诊症状及剖检病变

不同日龄鸭感染后的临诊症状及剖检病变略有不同。

（1）一周内雏鸭的临诊症状和剖检病变　经垂直感染或胚胎内感染时，种蛋的孵化率下降，出壳后雏鸭弱小、不愿活动、腹部膨大、有脐炎、排稀粪、泄殖腔周围有粪便粘连，常在3天内死亡。剖检见卵黄吸收不完全，卵黄变黑、变硬，甚至发臭。肝脏肿大，表面有数量不等小的灰白色坏死点，病程稍长的，肝脏表面有渗出物覆盖。肠道内容物呈水样，肠黏膜脱落。

（2）小日龄鸭的临诊症状和剖检病变　病鸭精神不振，采食减少，羽毛粗糙，喜蹲伏于角落，排稀粪，泄殖腔周围有粪便粘连，后期病鸭脱水严重，出现共济失调、抽搐、休克和死亡。剖检见心包炎、肝周炎和腹膜炎等。心外膜增厚，与胸骨和心肌粘连。肝脏肿大或缩小，颜色变淡或呈浅绿色，表面有纤维素性膜覆盖，不易撕脱。病重者，整个腹腔覆盖一层灰白色或淡黄色的纤维素膜，味恶臭。有时见盲肠肿胀如腊肠样，触摸坚硬，内容物呈干酪样。

（3）大日龄鸭的临诊症状和剖检病变　大日龄鸭和成年鸭感染后，没有明显的临诊症状，病重者精神不振、采食减少、羽毛粗糙、消瘦，有的出现关节炎或腱鞘炎。

5. **诊断**

① 该病的初步诊断有一定难度，其临诊症状和剖检病变没有特征性，常导致误诊。孵化后期死亡率偏高且出壳后弱雏偏多的，应当怀疑为本病。水平感染发病的，与大肠杆菌病、雏番鸭呼肠孤病毒病、传染性浆膜炎等有相类似之处，可根据各病的临诊症状和实验室检查结果等加以区别。

② 实验室诊断包括细菌的分离鉴定、免疫学试验和分子生物学诊断等。

6. **防治**

（1）加强饲养管理　保持合适的饲养密度，育雏舍注意通风、保持干燥、及时清粪，能有效降低本病的发生率或减轻发病的严重程度。

（2）应从确认无沙门菌病的种群引进种蛋或雏鸭　垂直传播是沙门病菌的一种非常重要的传播方式，购入种蛋或雏鸭时，应确认其种鸭的健康状况。

（3）防止种蛋污染　种鸭场应及时收集种蛋，清除蛋壳表面的污物，入孵前应熏蒸消毒，对可疑沙门菌病禽所产的蛋一律不作种用。

（4）免疫预防　接种疫苗是重要的预防手段之一。疫苗有灭活疫苗、活疫苗和亚单位疫苗等多种，应用于鸭的沙门菌疫苗目前还没有商品化。

（5）药物预防　益生菌可以减少沙门菌在肠道中的繁殖，可在一定程度上预防沙门菌病。

（6）治疗　应将死亡鸭、病重鸭深埋或焚烧，严格消毒场地、物品和用具。将症状较轻的发病鸭集中于隔离区内。病情严重的，可采取注射的方式；病情相对轻的，将药物拌入饲料或饮水。可供选择的药物有头孢类抗生素、喹诺酮类、氟苯尼考和磺胺类药物等，但沙门菌易产生耐药性，有条件的饲养场可根据分离细菌的药敏试验结果选用敏感药物进行治疗。

十四、鸭葡萄球菌病

1. 发病历史

鸭葡萄球菌病是由致病性金黄色葡萄球菌引起的鸭的一种急性或慢性传染病，特别是饲养条件、管理水平差的鸭场多有发生。我国自 1987 年以来，陆续见有鸭葡萄球菌病的相关报道。

2. 病原学简介

葡萄球菌在分类上属微球菌科葡萄球菌属，是一种革兰氏阳性小球菌，无鞭毛，不形成芽孢，一般不形成荚膜，高耐盐，在 15%氯化钠的情况下仍能生长。常见的致病性葡萄球菌是金黄色葡萄球菌，能产生多种毒素和酶，损伤多种细胞和血小板，使血管收缩，破坏溶酶体，引起局部缺血、坏死；可使血液或血浆中的纤维蛋白沉积于菌体表面或凝固，阻碍吞噬细胞的吞噬作用；能迅速分解感染部位的组织细胞和白细胞崩解时释放出的核酸，有利于细菌在组织中的扩散；可破坏白细胞和巨噬细胞，使其失去活力；可引起急性胃肠炎等。该菌抵抗力极强，在干燥的脓汁或血液中可存活 2 ～ 3 个月，80℃ 30 分钟才能被杀死，煮沸可迅速使它死亡，3% ～ 5% 石炭酸

3～15分钟即可致死，70%乙醇在数分钟内可杀死该菌。对碱性染料敏感，临诊上常用1%～3%龙胆紫溶液治疗该菌引起的化脓症。

3. 流行病学特点

（1）传染源　金黄色葡萄球菌无处不在，环境、发病鸭、病愈鸭和健康带菌鸭都可能是传染源。

（2）传播途径　经皮肤伤口感染是主要途径，也能经破损的种蛋感染胚胎，有时也能经呼吸道感染。

（3）易感动物　所有品种的鸭都会感染发病。发病日龄从10～60日龄不等，一般在40日龄以上。

（4）流行范围　该病呈世界性流行。

（5）季节性　本病的发生没有季节性特征。

（6）潜伏期　潜伏期为2～5天。

（7）发病率和病死率　发病率从5%～20%不等，病死率约10%～40%。

4. 临诊症状及剖检病变

葡萄球菌感染后，因细菌毒力不同、感染部位不同、鸭的营养状况等，临诊上表现出的病型也多种多样，主要分为急性败血症和慢性型。慢性型常见的有关节炎、脐炎、趾瘤病型、眼型和肺炎等。

（1）急性败血症的临诊症状和剖检病变　病鸭表现精神不振、食欲废绝、两翅下垂、缩颈、嗜睡、下痢、羽毛松乱，排出灰白色或黄绿色稀粪。典型症状为胸腹部以及大腿内侧皮下浮肿，有血样液体渗出。严重者破溃后，流紫红色液体，周围羽毛沾污。病死鸭胸部、前腹部羽毛稀少，皮肤浮肿。剖检见胸、腹部皮下充血、溶血，有时呈弥漫性紫红色或黑红色；全身肌肉呈点状或条纹状出血；腹水增多；肝肿大，表面呈斑驳状，病程稍长者，可见数量不等的灰白色坏死点，质脆，呈黄绿色；脾肿大、瘀血并有白色坏死点；心包腔积液，呈黄红色、半透明状，心外膜偶有出血点。

（2）关节炎的临诊症状和剖检病变　关节炎多发生在中年鸭和成年鸭，发病的关节可能是胫跗关节、跗关节或趾关节。病鸭关节肿大（图13-27），不愿走动，站立时频频抬脚，驱赶行走时表现跛行或跳跃式步行，多俯卧。跗枕部流出大量血液和脓性分泌物。早期触摸感染关节有热痛感，肿胀部位发软，后期变硬。趾、跗关节肿胀变形，破溃，关节面粗糙。切开关节可见关节腔内有白色或淡黄色的脓性分泌物或淡黄色干酪样物质，关节附近的肌腱、腱鞘也发生肿胀，甚至变形。

图13-27　关节肿大（刘荣昌供图）

（3）脐炎的临诊症状和剖检病变　发生于出壳后不久的小鸭（尤其以1～3日龄多见），患病雏鸭表现脐孔发炎而肿胀，腹部膨胀，局部呈紫黑色或黄红色，有暗红色液体流出，病程长者形成脓样干性坏死物，俗称"大肚脐"。一般在2～5天内死亡。

（4）趾瘤病型的临诊症状和剖检病变　发生于成年或重型种鸭。由于体重负担过大，脚部皮肤皲裂，感染本菌后表现趾部或脚垫发炎、增生，导致趾部及其周围肿胀、化脓和变坚硬。

（5）眼型的临诊症状和剖检病变　表现为上、下眼睑肿胀，早期半开半闭，后期由于分泌物增多而使眼睛完全黏闭。眼内有大量分泌物。眼结膜红肿，有时还可发现肉芽肿。随着病情的发展，眼球出现下陷，最后失眠，病鸭多因采食不到而衰竭死亡。

（6）肺炎的临诊症状和剖检病变　主要表现为呼吸困难等全身性症状，患此型的鸭死亡率较高。

5. **诊断**

① 该病的初步诊断有一定难度，其临诊症状和剖检变化没有特征性，应结合发病率和发病日龄等进行初步判断。

② 临诊诊断时，应注意与其他引起相似炎症的疾病相区别，包括大肠杆菌病、沙门菌病、禽霍乱、衣原体病等。

③ 实验室诊断包括细菌的分离鉴定、免疫学试验和分子生物学诊断等。

6. 防治

（1）加强饲养管理　做好鸭舍及鸭群周围环境的消毒工作，对减少环境中含菌量、降低感染机会、防止该病的发生有重要意义，尽量避免和减少外伤的发生，如雏鸭网育的铁丝网结构合理，防止铁丝等刺伤皮肤，种鸭运动场平整，防止鸭掌磨损或刺伤而感染，以堵截该菌的侵入和感染。

（2）免疫预防　针对发病率较高的鸭场可考虑使用金黄色葡萄球菌苗进行免疫预防。特别是在种鸭开产前 2 周左右接种鸭葡萄球菌油佐剂疫苗，可大大降低该病的发生。

（3）治疗　由于该菌对抗生素的普遍耐受性，所以该病的治疗应先采集病料分离出病原菌，经药敏试验后，选择最敏感药物进行治疗。有效的治疗药物包括青霉素、链霉素、四环素、红霉素、林肯霉素和壮观霉素等。种鸭发病早期，可针对发病个体切开感染部位，清创治疗或局部注射庆大霉素等敏感药物有一定的疗效，但费时、费力。鸭场一旦发生鸭葡萄球菌病，在治疗的同时，要立即对鸭舍、饲养管理用具进行严格的消毒，以杀灭散播在环境中的病原体，从而达到防止疫病发展和蔓延的作用。

第二节　常见寄生虫病防治

一、球虫病

1. 概述

鸭球虫病是由顶复门、孢子虫纲、真球虫目、艾美耳科中的泰泽属、温扬属、等孢属、艾美耳属等 4 个属中 10 多种球虫寄生于鸭肠道中（极少数寄生于肾脏）的一类原虫病，常见的鸭球虫有毁灭泰泽球虫、菲莱温扬球虫、裴氏温扬球虫、鸳鸯等孢球虫、巴氏艾美耳球虫等。临诊中可见单一种类的球虫寄生，也可见 2 种或 2 种以上的球虫共同寄生。

2. 球虫的特点及生活史

感染鸭从粪便排出体外的虫卵称为卵囊，无色或淡黄色，呈圆形或椭圆形，有坚韧的卵囊壁，对环境不利因素有较强的抵抗力，可在土壤、垫料中存活数月之久。在合适的温度和湿度下，卵囊发育形成感染性卵囊，如果被鸭吞食，在消化液的作用下，感染性卵囊内的子孢子破壁而出，侵入肠上皮细胞进行增殖，经若干代后进行有性的配子生殖，产生卵囊，随鸭粪排出体外，开始新一轮的寄生生活。

毁灭泰泽球虫的卵囊呈卵圆形，囊壁光滑，淡蓝色，无卵膜孔。卵囊内无极粒，有 2 个大的卵囊残体，不形成孢子囊，8 个子孢子游离于卵囊中（图 13-28）。子孢子呈香蕉状，一端宽钝，另一端较尖。

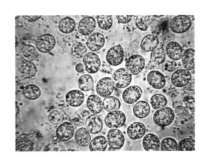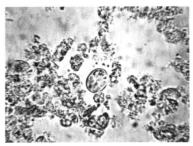

图 13-28　鸭毁灭泰泽球虫卵囊（左）和孢子化卵囊（右）（周东辉供图）

菲莱温扬球虫的卵囊呈卵圆形，淡蓝绿色，囊壁有 3 层，外层薄而透明，中层黄褐色，内层浅蓝色。有卵膜孔，卵囊内有 1 ～ 3 个极粒，内含 4 个瓜子状的孢子囊。无卵囊残体，每个孢子囊内含有 4 个子孢子（图 13-29）。

裴氏温扬球虫的卵囊呈卵圆形，两层壁光滑，无色，有 1 个宽 2.5 微米的卵膜孔。无孢子囊残体。内含 4 个孢子囊，每个孢子囊内含有 4 个子孢子。

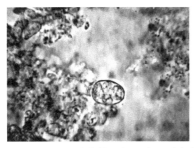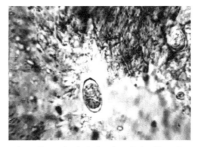

图 13-29　鸭菲莱温扬球虫卵（左）和孢子化卵囊（右）（周东辉供图）

　　鸳鸯等孢球虫的卵囊呈球形或亚球形，两层壁，淡褐色，无卵膜孔，无孢子囊残体。成熟的卵囊内含 2 个孢子囊，孢子囊呈仙桃形，有明显的孢子囊残体。每个孢子囊内含有 4 个子孢子（图 13-30）。

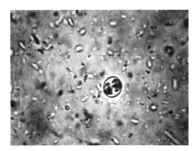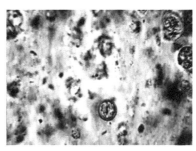

图 13-30　鸭鸳鸯等孢球虫卵（左）和孢子化卵囊（右）（周东辉供图）

　　巴氏艾美耳球虫的卵囊呈球形或卵圆形，壳有两层，黄绿色，壁光滑，无卵膜孔，无孢子囊残体。成熟的卵囊内含有 4 个孢子囊，孢子囊呈长椭圆形，有孢子囊残体。每个孢子囊内含有 2 个子孢子（图 13-31）。

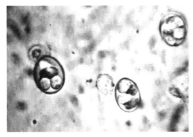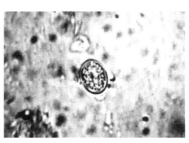

图 13-31　鸭巴氏艾美耳球虫虫卵（左）和孢子化卵囊（右）（周东辉供图）

3. 流行病学

鸭球虫只感染鸭，对鸡、鹅等禽类不感染。不同的球虫对鸭的致病性有所不同。以往文献报道只有泰泽属和温扬属球虫对鸭有致病性，随着饲养环境的改变和恶化，等孢属和艾美耳属球虫对鸭的致病性也逐渐增强。泰泽属球虫多见于小鸭，危害较大；温扬属球虫对小鸭和中大鸭都有致病性；等孢属球虫对小鸭易感性强；而艾美耳属球虫多见于中大鸭。

4. 临诊症状和剖检病变

（1）临诊症状　急性鸭球虫病例往往突然发病，病鸭精神委顿，采食减少，排出巧克力样或黄白色稀粪，有些粪便中还带血。有时可见粉红色或暗红色或深褐色粪便黏附在肛门口（图 13-32）。病程短，发病急，1～2天后死亡数量就急剧增加，用一般抗生素治疗均无效，发病率 30% ～ 90%，死亡率 30% ～ 70%。耐过病鸭逐渐恢复食欲，死亡减少，但生长速度会相对减缓。慢性病例则表现消瘦、腹泻、排出巧克力样稀粪，死亡率相对较低。

图 13-32　肛门口黏附有暗红色粪便（周东辉供图）

（2）剖检病变　鸭球虫的病变主要集中于肠道，受害肠道肿胀，在小肠和盲肠外壁有许多白色小坏死点（图 13-33），少数也有红色小出血点，切开肠道可见小肠为卡他性肠炎或出血性肠炎，内容物或为水样，或为白色或黄色糊状物（图 13-34）或带有大量血液（图 13-35）。肠内黏膜上可见许多点状出血。个别盲肠肿大，内容物为巧克力样粪便。

图13-33 小肠外壁上的白色小坏死点（周东辉供图）

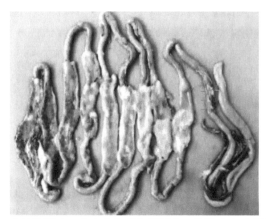

图13-34 卡他性肠炎，内容物为黄色糊状物，肠壁出血（周东辉供图）

5. 诊断

通过流行病学、临诊症状和剖检病变可做出初步诊断。在临诊上需与禽霍乱、大肠杆菌病、禽流感以及中毒性疾病进行鉴别诊断。本病的确诊，有赖于对小肠内容物或肠壁刮取物进行涂片镜检，检出大量卵囊、裂殖体、裂殖子即可确诊。在急性病例中往往只能检出大量香蕉形的裂殖子，而检不到卵囊。至于是哪一种球虫以及是否由2种或2种以上的球虫混合感染，需对病禽后段肠内容物和粪便进行盐水漂浮集卵后加2.5%重铬酸钾溶液，在27℃培养箱中培养2～5天后，根据卵囊的大小、形态、孵化时间以及孢子囊、子孢子的数量、形态结构来判断球虫种类。

图 13-35　肠道内容物含有大量血液（周东辉供图）

6. 防治

（1）加强饲养管理　保持养殖场内环境卫生干净和干燥，尽可能采用网上饲养，可减少本病的发生。值得一提的是，有发生过球虫病的场所易形成疫源地，以后每批鸭都易患球虫病，要提早采用药物定期预防。

（2）治疗　常用治疗药物有磺胺间甲氧嘧啶（按0.02%拌料，连用3天）或磺胺喹噁啉（按0.05%拌料，连用3天）或地克珠利（按0.0001%拌料，连用3天）或磺胺氯吡嗪钠（按0.025%拌料，连用3天）。对于严重病例（不吃料），可全群肌内注射10%磺胺间甲氧嘧啶钠注射液（按每千克体重0.3～0.4毫升），可获得较好效果。为了提高治疗效果，在临诊上可同时使用2种抗球虫药（如磺胺类药物配合使用地克珠利）进行治疗。用药治疗10～20天后，依病情酌情重复用药一个疗程。

二、吸虫病

1. 概述

吸虫病是由吸虫纲中众多吸虫种类寄生在鸭体内一类寄生虫病的总称。常见的有卷棘口吸虫、宫川棘口吸虫、曲颈棘缘吸虫、凹形隐叶吸虫、背孔吸虫、前殖吸虫、嗜眼吸虫、舟形嗜气管吸虫、小异幻吸虫、后睾吸虫、东方杯叶吸虫以及盲肠杯叶吸虫等。其中，以卷棘口吸虫、宫川棘口吸虫、背孔吸虫、后睾吸虫的感染率较高，可达 30%；以盲肠杯叶吸虫、东方杯叶吸虫导致的死亡率较高，可达 50% 以上。

2. 吸虫的特点及生活史

吸虫的生活史一般都经历 1～2 个中间宿主。其中第一中间宿主为淡水螺，第二中间宿主有淡水螺、鱼、蜻蜓、蝌蚪以及其他水生动植物。

（1）盲肠杯叶吸虫 虫体呈卵圆形，大小为（1.175～2.375）毫米×（0.950～1.875）毫米，虫体腹面有一个很大的黏附器（图13-36）。口吸盘位于虫体的顶端或压顶端，大小为（0.125～0.160）毫米×（0.130～0.170）毫米。咽呈球状，大小为（0.120～0.150）毫米×（0.110～0.145）毫米。食道短。两个肠支盲端伸达虫体的亚末端。腹吸盘位于黏附器前缘中部（多数被卵黄腺覆盖，不易见到）。黏附器很大，大小为（1.150～1.800）毫米×（1.050～1.750）毫米。睾丸两个，呈椭圆形、断棒状、长棒状、三角形、钩形、纺锤形、锥形等多种形态，排列无规律，大小为（0.280～1.300）毫米×（0.130～0.375）毫米。卵巢近圆形，位于虫体腹面的中部偏左侧，大小为（0.135～0.250）毫米×（0.140～0.260）毫米。阴茎囊呈长袋状，位于虫体的后端，偏向虫体的右侧。卵黄腺比较发达，分布于虫体四周。在童虫，可见明显的口吸盘、咽及黏附器，但体内无成熟虫卵。虫卵大小为（0.075～0.098）毫米×（0.055～0.075）毫米（图13-36）。第一中间宿主是稻田中的截口土蜗螺，第二中间宿主为泥鳅。

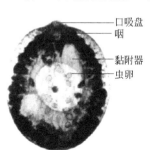
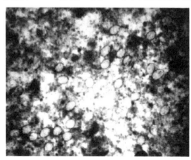

口吸盘
咽
黏附器
虫卵

图 13-36 鸭盲肠杯叶吸虫虫体（左）和虫卵（右）（周东辉供图）

当鸭子采食到含有感染性囊蚴的泥鳅后，第3天即可在粪便中检出成熟虫卵。

（2）东方杯叶吸虫　新鲜虫体呈浅淡黄色，近于白色，肉眼见芝麻大小，呈椭圆形，大小为（0.9～1.4）毫米×（1.1～1.4）毫米，有两个吸盘，口吸盘位于虫体的顶端，呈球形，咽发达呈圆形，咽的后面是肠支分叉处，腹吸盘比口吸盘小得多，位于肠支分叉处，腹部有一个庞大的黏着器，凸出于虫体的腹面，睾丸并列于虫体中部的两侧；卵巢呈球形，位于虫体的左半侧，紧靠左睾丸（图13-37）。卵黄腺围绕黏着器分布在虫体的周围，前界达咽附近，后界抵达虫体末端。阴茎囊巨大，位于右睾丸和生殖孔之间，生殖孔开口于虫体末端，虫卵呈浅黄色，椭圆形，大小为0.1毫米×（0.07～0.08）毫米。终末宿主为鸭、鸡、鸢等。中间宿主有2个，第一中间宿主是淡水螺，第二中间宿主是麦穗鱼、鲫鱼等。虫卵在第一中间宿主内发育为胞蚴、雷蚴、尾蚴；尾蚴离开第一中间宿主后到麦穗鱼等第二中间宿主的肌肉内结成囊蚴；鸭子等终末宿主吞食麦穗鱼等即被感染。

图13-37　鸭东方杯叶吸虫虫体（左）和虫卵（右）（周东辉供图）

3. 流行病学

不同种类的吸虫，其易感鸭的品种也有所不同。如盲肠杯叶吸虫可感染番鸭和半番鸭，但对产蛋麻鸭不易感。本病的发生与鸭在野外放牧觅食到相应的中间宿主（特别是第二中间宿主）有关。本病一年四季均可发生，其中以夏、秋季节相对多发，这与中间宿主在夏天、秋天繁殖多有关。

4. 临诊症状和剖检病变

（1）临诊症状　吸虫病的一般症状有食欲不振、生长发育受阻、贫血、消瘦、腹泻，甚至死亡等。此外不同的吸虫病，因寄生的部位不同，表现的症状各有不同。如前殖吸虫寄生于鸭的直肠、泄殖腔、法氏囊和输卵管，表现为输卵管炎症，产软壳蛋和畸形蛋；卷棘口吸虫寄生于鸭的肠道，表现消化不良、下痢，粪便中有黏液等；舟形嗜气管吸虫寄生于鸭的气管、支气管、肺和气囊，咳嗽症状明显；盲肠杯叶吸虫寄生于鸭的小肠或盲肠，主要表现腹泻和高死亡率；嗜眼吸虫病表现为患禽眼睛炎症、肿胀等。

（2）剖检病变　不同吸虫寄生引起的病理变化差异也较大，如前殖吸虫寄生引起鸭的输卵管水肿；小异幻吸虫病会导致十二指肠肿大明显；卷棘口吸虫寄生引起鸭肠道的卡他性炎症；舟形嗜气管吸虫寄生引起鸭的气管出血和阻塞（图13-38）；东方杯叶吸虫引起的盲肠肿大（图13-39）；盲肠杯叶吸虫病会导致盲肠异常肿大、坏死（图13-40）。

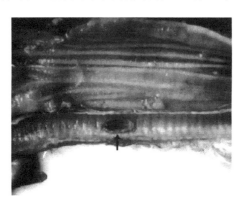

图 13-38　舟形嗜气管吸虫寄生引起的气管出血和阻塞（周东辉供图）

5. 诊断

通过流行病学、临诊症状和病理变化可做出初步诊断。从粪便中检出不同吸虫的虫卵可以进一步确诊。吸虫的种类鉴定，需对检出虫体进行卡红染色后，观测虫体外观形态以及内部器官形态和大小来确定。随着现代生物技术的快速发展，利用 PCR 技术来诊断和鉴定寄生虫的虫种已得到广泛的应用。

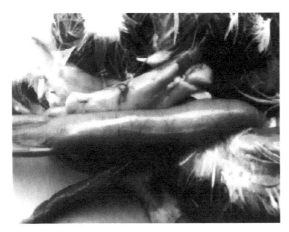

图 13-39　东方杯叶吸虫寄生引起的盲肠肿大（周东辉供图）

图 13-40　盲肠杯叶吸虫病导致盲肠异常肿大、坏死（程龙飞供图）

6. 防治

（1）加强饲养管理　转变饲养方式，改放牧为舍饲，不让鸭在饲养过程中接触到中间宿主（淡水螺、鱼类、蝌蚪等），在平常舍饲过程中，也不要饲喂生鱼、蝌蚪、贝类以及含有中间宿主的浮萍、水草等。在本病流行地区，对放牧鸭要定期使用广谱抗蠕虫药物（如阿苯达唑、芬苯达唑、氯硝柳胺）等进行预防性驱虫，每隔 20 ~ 30 天驱 1 次。必要时可施用化学药物消灭中间宿主来达到预防和控制本病发生的目的。

（2）治疗　常用治疗药物有阿苯达唑（按每千克体重 10～25 毫克拌料，连用 2～3 天）；或芬苯达唑（按每千克体重 10～50 毫克拌料，连用 2～3 天）；或氯硝柳胺（按每千克体重 50～60 毫克拌料，连用 2～3 天）等进行治疗均有效果。治疗后排出的虫体及粪便应采取堆积发酵处理，以达到消灭虫卵的目的。此外，对于体质较差的病鸭，可在饲料中适当添加多种维生素，以提高鸭的抵抗力，这对加速康复有所帮助。

三、绦虫病

1. 概述

鸭绦虫病主要是由膜壳科和戴维科中的几十种绦虫寄生在鸭小肠和直肠内的一类寄生虫病总称。其中，常见的绦虫有矛形剑带绦虫、四角赖利绦虫、冠状双盔绦虫、片形缝缘绦虫、福建单睾绦虫等。

2. 绦虫的特点及生活史

绦虫的成熟孕卵节片随粪便排出体外，可被中间宿主（如剑水虱、普通镖水虱以及甲壳类、螺类等）食入，虫卵在中间宿主体内经 2～3 周发育为具有感染能力的似囊尾蚴，鸭吃了带有似囊尾蚴的中间宿主后，似囊尾蚴在鸭体内发育，寄生于小肠或直肠内，孕卵节片成熟后脱落，随粪便排出体外。

（1）鸭矛形剑带绦虫　虫体呈乳白色，前窄后宽，形似矛头，由 20～40 个头节组成，其头节小，上有 4 个吸盘，顶突上有 8 个小钩。睾丸有 3 个，椭圆形排列于生殖孔的一侧，生殖孔位于节片上角的侧缘。卵巢呈棒状分支，左右两半，位于睾丸和生殖孔的对侧。虫卵呈椭圆形，大小为（101～109）微米 ×（82～84）微米，其中，六钩蚴呈椭圆形，大小为 32 微米 ×22 微米（图 13-41）。

（2）鸭四角赖利绦虫　虫体长达 25 厘米，为禽类最大的绦虫，头节较小，顶突上有 1～2 行小钩，吸盘呈卵圆形，上有 8～10 行小钩（图 13-42），成熟节的生殖孔位于一侧，孕节中每个卵囊内含有虫卵 6～12 个。

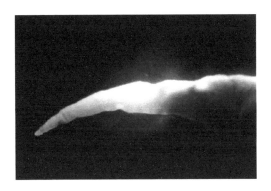

图 13-41　鸭矛形剑带绦虫（周东辉供图）

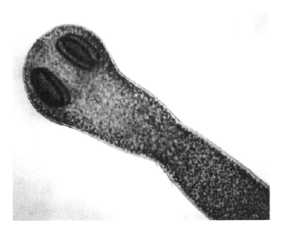

图 13-42　鸭四角赖利绦虫头节（周东辉供图）

（3）鸭片形缝缘绦虫病　该虫属于大型绦虫，长度为 200～400 毫米，宽 2～5 毫米，其真头节较小，易脱落，上有 4 个吸盘，吻突上有 10 个小钩。真头节后有 1 个很大、呈扫帚状的皱褶假头（实际是附着器）(图13-43)，大小为 (1.9～6.0) 毫米×1.5 毫米。睾丸 3 个，为卵圆形。卵巢呈网状分布，串联于全部成熟孕节片，子宫也贯穿整个链体，孕节片内的子宫为短管状，管内充满虫卵（单个排列）。虫卵为椭圆形，两端稍尖，外有一层薄而透明的外膜，虫卵大小为 131 微米×74 微米，内含六钩蚴（图13-43）。

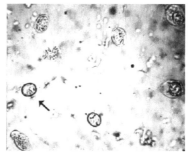

图 13-43　鸭片形缝缘绦虫头节（左）和鸭片形缝缘绦虫虫卵（右）（周东辉供图）

3. 流行病学

　　所有品种、所有日龄的鸭均可感染，小日龄鸭的易感性比大日龄鸭更强，成年鸭往往成为带虫者，发病日龄常见于 2 ～ 4 月龄。传播途径是消化道，鸭吞食了中间宿主或含有中间宿主的青绿饲料（如水浮莲、日本水仙等）而被感染。本病一年四季均可发生，但在春末、夏、秋季节相对较多。

4. 临诊症状和剖检病变

　　① 临诊症状。鸭感染少量绦虫时，一般无明显的症状表现。严重感染时，消瘦、贫血、食欲不振、消化不良，并有腹泻表现。粪便时常夹带白色的绦虫节片，有时可见白色带状虫体悬挂在肛门上，其他鸭会相互争啄这些虫体。极个别病鸭可因绦虫阻塞小肠造成急性死亡，尤其以幼禽多见。中大鸭以隐性感染为主，一般不表现任何症状。

　　② 剖检病变。病死鸭可视黏膜苍白，小肠肿大明显。切开小肠可见有乳白色扁平的绦虫寄生，将肠内容物收集，适当清洗后可以看得更清楚。有些种类的绦虫比较小，易与肠内容物相混淆，肉眼不易看见。此外，可见卡他性肠炎，肠壁有充血和出血病变。不同种类的绦虫寄生部位不同，常见的寄生部位有小肠的前段、中段、后段或与直肠交界处的肠壁内侧上（图 13-44）。

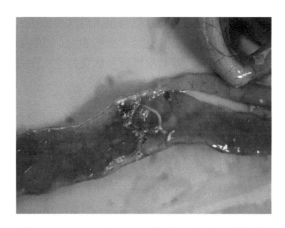

图 13-44　寄生在肠壁上的绦虫（程龙飞供图）

5. 诊断

本病的确诊有赖于对肠道内的绦虫进行采集、固定并制片后进一步观测才能完成，特别是虫体的头节、节片及虫卵。虫体采集时，为了保证虫体完整，勿用力猛拉，而应将附有虫体的肠段剪下，连同虫体一起浸入水中，经 5 ～ 6 小时后，虫体会自行脱落，体节也自行伸直。将收集到的虫体，浸入 70% 酒精或 5% 福尔马林溶液中固定后进一步测量其大小和观察头节、节片。必要时还要采用染色并制片成标本后进一步观察。在观测虫体时，特别要测量虫体大小，观察头节形态、节片中生殖器官和虫卵形态，以确定属于哪一种绦虫。有时存在 2 种或 2 种以上膜壳科绦虫并发感染或与其他蠕虫混合感染，要加以鉴别诊断。

6. 防治

（1）加强饲养管理　要改变饲养方式，改放牧为舍饲，不让鸭在饲养过程中接触到中间宿主或含中间宿主的青萍、浮萍等水生植物等。养殖场的饮水或栖息水池不应带有中间宿主。

（2）治疗　常用治疗药物有氯硝柳胺（按每千克体重 20 ～ 60 毫克一次性投药）、硫氯酚（按每千克体重 30 ～ 50 毫克拌料）、阿苯达唑（按每千克体重 20 ～ 25 毫克拌料）或吡喹酮（按每千克体重 10 ～ 20 毫克拌料）。发生过本病的养殖场易形成疫源地，以后饲养的每批鸭都可能发病，所以要特别加强场所消毒和粪便清理等净化措施，必要时要停场或换场饲养。对经常放牧的鸭，可定期使用氯硝柳胺、吡喹酮、阿苯达唑、氢溴酸槟榔碱等驱虫药进行驱虫。

四、蛔虫病

1. 概述

蛔虫病是由蛔虫寄生于鸭小肠引起的一种消化道寄生虫病。本病遍及全世界，在放养模式的鸭场更多发生，会不同程度地影响鸭的生长发育和生产性能。

2. 蛔虫的特点及生活史

蛔虫是寄生在鸭体内最大的一种线虫。虫体呈淡黄色或乳白色，圆筒形，体表角质层具有横纹，雄虫长 25～70 毫米，雌虫长 65～110 毫米。虫卵椭圆形，深灰色，表面光滑或不光滑，有较厚的卵壳抵抗外界环境，在土壤中可存活 6 个月，能抵抗普通的消毒药，对高温、干燥和阳光直射的抵抗力弱，肉眼看不到，借助普通显微镜可以看到。蛔虫生活史属直接发育型。雌、雄成虫在小肠内交配后，雌虫产的虫卵随粪便排出体外，在适宜的温度和湿度下，经 15～20 天左右发育成感染性虫卵，排出体外的虫卵或感染性虫卵也可能被蚯蚓吞食。鸭食入感染性虫卵或含有感染性虫卵的蚯蚓后，虫卵中的幼虫即在腺胃或肌胃中破壳而出，进入小肠钻入肠黏膜，发育一段时间后，进入肠腔发育为成虫。感染性虫卵从被食入到发育成成虫大约需要 35～50 天。

3. 流行病学

各品种鸭均可感染，对 1 月龄左右的鸭危害较大，随着日龄的增大，感染后带虫不发病。蛔虫病多在春、夏季节流行传播，主要发生于散养或放养的鸭。

4. 临诊症状和剖检病变

寄生的蛔虫数量不多时，鸭无明显临诊症状；当蛔虫的寄生数量多时，才表现症状。鸭生长不良，渐进性消瘦，贫血，羽毛松乱无光泽，腹泻和便秘交替，粪便中有时有血液或黏液，严重时死亡。剖检可见小肠内有数量不等、大小不一的蛔虫成虫，病情较重的，蛔虫将肠管堵塞，严重者引起肠穿孔，导致腹膜炎和急性死亡。

5. **诊断**

肠道内见到成虫，即可对本病进行确诊；通过饱和盐水漂浮法检查粪便中的虫卵，也可以进行确诊。

6. **防治**

（1）加强饲养管理　搞好日常环境卫生，及时清除粪便并堆积发酵。

（2）定期驱虫　一般每年2次。

（3）治疗　治疗药物有多种，常用的有左旋咪唑，按每千克体重20～30毫克剂量投服1次即可；丙硫苯咪唑，按每千克体重20毫克剂量投服1次即可；枸橼酸哌嗪，按每千克体重250毫克剂量投服1次即可；噻咪唑，按每千克体重40～60毫克剂量投服1次即可；甲苯咪唑，按每50千克饲料添加1克，连用7天。发病时在饲料中添加B族维生素和维生素A，适当增加蛋白质的含量，可有效减轻蛔虫病的危害。

五、鸭鸟蛇线虫病

1. **概述**

鸭鸟蛇线虫病，又称鸭丝虫病，俗称包包病，是由鸟蛇线虫寄生于鸭的皮下组织引起的一种寄生虫病，在流行地区发病率较高，严重感染会造成死亡。寄生于鸭的鸟蛇线虫有两种，即台湾鸟蛇线虫和四川鸟蛇线虫，其中台湾鸟蛇线虫更常见。

2. **鸟蛇线虫的特点及生活史**

鸟蛇线虫属胎生型线虫，虫体细长呈白色，稍透明，头端钝圆，口周围有角质环。雄虫长约6毫米，尾部弯向腹面；雌虫长约100～240毫米，尾部逐渐变尖变细并向腹部弯曲，末端有一个小圆锤状突起。幼虫纤细呈白色，长约0.4毫米。成虫寄生于鸭的皮下结缔组织中，寄生部位逐渐变薄，最终被雌虫头部穿破，虫体的头端外露，充满其体内满含胎虫的子宫便与表皮一起破溃，漏出乳白色液体，其中含有大量幼虫，如果进入水中，被中间宿主——剑水蚤吞食后，就会在其体内发育为感染性幼虫。含有感染性幼虫的剑水蚤被鸭子吞食后，幼虫逸出，进入鸭的肠腔，移行至鸭的咽喉部、眼周围和腿部等皮下，发育为成虫。

3. 流行病学

所有品种鸭均可感染，本病主要侵害 3 ～ 8 周龄鸭，成年鸭未见发病。本病分布于北美、印度及我国的台湾、广东、福建等南方省份。本病有明显的季节性，通常在 6 ～ 10 月份气温高、剑水蚤大量繁殖的季节发病率高。

4. 临诊症状和剖检病变

成虫寄生于鸭的咽喉部、眼周围、腿部、颈部、泄殖腔周围、翅膀等皮下结缔组织中，在局部缠绕似线团并形成如蚕豆大至雀蛋大的瘤样结节，结节起初柔软，逐渐变硬。随着时间的推移，结节处皮肤逐渐变薄，最终破溃形成小孔，雌虫钻出悬挂在患处，将幼虫排出后死亡，数日后逐渐脱落。当成虫寄生于鸭咽喉部皮下时，可影响呼吸和吞咽，病鸭叫声嘶哑、食欲下降、消瘦，最终衰竭而死。剖开结节，可见血样蓄积液和大量的虫体。

5. 诊断

在鸭皮下多处见到蚕豆大至雀蛋大的瘤样结节，结合日龄、放养模式，剖开可见虫体，可以做出诊断。

6. 防治

① 避免在有病原体存在的稻田、沟渠等处放养鸭子。不得不放养时，在可能有病原体的水域，撒石灰以杀死中间宿主。

② 治疗。病鸭采用局部药物注射法治疗，全群鸭用药治疗。局部药物注射，可选择 300 倍稀释的碘液或 1% 左旋咪唑注射液注射入结节，视病灶大小注射 0.5 ～ 1.5 毫升，1 次即可。全群鸭用药，选择左旋咪唑，按每千克体重 15 毫克的剂量，将左旋咪唑配成 10% 水溶液，自由饮用，每天 1 次，连用 2 天。

六、体外寄生虫病

1. 概述

体外寄生虫病是指某些节肢动物寄生于鸭皮肤或羽毛上导致的一类寄生虫病，包括螨、虱、蚊、蚋、蠓等，其中常见的有皮刺螨、鸡羽虱（图13-45）、白眉鸭巨羽虱（又称鸭羽虱）（图13-46）和有齿鸭羽虱等。有些体外寄生虫只寄生于鸭，有些种类可同时寄生于鸡、鸭、鹅等禽类的皮肤和羽毛上。在轻度感染的情况下，对鸭的生长和生产影响不大；在严重感染时可导致感染病禽出现瘙痒不安、脱毛、食欲不振，从而影响其生长与生产。

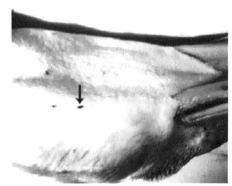

图13-45　鸡羽虱形态（左）和寄生于鸭的鸡羽虱（右）（周东辉供图）

图13-46　鸭羽虱形态（左）和寄生于鸭的鸭羽虱（右）（周东辉供图）

2. 体外寄生虫的特点及生活史

不同种类的体外寄生虫，特点及生活史并不相同。皮刺螨和羽虱是最常见且危害最严重的体外寄生虫。

（1）皮刺螨的生活史　皮刺螨的发育属于不完全变态，是专性吸血螨类。生活史历经虫卵、幼螨期、2个若螨期以及成螨期。成年雌螨在每次吸血后1天内，在禽舍缝隙或垫料中产卵，在气温20～25℃的条件下，虫卵经2～3天孵出3对足的幼螨。幼螨不吸血，经1～2天蜕化为4对足的第1期若螨，吸血后1～2天蜕化为第2期若螨，再吸血1～2天后蜕化为成螨。从卵发育为成螨，夏天需要7～9天，冬天则需要14～21天。

（2）羽虱的生活史　羽虱的发育属于不完全变态，整个发育过程分为卵、若虫和成虫三个阶段。雌雄成虫交配后，雄虱即死亡，而雌虱于2～3天后开始产卵，每虱一昼夜产卵1～4个，卵为黄白色、长椭圆形，常黏附在家禽的羽毛上，经9～20天发育孵出若虫，若虫经几次蜕化后变为成虫。雌虱的产卵期为2～3周，卵产完后即死亡。

3. 流行病学

不同种类的体外寄生虫致病，流行病学的特点也略有不同。

（1）皮刺螨寄生的流行病学特点　皮刺螨可寄生于鸡、鸭、鹅等禽类，主要在夜间侵袭家禽并吸血，白天多隐藏在窝巢内繁殖。成螨耐饥渴能力较强，3～4个月不吸血仍能存活。有时皮刺螨也刺吸人血，导致人出现皮炎和红疹。

（2）羽虱寄生的流行病学特点　羽虱营终生寄生生活，整个发育过程和生活史都在禽类皮肤和羽毛上，以啮食羽毛或皮屑为生。每一种羽虱具有一定的宿主，具有宿主的特异性，寄生部位也有一定的要求。一年四季中以冬、春季较多发，夏、秋季节相对较少，圈养鸭比放牧鸭易感，陈旧的禽舍或陈旧的垫料感染率更高。不同个体以及不同禽类之间可通过直接或垫料等间接接触而感染。

4. 临诊症状和剖检病变

（1）临诊症状　在轻度感染情况下，体外寄生虫对鸭的生产和生长影响不大；在严重感染时，可导致全身或部分脱毛、掉毛，舍内和运动场所内可见大量羽毛，病鸭食欲不振，全身瘙痒，相互啄食或啄食自身羽毛，渐进性消瘦，贫血，生长发育缓慢，产蛋鸭还会导致产蛋率逐渐下降，极个别还会导致病鸭死亡。仔细查看，在羽毛或皮肤上可见一些皮刺螨或羽虱在爬动。

（2）剖检病变 病死鸭贫血、消瘦，全身或局部皮肤掉羽，严重时可见局部皮肤炎症、坏死。内脏器官无明显的病理变化。

5. 诊断

根据流行病学、临诊症状、剖检病变可做出初步诊断。寄生在鸭皮肤和羽毛上的体外寄生虫种类较多，不同种类的体外寄生虫有不同的结构特征和宿主特异性，需对在皮肤或羽毛上收集到的虫体经70%酒精固定，并经10%氢氧化钠消化杂质、清洗后用霍氏液封片，在光学显微镜下进一步观察虫体的大小和结构，最后参考相关分类图谱进行虫体鉴定而确诊。

6. 防治

针对不同的体外寄生虫，防治方案有所不同，主要分为螨类和虱类。

（1）皮刺螨（适用于螨类） 从外购买或引进的新种鸭，应事先了解该地区或该养殖场是否有皮刺螨存在，并隔离观察15～30天，证明健康后才能合群。购买舍架或垫料时，也要杜绝带虫。每个季度要对鸭群进行体表检查，发现螨虫要及时驱杀。平时要做好舍内环境卫生，堵塞舍内的缝隙，产蛋箱要经常清洁和消毒，饲槽和饮水器也要保持清洁，并定期用杀虫剂喷洒。对有皮刺螨的禽舍可以采用0.2%～0.3%马拉硫磷、0.025%～0.05%双甲脒、0.01%～0.02%溴氰菊酯或0.02%～0.04%氰戊菊酯进行喷洒，每周2～3次，以后还需定期喷洒。此外可采用伊维菌素预混剂，按比例进行拌料治疗，连喂3～5天，定期更换垫草，并及时烧毁旧垫草。

（2）羽虱（适用于虱类） 要加强对养殖场的饲养管理，对陈旧的养殖舍要定期进行消毒和灭虫处理，对舍内的陈旧垫料要勤换。鸭群若经常出现掉毛和大面积换羽毛，要及时查寻病因。本病的治疗可采取3个措施：第一，对发病鸭群及其活动场所用0.01%～0.02%溴氰菊酯或0.02%～0.04%氰戊菊酯进行喷洒，每周2～3次，以后还需定期喷洒；第二，在一个配有许多小孔的纸罐内装入0.5%敌百虫或硫黄粉，然后再均匀喷洒在羽虱寄生部位；第三，对舍内的垫料及架子要进行杀虫处理，防止通过这些媒介造成羽虱的相互传播。

第三节　常见营养代谢病防治

一、痛风

1. 概述

痛风是蛋白质代谢发生障碍所引起的一种疾病，其病理特征为血液尿酸水平增高，尿酸盐在关节囊、关节软骨、内脏、肾小管及输尿管和其他间质组织中沉积。临诊上可分为内脏型痛风和关节型痛风。主要临诊症状为厌食、衰竭、腹泻、腿翅关节肿胀、运动迟缓、产蛋率下降和死亡率上升。近年来本病发生有增多趋势，已成为常见营养代谢病之一。

2. 病因

引起痛风的原因较为复杂，归纳起来有以下几种：

（1）饲料因素　为了片面追求生长速度，忽视科学调配饲料，添加了大量富含核蛋白和嘌呤碱的蛋白质饲料如大豆、豌豆、鱼粉、动物内脏等；日粮中长期缺乏维生素 A；饲料中含钙太多，含磷不足，或钙、磷比例失调引起钙异位沉着等，均会诱发痛风的发生。

（2）传染病因素　凡能引起肾脏功能损伤的传染性疾病如鸭 3 型腺病毒病、沙门菌病等，均可造成尿酸盐的排泄受阻而引起痛风。

（3）中毒性因素　重金属、化学毒物、霉菌毒素、药物、草酸等，长期使用或过量使用，均会引起肾脏损伤，而导致痛风发生。

（4）饲养管理因素　饲养在潮湿和阴暗的场所、运动不足、年老、纯系育种、受凉、孵化时湿度太大、食盐过多，饮水不足等因素皆可能成为促进本病发生的诱因。

3. 临诊症状

根据尿酸盐沉积的部位不同，临诊上可分为内脏型痛风和关节型痛风。

（1）内脏型痛风　一周龄内的雏鸭发病时，病鸭精神不振，食欲减退，无力行走，喜卧，常在几天内死亡。大日龄和成年鸭发病时，病程稍长，逐渐消瘦，冠苍白，排出白色石灰水样稀粪，泄殖腔周围的羽毛常被污染。

（2）关节型痛风　主要见于大日龄和成年鸭，多见于跗关节、趾关节和翅关节等。表现为一侧或两侧关节肿胀，起初软而痛，界限多不明显，以后肿胀部逐渐变硬、微痛，形成不能移动或稍能移动的结节，结节有豌豆大或蚕豆大小。病程稍久，结节软化或破裂，排出灰黄色干酪样物质。局部形成出血性溃疡。病鸭往往蹲坐或呈独脚站立姿势，行动迟缓，跛行。

4. 剖检病变

（1）内脏型痛风　剖检可见皮下、肌肉内有白色灰粉样尿酸盐沉着；打开腹腔见整个腹腔脏器的浆膜面有尿酸盐沉积（图13-47），心包腔内，肝脏、肾脏、脾脏、睾丸等内脏器官的浆膜面覆盖了一层石灰样粉末或薄片状的尿酸盐；有的胸骨内壁有灰白色的尿酸盐沉积；肾脏肿大、色淡，内部充满尿酸盐使其外观呈花斑样（图13-48）；输尿管变粗，充满白色尿酸盐。

图 13-47　腹腔内脏器浆膜面有尿酸盐沉积（程龙飞供图）

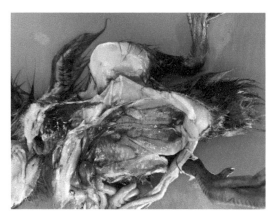

图 13-48　肾脏肿大、色淡，外观呈花斑样（程龙飞供图）

（2）关节型痛风　切开肿胀的关节，可见白色黏稠的尿酸盐沉着，滑液含有大量由尿酸、尿酸铵、尿酸钙形成的结晶，沉着物常常形成一种所谓"痛风石"。有的病例可见关节面及关节软骨组织发生溃烂、坏死。

5. 诊断

根据临诊症状、病理变化可做出初步诊断，确诊需要进行饲料的成分分析以及相关病原的分离和鉴定。该病排出石灰水样稀粪，肾脏有尿酸盐沉积呈"花斑肾"，与鸭 3 型腺病毒病、鹅星状病毒病等相似，应注意区别。

6. 防治

（1）预防　因代谢性碱中毒是痛风病重要的诱发因素，因此在日粮中添加一些酸制剂（蛋氨酸、硫酸铵、氯化铵等）可降低此病的发病率。日粮中钙、磷和粗蛋白的允许量应该满足需要量但不能超过需要量。此外，保证饲料不被霉菌污染，保证不断水等，也是预防该病的重要措施。

（2）治疗　目前尚没有特别有效的治疗方法。可试用阿托方（又名苯基喹啉羟酸）增强尿酸的排泄以减少体内尿酸的蓄积和关节疼痛，别嘌呤醇（7- 碳 -8 氯次黄嘌呤）可减少尿酸的形成。各种类型的肾肿解毒药，可促进尿酸盐的排泄，对鸭体内电解质平衡的恢复有一定作用。治疗的同时，加强护理，减少喂料量，比平时减少 20%，连续 5 天，多饮水，以促进尿酸盐的排出。

二、维生素 A 缺乏症

1. 维生素 A 的作用及来源

维生素 A 是一种脂溶性维生素，不溶于水，对热、酸、碱稳定，易被氧化，紫外线可促进其氧化破坏。维生素 A 有促进生长、繁殖，维持骨骼、上皮组织、视力和黏膜上皮正常分泌等多种生理功能。维生素 A 只存在于动物体中，在鱼类特别是鱼肝油中含量很多，畜禽的肝脏、蛋黄、奶粉等也含有较多的维生素 A。植物中并不含有维生素 A，却都含有维生素 A 原即胡萝卜素，它在小肠中可分解为维生素 A，胡萝卜、青绿饲料、黄玉米中的胡萝卜素含量均较高。

2. 维生素 A 缺乏的原因

（1）饲料中缺乏维生素 A 或胡萝卜素　鸭可以从动物性饲料中获得维生素 A，也可以从植物性饲料中获得胡萝卜素，在体内转化为维生素 A，当饲料中长期缺乏维生素 A 或胡萝卜素时，容易引起维生素 A 的缺乏。

（2）饲料加工或保存不当　颗粒饲料的加工，会使胡萝卜素损失 30% 左右；黄玉米贮存时间超过 6 个月，约有 50% 的维生素 A 会被破坏；饲料长时间被太阳光照射、堆积时间过长而发热等，均会使饲料中的维生素 A 被破坏。

（3）某些疾病　某些疾病可影响维生素 A 的消化吸收和贮存，如慢性胃肠道疾病、肝脏疾病、消化道寄生虫病等。维生素 A 是脂溶性物质，它的消化吸收必须在胆酸的参与下进行，胃肠道疾病和肝脏疾病会影响脂肪的消化，阻碍维生素 A 的吸收。肝脏疾病还会影响胡萝卜素的转化及维生素 A 的贮存。如球虫病、蛔虫病等消化道寄生虫病，会不同程度地损伤小肠绒毛，从而影响维生素 A 的正常吸收。

3. 临诊症状

各种日龄均可发生，但多发于快速生长期和产蛋期。病鸭精神萎靡、生长停滞、步态蹒跚，甚至瘫痪。病鸭流泪，眼内聚集黄白色干酪样物质，视力降低，严重时可见眼圈周围有羽毛粘连而造成失明。产蛋鸭除出现眼睛病变外，还有产蛋率下降、种蛋受精率和受精蛋孵化率下降、弱雏增加等临诊症状。

4. 剖检病变

口腔、食道、嗉囊黏膜会出现白色小脓疱或由一层黄白色的伪膜附着。上呼吸道黏膜肿胀，鼻腔和眼内有干酪样物质阻塞。肾小管和输尿管有白色尿酸盐沉积。

5. 诊断

根据临诊症状、剖检病变以及缺乏维生素 A 的病史可做出初步诊断。必要时可采用维生素 A 进行治疗性诊断或对饲料中维生素 A 含量测定来进一步诊断。

6. 防治

（1）预防　平时要注意维生素 A 或胡萝卜素饲料的供应，防止饲料加工与保存过程中维生素 A 被氧化破坏。有肝脏疾病或消化道疾病时要及时诊治，以保证维生素 A 的正常吸收、利用和储藏。

（2）治疗　发病时要及时补充维生素 A 和胡萝卜素。具体来说，每千克饲料中补充 5000 单位维生素 A 或补充浓缩鱼肝脏油（按说明使用）。对个别病鸭可肌内注射维生素 A 注射液。对有眼部病变的病鸭可使用 3% 硼酸溶液局部冲洗后再涂以眼药水进行治疗。

三、维生素 B_1 缺乏症

1. 维生素 B_1 的作用及来源

维生素 B_1 又称为硫胺素，是水溶性的维生素，在机体内具有维持正常糖代谢的作用。动物不能合成，只能从食物中获取。维生素 B_1 广泛存在于植物性饲料中，在玉米、稻谷及糠麸、麸皮等加工产品中含量丰富。

2. 维生素 B_1 缺乏的原因

（1）饲料中缺乏维生素 B_1　例如长期饲喂缺乏维生素 B_1 的精磨

稻米等。

（2）饲料加工或保存不当　饲料中添加了某些碱性物质、防腐剂、抗球虫药等能破坏维生素 B_1 的物质。饲料霉变、受热等，使维生素 B_1 被破坏。

（3）某些疾病的影响　慢性胃肠道疾病或肠道寄生虫感染也会影响维生素 B_1 的吸收。

3. 临诊症状

病鸭精神沉郁，食欲下降，生长发育不良，步态不稳，常以跗关节着地，行走时身体失去平衡。有时头向一侧偏或打转，有时抬头呈"观星"姿势。本病发作突然，一天可发作多次，病情一次比一次严重，最后全身抽搐，造成瘫痪、倒地而死。产蛋鸭出现维生素 B_1 缺乏症时病程较长，主要表现消瘦、产蛋率和孵化率下降，孵出的雏水禽也会出现脑神经功能紊乱症状。

4. 剖检病变

无特征性病理变化。有时可见皮下水肿，胃肠黏膜有轻度炎症，多发性神经炎，心肌萎缩以及肾上腺肥大等病变。

5. 诊断

根据本病的病史、临诊症状可做出初步诊断。此外可采用治疗性诊断，口服或肌内注射维生素 B_1 注射液后病鸭的神经症状迅速消失。在临诊上本病还要与其他维生素缺乏症、锰缺乏症、大肠杆菌病、葡萄球菌病、关节型痛风、传染性浆膜炎、禽流感等进行区别诊断。

6. 防治

（1）预防　平时要注意维生素 B_1 的供应，防止饲料加工与保存过程中维生素 B_1 被破坏。有慢性胃肠道疾病或肠道寄生虫感染的要及时诊治，以保证维生素 B_1 的正常吸收和利用。

（2）治疗　发病时应增加饲料中维生素 B_1 的含量（按每50千克饲料添加维生素 B_1 1～2克，连用7～10天），此外也可按比例口服复合维生素 B 制剂。对个别病鸭，可口服维生素 B_1 片（按每千克体重内服2～5毫克）或肌内注射维生素 B_1 注射液（按每千克体重1～2毫克），有一定效果。

四、维生素 B$_2$ 缺乏症

1. 维生素 B$_2$ 的作用及来源

维生素 B$_2$ 又称为核黄素，微溶于水，是机体黄酶类辅基的组成部分，缺乏时会影响机体的生物氧化，使代谢发生障碍。机体内维生素 B$_2$ 的储存是有限的，因此每天都必须从饲料中摄入，长期摄入不足就会引起维生素 B$_2$ 缺乏症。禾谷类如玉米中的维生素 B$_2$ 含量特别低，胡萝卜、苜蓿叶、白菜叶等青绿多汁饲料中的维生素 B$_2$ 含量较高。

2. 维生素 B$_2$ 缺乏的原因

（1）饲料中缺乏维生素 B$_2$　例如长期饲喂缺乏维生素 B$_2$ 的禾谷类。

（2）饲料加工或保存不当　饲料中维生素 B$_2$ 易被紫外线、碱和重金属等破坏。

（3）某些疾病的影响　慢性胃肠道疾病或肠道寄生虫感染也会影响维生素 B$_2$ 的吸收。

3. 临诊症状

多发生于小日龄鸭，精神沉郁，食欲下降，生长发育不良，步态不稳，典型的临诊症状是脚趾卷曲，趾爪向内蜷缩呈"握拳状"，病重者瘫痪，以跗关节着地，双翅展开以维持身体平衡，行走不便。病程长者消瘦、衰弱，最终衰竭而死。

4. 剖检病变

内脏无特征性病理变化，有时见胃肠黏膜萎缩，肠道内有大量泡沫状内容物。病重鸭坐骨神经鞘显著肥大，坐骨神经变粗。

5. 诊断

趾爪向内蜷缩呈"握拳状"，具有诊断意义，但这是后期典型病鸭的特征性表现，但在疾病初期，只能依赖发病情况和饲料配方来进行初步诊断。临诊上本病还要与引起瘫痪的其他维生素缺乏症、锰缺乏症、大肠杆菌病、葡萄球菌病、关节型痛风、传染性浆膜炎、禽流感等进行区别诊断。

6. 防治

（1）预防 平时要注意维生素 B_2 的供应，防止饲料加工与保存过程中维生素 B_2 被破坏。有慢性胃肠道疾病或肠道寄生虫感染的要及时诊治，以保证维生素 B_2 的正常吸收和利用。

（2）治疗 发病时可用维生素 B_2 针剂注射或口服，每羽 $2 \sim 3$ 毫克，连用 $3 \sim 4$ 天。全群额外补充维生素 B_2，在每吨饲料中添加10 克，搅拌均匀，连用 $5 \sim 7$ 天。

五、维生素 B_3 缺乏症

1. 维生素 B_3 的作用及来源

维生素 B_3 又称为泛酸、抗皮炎因子，在家禽体内可参与糖类、脂肪和蛋白质的代谢。维生素 B_3 广泛存在于各种动物性和植物性饲料中，极易被热和酸破坏，与维生素 B_{12} 有着密切的关系，当维生素 B_{12} 缺乏时，也会引起维生素 B_3 缺乏症。

2. 维生素 B_3 缺乏的原因

（1）饲料中缺乏维生素 B_3 玉米中维生素 B_3 含量低，当以玉米为主要成分配制饲料而又没有添加多维时，可能引起维生素 B_3 缺乏症。

（2）饲料中缺乏维生素 B_{12} 当维生素 B_{12} 缺乏时，机体对维生素 B_3 的需求量增加，饲料中如果不能提供更多的维生素 B_3，也可能引起维生素 B_3 缺乏症。

3. 临诊症状

小日龄鸭主要表现为羽毛发育不良、脱落、皮炎。病鸭生长缓慢，头部和颈部羽毛脱落，眼、口腔和肛门周围有带痂皮的小结痂，眼分泌物增多并浓稠。趾间及脚底有小裂口，继而结痂、水肿或出血，随着裂口加深，病鸭行走困难或瘫痪，腿部皮肤增厚、粗糙、角质化。种鸭维生素 B_3 缺乏时，种蛋的孵化率下降，孵化后期的死亡率增高，孵出的雏鸭体重不足、衰弱。

4. 剖检病变

口腔内有脓性分泌物，腺胃有灰白色渗出物，肝脏肿大呈暗黄色，脾萎缩，其他无明显病变。

5. **诊断**

羽毛松乱、生长不良，具有一定的诊断意义，结合发病情况和饲料配方来进行初步诊断。临诊上本病还要与引起瘫痪的其他维生素缺乏症、锰缺乏症、大肠杆菌病、葡萄球菌病、关节型痛风、传染性浆膜炎、禽流感等进行区别诊断。

6. **防治**

（1）预防　平时要注意维生素 B_3 的供应，防止饲料加工与保存过程中维生素 B_3 被破坏，还应防止维生素 B_{12} 的缺乏。

（2）治疗　发病时肌注泛酸，可收到明显疗效。全群治疗，每千克饲料中添加 $10 \sim 20$ 毫克的泛酸钙，可收到较好效果。啤酒酵母、新鲜青绿饲料、苜蓿粉等含有大量泛酸，可在饲料中添加。

六、维生素 B_4 缺乏症

1. **维生素 B_4 的作用及来源**

维生素 B_4 又称为胆碱，是磷脂、乙酰胆碱的组成成分。一方面参与脂肪代谢，可促进脂肪酸以卵磷脂的形式被运输，也可以提高肝脏利用脂肪的能力，防止出现脂肪肝；另一方面在神经递质传导中具有重要作用，还可作为甲基的供体。鱼粉、动物肝脏、酵母、花生饼、豆粕、菜籽饼等均含有大量的维生素 B_4。

2. **维生素 B_4 缺乏的原因**

（1）饲料中缺乏维生素 B_4　肉用雏鸭生长迅速，对维生素 B_4 的需求量也大，如果饲料中添加不足，可能引起维生素 B_4 的缺乏。

（2）摄入不足　饲料中能量和脂肪含量较高时，成年鸭特别是产蛋鸭的采食量下降，使维生素 B_4 的摄入不足。

（3）饲料中缺乏叶酸或维生素 B_{12}　叶酸和维生素 B_{12} 缺乏时，也能造成维生素 B_4 缺乏。

3. **临诊症状**

多发生于肉用雏鸭，偶见于产蛋鸭。雏鸭主要表现为生长缓慢和胫骨短粗，发病初期，跗关节周围有出血点或肿大，跗骨扭曲变形，严重者跟腱滑落，失去支撑能力，病鸭行走困难、跛行或瘫痪。产蛋鸭仅表现产蛋下降，易出现脂肪肝。

4. 剖检病变

肉用雏鸭多表现胫骨和跗骨变形，内脏无明显病变。产蛋鸭有时见肝肿大，色泽发黄，质地变脆；严重者肝破裂，腹腔中有凝血块。

5. 诊断

肉用雏鸭发生生长缓慢和胫骨短粗，具有一定的诊断意义，结合发病情况和饲料配方来进行初步诊断。临诊上本病还要与引起瘫痪的其他维生素缺乏症、锰缺乏症、大肠杆菌病、葡萄球菌病、关节型痛风、传染性浆膜炎、禽流感等进行区别诊断。

6. 防治

（1）预防　饲料中添加 0.1% 氯化胆碱可有效预防本病。

（2）治疗　发病时在饲料中添加 0.2% 氯化胆碱，连用 5～7 天，可以收到较好的治疗效果。胫骨和跗骨已经变形的病鸭，没有治疗意义，应淘汰。

七、维生素 B_5 缺乏症

1. 维生素 B_5 的作用及来源

维生素 B_5 又称为烟酸、尼克酸，是抗癞皮病维生素。维生素 B_5 是脱氢辅酶的组成部分，参与细胞的呼吸和代谢作用。维生素 B_5 广泛分布于各种饲料中，青绿饲料、花生饼、酒糟、油饼、酵母和动物性饲料（如肉骨粉和鱼粉）等均含有丰富的维生素 B_5。谷物饲料虽然含有较多的维生素 B_5，但由于呈结合状态而不易被鸭利用。维生素 B_5 可以在核黄素和维生素 B_6 等参与下，由色氨酸形成。

2. 维生素 B_5 缺乏的原因

以玉米为主的日粮，不注重添加维生素 B_5，此时玉米中的维生素 B_5 处于结合状态不易被鸭吸收利用，玉米中又缺乏色氨酸，机体无法合成维生素 B_5，时间长了就会引起维生素 B_5 的缺乏。

3. 临诊症状

雏鸭多见，表现为跗关节肿大，腿骨短粗，跟腱一般不会滑落，口腔和食道上部有深红色的炎症，下痢，羽毛粗乱，生长迟缓。成年鸭羽毛脱落，腿呈弓形弯曲。

4. 剖检病变

胃和肠黏膜萎缩，盲肠和结肠黏膜上有豆腐渣样物质覆盖，肝脏萎缩，或有脂肪变性。

5. 诊断

跗关节肿大、口炎和下痢，具有一定的诊断意义，结合发病情况和饲料配方来进行初步诊断。临诊上本病还要与引起腿部疾患的其他维生素缺乏症、锰缺乏症、大肠杆菌病、葡萄球菌病、关节型痛风、传染性浆膜炎、禽流感等进行区别诊断。

6. 防治

（1）预防　调整日粮中玉米比例，或添加色氨酸、啤酒酵母、米糠、麸皮、豆类、鱼粉等富含维生素 B_5 的饲料。

（2）治疗　病鸭口服维生素 B_5，每只 30～40 毫克，连用 3～5 天。全群可在饲料中添加维生素 B_5，每吨饲料添加 15～20 毫克，连用 3～7 天。

八、维生素 B_6 缺乏症

1. 维生素 B_6 的作用及来源

维生素 B_6 又称为吡哆素，包括吡哆醇、吡哆醛和吡哆胺 3 种化合物，存在于所有的细胞中，其磷酸化形式被结合到酶系统中，是体内每一个细胞内化学反应所必需的，与蛋白质、碳水化合物、脂肪和一些矿物质的代谢密切相关。维生素 B_6 存在于所有的有叶植物、谷物和动物组织中，谷物中的维生素 B_6 主要集中在糠麸之中。禽类消化道中可合成一定量的吡哆醇，但被机体吸收的量较少。

2. 维生素 B_6 缺乏的原因

（1）饲料中缺少维生素 B_6　当给鸭提供高蛋白质、高能量饲料时，机体为了满足蛋白质和脂肪代谢的需求，对维生素 B_6 的需要量增加，这时应额外添加维生素 B_6，一旦添加不足，时间长了就会引起发病。

（2）饲料保存不当　致使维生素 B_6 被破坏。

（3）某些疾病的影响　慢性胃肠道疾病或肠道寄生虫感染也会影响维生素 B_6 的吸收。

3. 临诊症状

主要表现神经症状。雏鸭维生素 B_6 缺乏时异常兴奋，共济失调，头朝下，漫无目的地乱走乱跑，站立不稳，侧身倒地，腿和头急剧抽动，后期虚弱，衰竭而死。成年鸭则表现食欲不振、消瘦、贫血、皮炎等。

4. 剖检病变

长骨变短变粗，中趾等关节向内弯曲，有时可见肌胃糜烂。

5. 诊断

神经症状、异常兴奋、盲目奔跑等具有一定的诊断意义，结合发病情况和饲料配方来进行初步诊断。临诊上本病还要与引起骨短粗或跛行甚至瘫痪的其他维生素缺乏症、锰缺乏症、大肠杆菌病、葡萄球菌病、关节型痛风、传染性浆膜炎、禽流感等进行区别诊断。

6. 防治

（1）预防　饲料中添加 0.1% 氯化胆碱可有效预防本病。

（2）治疗　发病时，每千克饲料中添加 10 ~ 20 毫克维生素 B_6，连用 5 ~ 7 天，可以收到较好的治疗效果。病重的成年鸭，可以肌注维生素 B_6，每只 5 ~ 10 毫克。

九、维生素 B_{11} 缺乏症

1. 维生素 B_{11} 的作用及来源

维生素 B_{11} 又称为叶酸，在体内的作用是促进新细胞的形成和红细胞、白细胞的成熟。维生素 B_{11} 在酵母粉、肝粉、苜蓿粉、棉仁粉、小麦麸、青绿饲料中的含量丰富，但在玉米中含量贫乏。

2. 维生素 B_{11} 缺乏的原因

（1）饲料中缺少维生素 B_{11} 以玉米为主的日粮，不注重添加维生素 B_{11}，时间长了就会引起发病。

（2）长期服用抗生素 抑制了肠道微生物，影响消化和吸收。

（3）某些疾病的影响 慢性胃肠道疾病或肠道寄生虫感染也会影响维生素 B_{11} 的吸收。

3. 临诊症状

主要表现为生长受阻、贫血和头颈部麻痹。雏鸭头颈下垂，向前伸直，以喙着地。产蛋鸭缺乏时，产蛋量下降，种蛋的孵化率也下降。

4. 剖检病变

无明显剖检变化。

5. 诊断

生长受阻、贫血和头颈部麻痹等具有一定的诊断意义，结合发病情况和饲料配方来进行初步诊断。

6. 防治

（1）预防 维生素 B_{11} 在动植物饲料中含量均丰富，一般不会缺乏，当提供以玉米为主的饲料时，应增加富含维生素 B_{11} 的动植物性饲料或添加维生素 B_{11} 来预防。

（2）治疗 发病时，多提供维生素 B_{11} 含量高的青绿饲料、酵母粉、肝粉或苜蓿粉等。必要时，每千克饲料中添加 50 毫克的维生素 B_{11}。

十、维生素 B_{12} 缺乏症

1. 维生素 B_{12} 的作用及来源

维生素 B_{12} 又称为氰钴胺素，是一种重要的生长因子，在体内起辅酶的作用参与转甲基化反应，是许多氨基酸合成所必需的，还能促进 DNA 的合成，保持脊髓神经纤维上髓鞘，从而促进神经的功能等。维生素 B_{12} 仅存在于动物性饲料中，不存在于植物性饲料中。另外，动物肠道中都含有能合成天然维生素 B_{12} 的微生物，大部分随粪便排出体外，本身吸收非常少，所以放养时，其他动物的粪便也是鸭维生

素 B_{12} 的来源之一。

2. 维生素 B_{12} 缺乏的原因

① 饲料中维生素 B_{12} 的添加量不足或动物性饲料不足。

② 饲料中蛋白质或脂肪含量很高时，机体对维生素 B_{12} 的需求量也增加，此时应额外添加维生素 B_{12}。

③ 饲料中蛋氨酸、胆碱和叶酸的含量很低，也会引起维生素 B_{12} 缺乏。

④ 服用某些药物、患某些疾病、寄生虫感染等，会影响机体对维生素 B_{12} 的吸收，也能直接或间接导致维生素 B_{12} 的缺乏。

3. 临诊症状

雏鸭主要表现为食欲下降和生长受阻，产蛋鸭表现为蛋重减轻、产蛋率下降、种蛋的孵化率下降。病程长者，表现贫血、羽毛生长不良、腿部无力、喜卧，甚至脚的肌腱滑脱等。

4. 剖检病变

病程长的，可能见到肌胃糜烂，其他无明显剖检变化。

5. 诊断

诊断有一定难度，生长受阻和贫血有一定的诊断意义，需结合发病日龄和饲料配方来进行诊断。

6. 防治

（1）预防　应结合鸭不同生长阶段对营养的不同需求，添加足量的维生素 B_{12}，特别是饲料中蛋白质含量较高时，维生素 B_{12} 的添加量也应较高。

（2）治疗　发病早期，在饮水中添加维生素 B_{12}，可在一周内快速恢复。严重缺乏者，可注射维生素 B_{12} 注射液，每只 2～4 微克，隔日再注射 1 次即可。

十一、鸭钙磷缺乏症

1. 钙磷的作用及来源

在禽类，钙大部分用于形成骨骼和蛋壳（产蛋禽），也分布于血浆和其他组织中，在血液凝固、维持体液的酸碱平衡和神经肌肉的兴奋性、加速神经递质和激素的释放等方面起着关键作用。磷大部分用于形成骨骼，也是细胞膜、某些酶的重要组成部分，参与能量代谢，调节血液酸碱度，决定蛋壳的弹性和韧性。钙和磷主要从十二指肠吸收，维生素 D 缺乏时，小肠对钙和磷的吸收和运输降低，钙和磷在体内的代谢也发生异常。钙的来源有石灰石粉、贝壳粉、蛋壳粉、骨粉等，磷的来源主要是骨粉和磷酸氢钙。

2. 钙磷缺乏的原因

（1）饲料中钙、磷的含量不足　不同生长周期，鸭对钙、磷的需求不同，产蛋高峰期的蛋鸭对钙的需求量大，应当提供与生长周期相适应的全价饲料，保证机体对钙、磷的需求，否则，持续一段时间后就会出现不同程度的症状。

（2）维生素 D 缺乏　维生素 D 与钙、磷的代谢密切相关，一旦缺乏，直接影响钙、磷的吸收和利用。

（3）饲料中钙磷比例失调　钙过多会抑制磷的吸收，磷过多会导致磷酸钙的形成和排出，造成钙的不足。

（4）饲料中的氟过量　过量的氟可影响骨的钙化及骨骼脱钙。

（5）鸭对饲料中的钙磷吸收受阻　饲料中含有大量的脂肪不利于钙的吸收；某些植物如菠菜、甜菜、苋菜等含有草酸或草酸盐，鸭如果大量采食，钙会与其形成不溶性的草酸钙，不利于钙的吸收；饲料或饮水中含有大量的铁、镁等金属离子不利于磷的吸收等。

3. 临诊症状

钙磷缺乏症是一种骨营养不良性代谢病，以小日龄鸭和产蛋鸭多见。临诊上以消化紊乱、异嗜癖、骨骼变形及跛行为特征。小日龄鸭表现软脚无力，行动困难，跛行，常以关节着地或呈蹲伏休息，喙与爪变软易弯曲，也易骨折，关节肿大，生长缓慢或停滞，有时表现异嗜癖。产蛋鸭表现软脚，产蛋率下降，产软壳蛋、薄壳蛋或变形蛋比例偏多，但采食量基本正常，粪便也基本正常。

4. 剖检病变

骨骼变软、易骨折，长骨末端肿大，关节变形，肋骨与肋软骨结合处肿胀并呈串珠样。其他内脏器官病变不明显。

5. **诊断**

根据病史、临诊症状、剖检病变可做出初步诊断。必要时可取饲料进行维生素 D、钙、磷含量测定或抽血进行血清钙、磷及血清碱性磷酸酶活性测定来诊断本病。

6. **防治**

（1）预防　保证钙磷的供应和比例，保证维生素 D 的供应。饲料配方要根据不同阶段的生长或生产需求进行调整，饲料厂要对每一批饲料原料进行相关成分含量测定，若含量有变化时要及时调整饲料配方。饲料中应有足够的维生素 D，鸭在放牧过程中的适当运动和充足阳光照射，可以促进其体内维生素 D 的合成与利用。

（2）治疗　在发病初期要及时调整饲料配方，其中补钙以添加贝壳粉或石灰石粉为主，补磷以骨粉或磷酸氢钙为主，个别软脚病鸭可喂鱼肝油或维生素 D_3 片，也可肌内注射维丁胶性钙或果酸钙注射液进行治疗。

十二、维生素 E 缺乏症

1. **维生素 E 的作用及来源**

维生素 E 的作用有抗氧化功能和维持机体繁殖的功能，维生素 E 和硒在生物活性方面很相似，在代谢上也起协同作用。维生素 E 在谷物饲料中含量较丰富。

2. **维生素 E 缺乏的原因**

① 饲料中维生素 E 的含量不足。

② 饲料加工或保存、配制不当，常引起维生素 E 的损失。比如，某些矿物质、不饱和脂肪酸和饲料酵母会破坏维生素 E。

③ 饲料缺硒。机体需要较多的维生素 E 去补偿，导致维生素 E 缺乏。

④ 球虫病及某些慢性肠道疾病，会影响维生素 E 的吸收。

3. **临诊症状**

主要发生于小日龄鸭，表现脑软化症、渗出性素质、营养性肌肉萎缩。脑软化症表现为运动失调，病程长者全身麻痹。渗出性素质多由维生素E和硒同时缺乏引起，表现为胸腹部皮下水肿，皮下呈淡绿色或淡蓝色。营养性肌肉萎缩的发病日龄更大些，表现运动失调与脑软化症的运动失调有一定相似之处，病鸭无力站立、步伐不稳、多蹲伏、不愿行走。成年鸭无明显症状，但产蛋率和种蛋的孵化率下降，种公鸭的生殖功能减退。

4. 剖检病变

脑软化症病鸭剖检可见小脑水肿、充血或出血甚至有软化灶。渗出性素质病鸭剖检可在水肿部位下方见到不同量带血液体的积聚。营养性肌肉萎缩病鸭剖检可见骨骼肌营养不良，肌肉无光泽、色淡。

5. 诊断

诊断有一定难度，运动失调和渗出性素质有一定的诊断意义，需结合发病日龄、病理变化和饲料配方来进行诊断。

6. 防治

（1）预防　提供营养全面的全价饲料，正确保存饲料，避免维生素E被破坏。不使用劣质、变质的油脂。

（2）治疗　发病早期，全群饲喂维生素E粉，每千克饲料添加维生素E 10～30毫克，同时添加亚硒酸钠0.2毫克。病重鸭，可喂服维生素E或维生素E粉，每只2～5毫克，连用3～5天。

第四节　常见中毒病防治

一、食盐中毒

1. 食盐的作用

食盐是畜禽必需的营养物质，主要用于维持体液的渗透压、控制体液的容量，钠离子和氯离子还参与多种生理过程，与神经兴奋的传递、胃酸的形成等密切相关。食盐缺乏时，鸭生长不良、食欲减退、产蛋量下降；食盐添加过多，也会引起中毒，特别是雏鸭。禽类的味觉差，肾脏的滤过作用不强，所以食盐中毒的发生概率较大。

2. 病因分析

① 添加含盐量过高的咸鱼粉。添加了咸鱼粉，却没有减去食盐的量，导致饲料的总食盐量增加。

② 添加过量的食盐。由于计算或称量错误，添加了过量的食盐。

③ 搅拌不均匀，导致部分鸭摄入食盐过多而引起中毒。

④ 饲喂大量含盐量高的食堂残羹或是洗腌肉、腌菜的水。

3. 临床症状

中毒鸭起初高度兴奋，肌肉震颤，盲目乱窜，频频饮水，嗉囊内充满液体，腹泻；中后期垂头闭目，精神沉郁，脱水，双脚麻痹，衰竭而死。慢性中毒鸭持续腹泻。

4. 剖检病变

病死鸭皮下呈胶冻样，腹腔积液，肠黏膜充血或出血，心包积水，肺水肿，肝淤血，偶有出血点。

5. 诊断

根据临床症状和剖检病变，结合饲料配方调查，可做出初步诊断。应注意与表现高度兴奋、肌肉震颤的其他疾病如鸭病毒性肝炎、禽流感、传染性浆膜炎、部分维生素缺乏症等相区别。

6. 防治

（1）预防　加强食盐用量的管理，注意食盐含量高饲料原料的应用，保证充足的饮水。

（2）治疗　立即停喂食盐含量高的饲料，供给大量清水，水中可加入 5% 葡萄糖。严重中毒鸭要间歇性提供一定量的饮水，防止短时间内饮水过多。

二、黄曲霉素中毒

1. 黄曲霉素简介

黄曲霉素是黄曲霉菌产生的有毒物质，有 20 多种，其中毒力最

强的是黄曲霉素 B_1。黄曲霉素有剧烈的毒性，主要损害肝脏，有致癌作用。黄曲霉菌广泛分布于自然界的各个角落，易在饲料中的玉米、花生、黄豆等生长并产生黄曲霉素。鸭摄入黄曲霉素达到一定量就可产生中毒。

2. 临床症状

黄曲霉素摄入的多少直接决定症状的轻重。摄入过多，常无症状突然死亡。多数中毒鸭表现为精神萎靡不振、羽毛松乱无光泽、食欲下降、生长不良、腹泻、贫血、消瘦。

3. 剖检病变

肝脏肿大、色淡，有时见出血点；胆囊扩张；肾肿大、苍白；法氏囊和胸腺萎缩。病程长的，肝脏萎缩、硬化，常有小结节突起于肝脏表面。

4. 诊断

临床症状没有诊断意义，肝脏的剖检病变，结合饲料配方调查，可做出初步诊断。确诊需参考病理组织学的特征和黄曲霉素的测定。

5. 防治

（1）预防　在饲料保存过程中，应注意通风、干燥，一旦结块、发霉、有异味等，坚决不用。饲料中可加入制霉菌素来防止霉菌生长，每千克加入 50 万单位。

（2）治疗　没有特效药物。全群立即停喂原来的不良饲料，供给大量清水，水中可加入维生素 C、葡萄糖和活性炭等。

三、喹诺酮类药物中毒

1. 喹诺酮类药物简介

喹诺酮类药物是人工合成的抗菌药，包括常用的氟哌酸、恩诺沙星、氧氟沙星、环丙沙星等，具有高效、广谱、低毒、价廉、安全等优点，与其他抗生素之间无交叉耐药性，广泛应用于家禽养殖业。应用该类药物时，应严格控制用药剂量和用药时间，过量应用仍会引起中毒。

2. 临床症状

中毒鸭群表现精神不振、不愿活动、垂头缩颈或昏睡；或头颈歪曲、站立不稳、羽毛松乱无光泽、食欲下降、排淡黄色水样稀粪。病程长的，喙、趾、翅和胸骨柔软。

3. 剖检病变

肝脏肿大，略呈土黄色，有时见出血点，胆囊扩张。腺胃内容物呈黑褐色，腺胃与肌胃交界处黏膜溃疡或出血，十二指肠前段内容物呈黑色，十二指肠黏膜有弥漫性出血。肾脏肿大、充血、出血。

4. 诊断

骨骼柔软和腺胃及十二指肠内容物呈黑色，有一定的诊断意义，结合用药史可做出初步诊断。

5. 防治

（1）预防　严格按药物的说明书使用，避免超剂量、超时间使用。应用多种药物联合进行治疗时，应仔细阅读说明书，避免多种喹诺酮类药物同时应用。

（2）治疗　没有特效药物。全群立即停喂含有药物的饲料和饮水，供给大量清水，水中加入维生素C、葡萄糖和补液盐等。

四、喹乙醇中毒

1. 喹乙醇简介

喹乙醇是一种化学合成的具有抗菌促生长作用的饲料添加剂，促生长作用时的添加量为每吨饲料25～30克；预防细菌病时的添加量为每吨饲料100克，连用7天，停药7～10天；治疗细菌病时的添加量为每吨饲料200克，连用3天，停药7～10天。大剂量连续应用易导致急性中毒，喹乙醇易在动物体内蓄积；小剂量连续应用，也会引起中毒。

2. 临床症状

中毒鸭群表现精神沉郁、昏睡、羽毛松乱无光泽、食欲下降、排淡黄色水样稀粪。喙、颜面和趾变黑。

3. 剖检病变

消化道出血，以十二指肠和泄殖腔更为严重；腺胃乳头出血，腺胃与肌胃交界处黏膜溃疡，肌胃角质层下有出血斑或出血点。心肌表面、肝脏均有散在出血点，肾肿大、质脆。

4. 诊断

临床症状和剖检病变，有一定的诊断意义，结合大剂量或连续应用喹乙醇的病史做出初步诊断。

5. 防治

（1）预防　严格控制喹乙醇的用量，严格执行休药期规定。药物与饲料混合时，务必要求混合均匀。

（2）治疗　没有特效药物。全群立即停喂含有药物的饲料和饮水，供给大量清水，水中加入多维和葡萄糖等。

五、磺胺类药物中毒

1. 磺胺类药物简介

磺胺类药物是一类常用的化学合成药物，具有抗菌谱较广、性质稳定、体内分布广、品种多、价格低、使用简便等优点，广泛应用于家禽养殖业。除了对细菌有抑制作用外，磺胺类药物对某些衣原体和原虫也有抑制作用。细菌对磺胺类药物易产生耐药性，个别养殖户为了加强疗效盲目加大药量、延长用药时间，导致药物中毒。

2. 临床症状

中毒鸭群表现精神沉郁，昏睡，羽毛松乱无光泽，食欲下降，头面部苍白，生长停滞，排酱油状、灰白色或蛋清样稀粪。

3. 剖检病变

主要表现为皮下、肌肉和内脏器官出血。皮下出血，以胸肌和大腿肌明显，呈点状或斑块状出血。肝肿大，色淡黄，有出血点或坏死灶。脾脏肿大、出血。心肌呈条纹状出血。肾肿大、色淡。输尿管增粗，充满白色尿酸盐。胃肠道黏膜脱落、出血。

4. 诊断

临床症状和剖检病变，有一定的诊断意义，结合大剂量或连续应用磺胺类药物的病史做出初步诊断。

5. 防治

（1）预防 磺胺类药物一些制剂的治疗量与中毒量很接近，给药时应特别注意药物的种类、剂量、用药持续时间等。药物与饲料混合时，务必要求混合均匀。使用磺胺类药物期间，应供给充足的饮水。

（2）治疗 没有特效药物。全群立即停喂含有药物的饲料和饮水，供给大量清水，水中加入 2% 小苏打（碳酸氢钠），每千克饲料加入 5 毫克的维生素 K_3，有助于中毒症状的缓解。

六、氨气中毒

1. 氨气简介

氨气具有辛辣刺激性臭味，可溶于水，鸭舍内的氨气主要是由粪便、饲料和垫料的腐烂分解产生。当鸭舍内的氨气达一定浓度时，可刺激眼睛引起结膜炎；刺激呼吸道黏膜引起水肿、分泌增加、充血；损伤呼吸道黏膜上皮，使病原菌易于侵入；通过肺泡进入血液，与血红蛋白结合，降低血液的携氧能力。

2. 临床症状

中毒鸭群表现精神沉郁、食欲下降、喜饮水、头面部发紫、流泪、眼结膜充血、眼睑水肿、角膜混浊、张口呼吸、临死前抽搐或麻痹。

3. 剖检病变

主要表现皮下发绀，血液稀薄色淡，呼吸道黏膜充血或出血，肺淤血或水肿，心包积液，肝肿大、质脆，肾脏肿大、色淡。

4. 诊断

鸭舍内的强烈氨气味，结合临床症状和剖检病变，可以做出初步诊断。

5. 防治

（1）预防 冬季及早春时节，在做好鸭舍内取暖的同时，应注意通风换气，人进入鸭舍感觉到刺鼻时，提示氨气浓度偏高，应及时换气。及时清除粪便，保持鸭舍内的清洁卫生和干燥。

（2）治疗　没有特效药物。立即开启通风换气设备和门窗，更换鸭舍内的空气。在饲料和饮水中添加抗生素，防止呼吸道继发感染。

 第五节　其他疾病防治

一、中暑

1. 概述

中暑是指鸭群在高温环境条件下出现生产性能下降或导致突然发病死亡的一种疾病，又称热应激。鸭的皮肤缺乏汗腺，散热主要依靠张口呼吸或把翅膀张开下垂来完成。在气温高（室温35℃以上）、湿度大的闷热潮湿环境以及密度过大、通风不良、饮水供应不足、肥胖等因素都易导致本病发生。

2. 临床症状

本病多呈急性经过。主要表现为呼吸快、张口伸颈、翅膀张开下垂、饮水量增加、体温升高，进而出现呼吸困难、步态摇晃、不能站立、痉挛倒地，最后昏迷而死亡。

3. 剖检病变

尸僵形成缓慢，血液凝固不良，全身静脉瘀血，胸肌苍白（似煮熟样），心冠脂肪和心外膜有点状出血，腹腔脂肪也有大量点状出血。

4. 诊断

根据鸭舍内的温度、临床症状和剖检病变，比较容易做出初步诊断。

5. 防治

（1）预防　夏、秋季节要做好鸭舍的防暑降温工作，包括喷水、通风换气、饮水供给充足、减少饲养密度等以预防该病的发生。饲料或饮水中添加碳酸氢钠（每 1000 千克饲料添加 2000 克）或维生素 C（每 1000 千克水添加 200 克），能起到一定的保健作用。

（2）治疗　没有特效药物。一旦发生中暑，立即将鸭群转移至阴凉通风处，并给予凉水冲洗。

二、啄癖症

1. 概述

鸭啄癖症也称为异嗜癖，是指由多种原因引起鸭的一种异常行为，以采食正常食物以外的物质为特征，临诊上最常见的是啄羽癖和啄肛癖。

2. 病因

引起鸭啄癖症的原因有多方面，主要为以下几种：

（1）饲料因素　饲料不能提供鸭所需的营养物质和微量元素。比如饲料中蛋白质含量不足，尤其是动物性蛋白质不足；饲料中氨基酸不平衡，特别是含硫氨基酸（如蛋氨酸）缺乏；钙、磷、锌、锰等矿物质元素缺乏或比例不协调；无机盐缺乏，特别是食盐缺乏；维生素 B_2、生物素、泛酸等维生素含量不足等。

（2）管理因素　饲养密度过大或运动场所太少，或鸭舍的光线太强，容易诱发鸭的争斗导致啄癖；鸭舍的光线太强还会促进鸭性早熟，提前产蛋，肛门易破裂，诱发啄肛癖；没有及时拣蛋，鸭会因好奇而去啄食，久之养成啄蛋癖；料槽或水槽数量太少，进食时诱发鸭的争斗导致啄癖；断喙不彻底也会引起啄癖。这些都是由饲养管理不当引起的。

（3）寄生虫　体表的寄生虫寄生时，局部发痒，可能导致啄癖症；体内寄生虫特别是肠道寄生虫（如蛔虫、绦虫等）寄生时吸取了大量的营养物质，导致机体缺乏营养和微量元素，也是引起啄癖症的重要原因之一。

（4）疾病　体表的创伤、出血、炎症等，可能诱发鸭自啄或其他鸭的啄食，时间长了形成恶习；消化不良、细菌感染或病毒感染等引起的腹泻，粪便会打湿肛门周围的羽毛并使其粘连、结痂，诱发鸭群的啄肛；输卵管有炎症时，局部发痒或排出炎性分泌物，也会诱发鸭群的啄肛等。

（5）其他　换羽时，鸭常自食或互相啄食羽毛，个别鸭即养成啄羽恶习。产蛋鸭在产蛋高峰期或产蛋后期，由于腹部韧带和肛门括约肌松弛，产蛋后直肠或输卵管后段不能及时收缩而露出，导致其他鸭啄食，久而久之养成啄肛恶习。

3. 临诊症状

临诊上表现有啄羽癖、啄肛癖、啄蛋癖、啄异物癖、啄趾癖等。啄羽常发生在换羽期，可见不同个体相互啄食彼此的羽毛，有时也啄食自身的羽毛或已脱落在地上的羽毛，造成背部或尾根的羽毛稀疏或残缺不齐，皮肤出现充血、出血或形成痂皮，严重者被多只鸭啄食而导致局部出血甚至死亡。啄肛常发生在产蛋中后期，个别鸭的肛门被啄食，导致出血，吸引更多的鸭前来啄食，严重者肠道被啄出体外，导致死亡。啄蛋常发生在产蛋高峰期，个别鸭产蛋后啄食蛋，久之养成恶习。

4. 预防

分析产生啄癖的可能原因，采取相应的预防措施。

① 提供全价饲料，保证微量元素和微生物的平衡。

② 加强饲养管理，及时正确断喙，保持合理的饲养密度，保证充足的运动场所，保持合理光照，及时拣蛋等。

③ 定期驱除体表寄生虫和体内寄生虫。

④ 预防或及时治疗其他疾病。

5. 治疗

日龄较小鸭出现啄癖时，可采取断喙处理，同时在饲料中添加1.5%～2%的石膏粉，连用7天；或添加2%的食盐，连用3～4天（但不能长期使用，否则会发生中毒）。此外，在饲料中多添加一些蛋白质、蛋氨酸、多种维生素对本病也有一定辅助治疗效果。对于啄癖造成外伤的鸭要及时挑出，隔离饲养，并用龙胆紫或硫酸庆大霉素涂擦患处进行局部处理，病重的直接淘汰。

第十四章

鸭场经营管理

　　鸭场经营管理是指在进行鸭饲养生产过程中，按照鸭的生物学规律和经济规律，运用经济、法律、行政及现代科学技术和管理手段，对鸭场的生产、销售、劳动报酬、经济核算等活动进行计划、组织和调控的科学，使鸭场生产能更好更快的发展，获得最佳的综合效益，其核心是充分、有效地利用鸭场的人力、物力和财力，以达到高产和高效的目的。

第一节　经营管理概述

　　经营是指在国家法律、条例所允许的范围内，面对市场的需要，根据企业内部和外部的环境条件，合理确定企业的生产方向和经营总目标，合理组织企业的产、供、销活动，以求用最少的人、财、物消耗，取得最多的物质产出和最大的经济效益（即利润）。管理是指根据企业经营的总目标，对企业生产总过程的经济活动进行计划、组织、指挥、调节、控制、监督和协调等工作。经营和管理是一个统一体，统一在企业整个生产经营活动中，是相互联系、相互制约、相互依存统一体的两个组成部分，但两者又是有区别的。经营的重点是经济效益，而管理的重点是讲求效率。经营主要解决企业的生产方向和企业目标等根本性问题，偏重于宏观决策；而管理主要是在经营目标已定的前提下，如何组织和以怎样的效率实现的问题，偏重于微观调控。

一、经营管理的职能

鸭场经营管理的具体职能既包括由劳动社会化产生的属于合理组织社会化大生产的职能，又包括由这一劳动过程的社会性质所决定的属于维护生产关系方面的职能。具体有 7 个方面，即计划、组织、领导、控制、协调、激励和创新。

① 计划是通过调查研究，在预测未来和方案优选的基础上，确定目标及安排实现这些目标措施的过程。计划最重要的和最基本的作用在于使员工了解他们所要求的目标和应完成的任务，以及实现目标过程中应遵循的指导原则。计划是企业管理的首要职能，鸭场计划主要包括鸭场人事计划、鸭场市场销售计划、鸭场生产计划和鸭场财务计划等。

② 组织是将管理系统的各要素、各部门在空间和时间的联系合理地组织起来，形成有机整体的活动。

③ 领导是管理系统内的负责人员，按照组织体系进行调整，调解各部门之间的联系，并对企业员工施加影响，使企业员工为部门和企业的目标做出贡献。领导的原则有：目标协调一致原则、激励原则、领导原则、信息沟通的明确性原则、信息沟通的完整性原则、补充使用非正式组织原则。

④ 控制是在检查管理系统实际运行情况的基础上，将实际运行与计划进行比较，找出差异，分析产生差异的原因，并采取措施纠正差异的过程。控制与计划密切相关，控制要以计划为依据，而计划要靠控制来保证实现预期目标。

⑤ 协调是处理好生产经营活动中各方面的关系，解决它们之间出现的矛盾和分歧，以达到协调一致，实现共同目标。协调可分为鸭场内部协调、对外协调、纵向协调和横向协调，管理协调就是正确处理人与人、人与组织及组织与组织之间的关系。

⑥ 激励是激发人的动机和诱导人的行为，使其发挥内在潜力，为追求欲实现目标而努力的过程，激励是管理的重要手段。特别是现

代管理，强调以人为中心，如何充分开发和利用人力资源，如何调动企业职工的积极性、主动性和创造性，这是至关重要的一个问题。这就要求激励者必须学会在不同的情境采用不同的激励方法，对具有不同需要的职工进行有效的激励形成机制，表现为个人需求和它所引起的行为，以及这种行为所期望实现的目标之间相互作用关系。

⑦ 创新是指事物内部新的进步因素通过矛盾斗争战胜旧的落后因素，从而推动事物向前发展的过程，创新是一切事物向前发展的根本动力。在鸭场管理活动中，创新是创造和革新的合称，创造是指新构想、新观念的产生，革新则是指新观念、新构想的运用。从这个意义上讲，创造是革新的前导，革新是创造的继续，创造与革新的整个过程及其成果就表现为创新。

二、经营与管理的关系

经营与管理作为鸭场的两个基本支撑点，经营是主导，管理服从于经营的需要。如果说经营是鸭场的经济基础，那么管理则是鸭场的上层建筑，如果经营是鸭场的生产力，那么管理是鸭场的生产关系，鸭场必须结合自身特点，根据经营的需要来建立完整的管理体系。

1. 经营是企业生存之本

管理的核心是经营，经营的核心是决策，决策的核心是创新。鸭场是从事商品生产或流通的基本要素，鸭场的生存与发展要求必须先了解市场需求的变化，根据市场的需求变化和政策的有关规定来组织生产和流通，将生产与需求结合为一体，将鸭场自身的发展与外部环境结合起来。因此，经营是生产者与消费者的桥梁和纽带，是鸭场经济活动过程中的中心环节，它借助于物质、技术、设备、人际关系和资金，组织商品所有权的转移和商品实体运动，从而也是跟市场、盈利紧密联系的概念。经营包含商品经营、资产经营和资本经营三个层次：商品经营的对象是商品，这是经营的最基本层次，它包括市场预测、产品开发、生产资源组织、销售、售后服务等环节；资产经营是对鸭场各生产要素不断进行优化组合，使之更协调，更能获得最大产出。鸭场经营者必须把主要精力投入市场上来，认真研究鸭场在市场上的定位，准确把握市场信息，并进行相应的决策，才有可能保证鸭场的基本生存。

2. 管理是鸭场发展的内在基础

经营是鸭场生存的根本，那么管理即是鸭场发展的内在基础，也是实现鸭场经营目标的一种基本手段。管理的具体对象是鸭场内部的人员、物质、设备和资金等要素，以及这些要素结合起来而形成的运动过程。因此，鸭场管理主要是协调鸭场系统内各种生产要素的有序运转，即对鸭场的人力、物力、财力、技术、资金、时间的相互协调配置进行系统规划、组织、指挥和控制。在鸭场系统中，人才是鸭场的主体。在管理过程中，必须贯彻"以人为本"的管理思想，激发员工的智力潜质和丰富的创造力，使员工在鸭场中有主人翁的责任感、自我实现的自豪感、自觉拼搏的内在驱动力，这就是鸭场管理的核心。

3. 经营与管理紧密联系

管理是鸭场发展的基础条件，但并不是鸭场生存的保证条件。鸭场唯有对外搞好经营，对内加强管理，才能适应市场，并进而开拓市场，在市场中获得生存与发展的机会。首先，在鸭场经营管理理念上，必须树立全新的经营思想和管理观念，把知识的开发应用作为鸭场经营管理的重点，注重经营管理方式的创新，在鸭场管理层面上必须突破传统的管理模式，向集约化、智能化和规模化方向发展。其次，以市场经营为导向，加强鸭场内部管理，努力实现经营和管理的相互促进，用经营的目标来督促管理水平的提高，通过管理水平的提高推动经营向更高的目标迈进。

第二节　市场调查和预测

市场调查和预测是指为了形成特定的市场营销决策，采用科学的方法和客观的态度，对市场营销有关问题所需的信息，进行系统的收集、记录、整理和分析，以了解市场活动现状和预测未来发展趋势的一系列活动过程。市场调查是市场预测的基础，而市场预测又是市场调查的延续和提升。通过市场调查分析，得到的结论为市场预测目标框定了一个较为科学、可信度高的坐标。市场调查获得的大量信息资料正是市场预测的资料来源，这些资料为市场预测活动提供了大量历史数据和现实资料，有助于获得比较准确的预测成果。市场预测的许多方法正是在市场调查方法的基础上借鉴、发展而形成的。市场预测的结论正确与否，最终还要由市场发展的实践来检验，而市场的发展又会催生新的市场调查活动。市场调查与预测研究的侧重点不同，实施的过程和方法也不完全相同，所形成的成果也不同。科学的市场预测建立在市场调查的基础上，市场调查为市场预测划定了科学的坐标，提供了数据的支持，市场调查方法的发展为市场预测提供了可靠的技术支撑，市场调查分析为市场预测结论的修订提供了借鉴。市场调查是了解市场状况的起点，也是市场预测、利用市场机会的出发点，科学的市场预测一定是建立在周密的市场调查基础之上。

随着市场经济的深入发展，竞争日趋激烈，市场变得更加复杂、变幻莫测，当企业在面对复杂多变、千头万绪的市场问题，不知从何处着手去解决时，只有将市场预测建立在市场调查的基础之上，才能做出科学合理的经营决策，从而将经营风险降到最低，也才能对企业经营管理发挥重大作用。

一、市场调查方法

1. 市场调查的意义

市场调查又称为市场调研、市场研究、营销调研等，是指个人或组织为某一个特定的营销决策问题而进行收集、记录、整理、分析、研究市场的各种状况及其影响因素，并以此得出结论的系统活动过程。

市场调查的原则是遵循科学性与客观性。调研人员自始至终应坚持科学的态度去寻求反映事物真实状态的各种信息。市场调查的客观性强调了采用科学的方法去设计方案、采集数据和分析数据，从中提取有效的、相关的及有代表性的信息资料。

（1）市场调查可为鸭企业的生产与销售提供可靠的信息资料 鸭（活禽）及其衍生出来的产品存在养殖时间周期性和不易保存性，生产出来之后必须及时销售出去，否则造成积压，容易引起损失，也不利于资金的周转。如果鸭企业了解市场的现实需求及其变化趋势，就知道应当生产什么、生产多少来满足市场的需要，生产的产品也就能适销对路，从而可减少因产品积压造成的损失。

（2）市场调查是鸭企业经营预测和决策的基础 通过市场调查，取得市场活动的情报和变化信息，鸭企业领导者就能根据这些现实情报结合历史资料，分析研究市场需求的发展趋势，并预测未来，制订出正确的行动方案和经营计划，有效地组织生产经营。

（3）市场调查可为鸭企业新产品的开发提供客观依据 企业通过调查、了解市场对鸭产品需求的变化和掌握潜在的需求动向，预测出新产品开发的价值，可为开发新产品提供可行性论证的客观资料。

2. 市场调查的内容

市场调查的内容十分广泛，凡是影响到市场营销的各种因素，都可作为市场调查的因素。

从企业的角度来说，调查的重点应放在从业人员、消费者、市场需求和竞争者等几个方面。

（1）市场政治环境调查 市场政治环境主要是指国家各项政策、方针、法规等对市场活动的影响。对它的调查主要是了解国家有关政策、方针和法规的具体内容。

（2）市场从业人员方面的调查 行业从业人员主要有鸭企业的管理者、技术人员、销售人员、消费者、产品营销人员或经纪人、鸭产品加工企业人员等。这些调查对象对鸭产品的生产和销售具有较为丰富的实践经验和值得总结的教训，他们对市场有着较为深刻的理解，调查者能从中得到最为广泛、客观、有价值的信息，对调查工作可起到事半功倍的效果。

（3）消费者需求方面的调查 顾客的需求应该是企业一切活动的出发点，因而调查消费者或用户的需求，就成为鸭企业市场调查的重点内容。这方面内容主要包括消费对象的人口规模及人口结构、购买力水平及购买规律、消费结构及变化趋势、购买动机及购买行为、购买习惯及潜在需求、对产品的改进意见等。

（4）市场流通渠道的调查　鸭产品流通渠道是指鸭产品从生产者手中转移到消费者手中的途径和过程。具体形式主要有：①生产者→代理商→批发企业→零售企业→消费者；②生产者→批发企业→零售企业→消费者；③生产者→零售企业→消费者；④生产者→消费者。

（5）竞争者的调查　随着市场竞争的日趋激烈，对竞争者的调查了解也越来越重要。竞争者的调查可包括竞争者数量及其分布、竞争者的市场营销能力、竞争产品特性及其市场占有率、竞争者的优势与弱点、竞争者的营销组合策略、竞争者的营销战略及其效果、竞争的发展优势等。

3. 市场调查的步骤

科学的市场调查必须按照一定的步骤进行，保证市场调查的顺利进行和达到预期的目的。市场调查的步骤大致分为四个阶段。

（1）市场调查准备阶段　市场调查准备阶段是市场调查的决策、设计、筹划阶段，也是整个调查的起点。这个阶段的具体工作有三项，即确定调查任务、设计调查方案、组建调查队伍。合理确定调查任务是搞好市场调查的首要前提，科学设计调查方案是保证市场调查取得成功的关键，认真组建调查队伍是顺利完成调查任务的基本保证。

（2）市场调查搜集资料阶段　搜集资料阶段的主要任务是采取各种调查方法，搜集市场资料。搜集资料阶段是市场调查者与被调查者进行接触的阶段，为了能够较好地控制和掌握工作进程，顺利完成调查任务，调查者必须做好有关方面的协调工作：要依靠被调查单位或地区的有关部门和各级组织，争取支持和帮助；要密切结合被调查者的特点，争取他们的理解和合作。在市场调查搜集资料阶段，要使每个调查人员按照统一要求，顺利完成搜集资料的任务。在整个市场调查工作中，搜集资料阶段是唯一的现场实施阶段，是取得市场第一手资料的关键阶段，因此要求组织者集中精力做好内外部协调工作，力求以最少的人力、最短的时间、最好的质量完成搜集资料的任务。市场调查搜集的资料必须真实准确、全面系统，否则准备阶段的工作和研究阶段的工作都失去了意义。

（3）市场调查研究阶段　这一阶段的主要任务是对市场调查搜集资料阶段取得的资料进行鉴别与整理，并对整理后的市场资料做统计分析和开展理论研究。市场调查研究阶段是出成果的阶段，是深化和提高的阶段，是从感性认识向理性认识飞跃的阶段。此阶段，调查队伍中的研究人员工作特别复杂繁重。市场调查成果水平的高低，根本上取决于搜集资料阶段的资料是否准确、真实、全面、系统，在很大程度上则取决于研究阶段工作的水平、质量和科学性。

（4）市场调查总结阶段　总结阶段是市场调查的最后阶段，主要任务是撰写市场调查报告，总结调查工作，评估调查结果。调查报告是市场调查研究成果的集中体现，是对市场调查工作最集中的总结，而撰写调查报告是市场调查的重要环节，必须使调查报告在理论研究或实际工作中发挥重要作用，此外还应对调查工作的经验教训加以总结。评估调查结果主要是学术成果和应用成果两方面，目的是总结市场调查所取得的成果价值。认真做好总结工作，对于提高市场调查研究的能力和水平，有很重要的作用。在市场调查的实际工作中，市场调查的各阶段是相互联系、有机结合的完整过程。

4. 市场调查的方法

在一般情况下，企业的市场调查以抽样调查为主，而后再根据实际情况具体拟定询问调查、观察调查、实验调查的方法。

（1）询问法　询问法是通过询问的方式收集市场信息，也就是向被调查者提出询问，以获得所需资料的一种方法。按调查者与被调查者之间的接触方式不同，询问法可分走访调查、信访调查、电话调查、留置调查和网络调查等形式，这些形式可以单独使用，也可以综合使用。采用询问法调查时，要做好具体设计，具体设计分设计命题、设计问卷、设计技巧三个方面。以问卷调查为例，设计的调查命题应引起被询问者的广泛兴趣，愿意回答所提出的问题；问卷的问题要单一，易于回答；要注意把简单的、容易回答的问题放在开始，核心问题放在中间，而被询问者的自然情况，如职业、年龄、性别、文化、工资等放在最后，使被调查者不受拘束，愿意回答问题。

（2）观察法　观察法可分为到生产现场观察、到销售现场观察、到使用现场观察和到家庭现场观察等。观察法还可分为直接观察和间接观察等。在观察过程中，调查对象不知道自己在被调查，行动一如既往，毫无掩饰成分，所以观察结果准确客观。观察法的优点是可根据调查目的，比较客观、正确地收集所需资料。其缺点在于费用较大，并且只限于观察人的外部行为，而对说明行为背后的动机则无能为力，如观察法并不能解释消费者的购买动机、计划与意见。在观察的同时，应结合询问法进一步了解、收集系统资料。

（3）实验法　实验法就是向市场投放部分产品进行试销，并观察消费者的反应，了解产品质量、品种、规格是否对路，价格是否合理。实验法还可以细分为包装实验法、价格实验法、广告实验法等。在具体的实验中，通过改变产品质量、包装、价格、商标、广告诸因素中的一个或两个因素，然后投放到市场中，从中实验改变因素前后销量的变化。如实验商品有包装和无包装销量变化，精装和简装销量变化，整数价格和畸零价格销量变化。此外，调查方法还有统计分析法、分层比例抽样法和典型调查法等。

总之，市场调查工作是企业产品打入市场的基础性工作。做好市场调查工作关系到企业产品的竞争力、企业的经济效益进而关系到企业健康持续地发展。对于一个企业来说，市场调查工作是非常重要的一项基础性工作，必须做好、做细。

二、市场预测方法

市场预测是指在对影响市场供求变化诸因素进行调查研究的基础上，运用科学的方法，对未来市场商品供应和需求的发展趋势以及有关各种因素的变化，进行分析、估计和判断。预测的目的在于最大限度地减少不确定性对预测对象的影响，为科学决策提供依据。

市场预测方法有很多，但可以归纳为定性预测和定量预测两大类。

1. 定性预测

依靠预测者的专门知识和经验，来分析判断事物未来发展的趋势，称为定性预测。它要求在充分利用已知信息的基础上，发挥预测者的主观判断力。定性预测适合预测那些模糊的、无法计算的社会经济现象，并通常以预测者集体来进行。

定性预测方法，可以分为主观估计法和技术分析法两类。主观估计法包括经验判断法、专家意见法和主观概率法等。技术分析法包括德尔菲法、历史类推法、形态分析法和系统分析法等。

（1）专家意见法　它是充分发挥专家们的学识、经验和判断力，并按规定的工作程序来进行的预测方法。其特色在于：整个预测过程是背靠背进行的，即任何专家之间都不发生直接联系，一切活动都由工作人员与专家单独打交道来进行，从而使预测具有很强的独立性和较高的准确性。经过几轮征询，使专家小组的预测意见趋于集中，最后作出符合市场未来发展趋势的预测结论。

（2）主观概率法　主观概率是人们根据自身的经验和知识对某一事件可能发生程度的一个主观估计，反映个人对某个事件的信念程度，因而是一种主观概率。由于每个人的认知能力不同，对同一事件在同一条件下出现的概率，不同的人可能提出不同的主观概率，并且主观概率是否正确也无法核对。正因为存在着不同个人的主观概率及无法核对主观概率的准确程度，就有必要寻求合理的或最佳的估计概率。因此，在预测中，常要调查较多人的主观估计判断，并了解他们提出的主观概率的依据。

（3）经验判断法　经验判断法又名意见法，其特点是以企业领导层和基层业务人员的经验和判断为基础，经过综合分析，以判断未来的市场情况。此法的优点是：在短时间内能集中有关人员的意见迅速作出判断，因而简单易行。这种方法在缺乏预测资料时特别有用，如果决策者有较丰富的经验和分析判断能力，并且对各方面的情况比较熟悉，就可以得到较好的预测结果。此法的缺点是主观意志较多，客观数据和资料不足，容易产生偏差。

2. 定量预测

定量预测是指在数据资料充分的基础上，运用数学方法结合电脑技术，对事物未来的发展趋势进行数量方面的估计与推测。定量预测方法有两个明显的特点：一是依靠实际观察数据，重视数据的作用和定量分析；二是建立数学模型作为定量预测的工具。随着统计方法、数学模型、电脑技术和大数据的完善，定量预测的运用会越来越大。定量预测方法的运用，要求有充分的历史资料；影响预测对象发展变化的因素相对稳定；能在预测对象的某一指标与其他相关指标的联系中找出规律性，并能以此作为依据建立数学模型。在实际工作中，由于社会经济现象错综复杂，不可能把所有变化因素都纳入数学模型，有些数据难以取得或取得数据成本过高，使定量预测方法的运用存在一定的局限性。

第三节　鸭场经济核算

鸭场经济核算包括生产经营全过程的核算，主要是生产消耗的核算、生产成果的核算、资金的核算和利润的核算。各项核算内容通过一系列技术经济指标来体现。它是任何生产过程中的共同要求，在国家的宏观指导和赋予经营权的条件下，以最少的劳动消耗，占用最少的资金，生产更多更好的产品，以销售收入抵偿支出并实现赢利，争取最大的经济效益。鸭场生产社会化程度越高，这种核算越重要。

一、鸭场记录管理

鸭场记录反映了鸭场生产经营活动的状况，完善的记录可将整个鸭场的动态与静态记录无遗。管理者和饲养者通过记录不仅可以了解现阶段鸭场的生产经营状况，而且可以了解过去鸭场的生产经营情况，有利于对比分析和进行正确的预测和决策。

鸭场记录是经济核算的基础。详细的鸭场记录包括了各种消耗、鸭群的周转及死亡淘汰等变动情况、产品的产出和销售情况、财务的支出和收入情况以及饲养管理情况等，这些都是进行经济核算的基本材料。

鸭场记录是提高管理水平和效益的保证。通过详细的鸭场记录，并对记录进行整理、分析和必要的计算，可以不断发现生产和管理中的问题，并采取有效的措施来解决和改善，不断提高管理水平和经济效益。

二、鸭场资产核算

资产核算是指对企业拥有或者控制的能用货币计量经济资源的核算。资产核算主要为流动资产的核算、长期投资的核算、固定资产的核算、无形资产的核算、递延资产的核算和其他资产的核算。

1. 流动资产的核算

流动资产的核算是指对企业流动资产进行记录、计算、对比、分析、检查等工作的总称。主要内容包括：各类流动资产的分类计价，反映流动资产的数额；确定企业合理的流动资产定额、编制，执行流动资产使用计划，以及现金管理和结算记录；材料物资的采购、验收、领发、保管、使用等制度的建立和执行、定期清查；对产品正确分类、验质检量，及时销售和资金回笼，提高流动资产的使用效果。具体来说，流动资产有以下内容：货币资产、结算资金、存货。

（1）流动资产核算方法

① 货币资产核算：它主要包括库存现金、银行存款和其他货币资产。a.库存现金是指企业手持的货币。企业应遵守国家关于库存现金核定限额的规定，超过限额及时送存银行。b.银行存款是指企业存在银行的各种存款数。企业通过开户银行可办理经济往来的转账结算或按规定提取现金。c.其他货币资金，主要包括外埠存款、银行汇票存款、信用卡存款和在途货币资金等，以实际资金数计价。

② 结算资金核算：主要包括应收票据、应收账款和预付货款等。应收票据，一般是指商业汇票；应收账款，是指企业因销售商品或劳务应收回的账款，按买卖双方在成交时交换价格计算；预付货款，是指企业按购货合同规定预付给供方的贷款，按实际付款数核算。

③ 存货核算：存货是指企业在生产经营过程中为销售、生产或消耗而储存的各种原料及辅助材料（饲料、兽药等）、低值易耗品、雏鸭和成年鸭等存货资产。按其形态可分为储备资产、生产中资产和商品资产，一般以实际成本计算其价值。

除上述货币资产、结算资金、存货外，还有待摊费用等。企业流动资产总值即货币资产、结算资金、存货和待摊费用等的总和。

（2）流动资产核算指标

① 流动资产平均占用额：即一定时期流动资产余额的平均数。

② 流动资产周转速度：即一定时期内周转的快慢程度。它反映了流动资金利用率的经济指标。

2. 固定资产的核算

（1）固定资产的概念和特点　固定资产是指企业为生产产品、提供劳务、出租或者经营管理而持有的、使用时间超过 12 个月的，价值达到一定标准的非货币性资产，包括房屋、建筑物、机器、机械、运输工具以及其他与生产经营活动有关的设备、器具等，并在使用过程中保持原有物质形态的资产。

（2）固定资产的核算　固定资产的核算就是指对企业固定资产进行记录、计算、对比、分析、检查等工作的总称。其主要内容有：

① 设立固定资产账户，并对其进行合理分类和计价。

② 正确计算固定资产折旧，根据资本金保全的原则，在固定资产变价收入扣除清理费用后的净收入与账面净值的差额，以及固定资产盘盈、盘亏、毁损的净收益乘净损失，计入当期损益。

③ 加强固定资产管理、使用、保管、保养、维护、清查等制度，确保固定资产的合理使用，提高利用率、延长使用年限。

另外还有无形资产、递延资产和其他资产的核算。

三、鸭场成本核算

在鸭场的财务管理中成本核算是财务活动的基础和核心。只有了解产品的成本，才能算出鸭场的盈亏和效益的高低。

1. 成本核算的基础工作

① 建立健全各项财务制度和手续。

② 建立鸭群变动日报制度，包括饲养鸭群的日龄、存活数、死亡数、淘汰数、转出数及产量等。

③ 按各成本对象合理分配各种物料的消耗及各种费用，并由主管人员审核。材料数字要准确，认真整理清楚，这是计算成本的主要

依据。

2. 成本核算的对象和方法

（1）成本核算的对象　每个种蛋、每只雏鸭、每只育成鸭、每千克鸭蛋、每只出栏肉鸭。

（2）成本核算的方法

① 每个种蛋成本核算：每只入舍母鸭（种鸭）自入舍至淘汰期间的所有费用加在一起，即为每只种鸭饲养全期的生产费用，扣除种鸭残值和非种蛋收入除以出售种蛋数，即为每个种蛋的成本。核算公式：每个种蛋成本＝［种鸭生产费用－（种鸭残值＋非种蛋收入）］/ 出售种蛋数。公式中种鸭生产费用包括种鸭育成费用及饲料、人工、房舍与设备折旧、水电费、药品费、管理费、低值易耗品等。

② 每只雏鸭成本核算：种蛋费加上孵化生产费用扣除未受精蛋及公雏收入除以出售雏鸭数，即为每只雏鸭的成本。核算公式：每只雏鸭成本＝［种蛋费＋孵化生产费用－（未受精蛋＋公雏收入）］/ 出售雏鸭数。公式中孵化生产费用包括种蛋成本、人工、房舍与设备折旧、水电费、药品费、管理费、低值易耗品、雏鸭运费和销售费用。

③ 每只育成鸭成本核算：每只雏鸭加上育成期其他生产费用，再加上死淘均摊耗损，即为每只育成鸭成本。育成鸭的生产费用包括雏鸭费用、饲料、人工、房舍与设备折旧、水电费、药品费、管理费、低值易耗品等。

④ 每千克鸭蛋成本核算：每只入舍母鸭自入舍至淘汰期间的所有费用加在一起即为每只母鸭饲养全期的生产费用，扣除鸭蛋残值后除以入舍母鸭总产蛋量（千克），即为每千克鸭蛋成本。核算公式：每千克鸭蛋成本＝（鸭蛋生产费用－鸭蛋残值）/ 入舍母鸭总产蛋量（千克）。公式中鸭蛋生产费用包括育成鸭费用、饲料、人工、房舍与设备折旧、水电费、药品费、管理费、低值易耗品等。

⑤ 每只出栏肉鸭成本核算：每只雏鸭加上饲养全期其他生产费用，再加上死淘均摊损耗，即为每只出栏肉鸭成本。肉鸭生产费用包括雏鸭费用、饲料、人工、房舍与设备折旧、水电费、药品费、管理费、低值易耗品等。

四、鸭场利润核算

利润是指企业在一定时期的经营成果。利润包括收入减去费用后的净额、直接计入当期利润的利得和损失等。

1. 产值利润及产值利润率

产值利润是产品产值减去可变成本和固定成本后的余额。产值利润率是一定时期内总利润额与产品产值之比。

$$产值利润率 = 总利润额 / 产品产值 \times 100\%$$

2. 销售利润及销售利润率

$$销售利润 = 销售收入 - 生产成本 - 销售费用 - 税金$$
$$销售利润率 = 产品销售利润 / 产品销售收入 \times 100\%$$

3. 营业利润及营业利润率

$$营业利润 = 产品销售利润 - 推销费用 - 推销管理费$$
$$营业利润率 = 营业利润 / 产品销售收入 \times 100\%$$

公式中的推销费用包括接待费、推销人员工资及差旅费、广告宣传费等。利润反映了生产与流通合计所得的利润。

4. 经营利润及经营利润率

$$经营利润 = 营业利润 \pm 营业外损益$$
$$经营利润率 = 经营利润 / 产品销售收入 \times 100\%$$

公式中营业外损益指与企业的生产活动没有直接联系的各种收入或支出,如罚金、由于汇率变化影响到的收入或支出、企业内事故损失、积压物资削价损失等。

5. 资金周转率

养鸭生产是以流动资金购入饲料、雏鸭、药品、燃料等,在人的作用下转化成鸭产品,通过销售又回收了资金,这个过程叫资金周转。利润就是资金周转一次或使用一次的结果。既然资金在周转中获得利润,那么周转越快、次数越多,企业获利就越多。资金周转的衡量指标是一定时期内流动资金周转率。

$$资金周转率(年) = 年销售总额 / 年流动资金总额 \times 100\%$$

企业销售利润和资金周转共同影响资金利润高低。

$$资金利润率 = 资金周转率 \times 销售利润率$$

五、实例

1. 蛋鸭的饲养利润

本例以半开放式棚舍饲养 5000 羽蛋鸭为例，饲养周期为 500 天。

（1）投资预算

① 场地成本：5000 羽蛋鸭，需要 1000 平方米养殖棚舍，棚舍造价为 70 元 / 平方米，运动场及活动水面需 2000 平方米，造价为 30 元 / 平方米，使用年限为 10 年，每批次（按 500 天计算）鸭舍成本为 1000 平方米 × 70 元 / 平方米 +2000 平方米 × 30 元 / 平方米 = 130000 元，每批次折旧成本为 130000 元 × 500 天 /365 天 =17800 元

② 鸭苗成本：3.5 元 / 羽 × 5000 羽 =17500 元

③ 青年鸭（约 135 天）培育成本：15 元 / 羽 × 5000 羽 =75000 元

④ 饲料成本：0.16 千克 /（天·羽）× 2.8 元 / 千克 × 365 天 × 5000 羽 =817600 元

⑤ 水电成本：0.3 元 / 羽 × 5000 羽 =1500 元

⑥ 疫苗和药品成本：2 元 / 羽 × 5000 羽 =10000 元

总计成本：17800 元 +17500 元 +75000 元 +817600 元 +10000 元 + 1500 元 =939400 元

（2）产出预算

① 蛋鸭饲养 500 天，每羽蛋鸭可以产蛋 290 枚计算，每枚鸭蛋平均重量为 70 克，每千克鸭蛋按 10 元计算，则产值为：290 枚 × 70 克 / 枚 × 10 元 / 千克 /1000=203 元。5000 羽蛋鸭总计：203 元 / 羽 × 5000 羽 =1015000 元

② 淘汰蛋鸭按 14 元 / 千克计算，每羽淘汰蛋鸭大概 1.5 千克，则产值为 14 元 / 千克 × 1.5 千克 =21 元。5000 羽蛋鸭总计 21 元 / 羽 × 5000 羽 =105000 元

总计产出：1015000 元 +105000 元 =1120000 元

（3）利润核算　纯利润：1120000 元 -939400 元 =180600 元。因此 5000 羽蛋鸭饲养 500 天，收益大约 180600 元。

2. 肉鸭的饲养利润

本例以 2020 年福建省某企业 1000 平方米钢构养殖棚舍，发酵床养殖中型番鸭为例，每批次养殖时间 75 天，一年养殖 4 批次，每批次 6000 羽。

（1）投资预算

① 场地成本：1000 平方米钢构养殖棚、喂料系统、通风设备、饮水系统和翻耙设备，总计造价约 150000 元，折旧成本每年约15000 元，发酵床垫料成本约 20000 元。

② 鸭苗成本：3 元 / 羽 ×6000 羽 ×4=72000 元

③ 饲料成本：0.15 千克 /（天·羽）×2.8 元 / 千克 ×75 天 ×6000羽 ×4=756000 元

④ 水、电、油成本：0.2 元 / 羽 ×6000 羽 ×4=4800 元

⑤ 疫苗和药品成本：0.8 元 / 羽 ×6000 羽 ×4=19200 元

总计成本：15000 元 +20000 元 +72000 元 +756000 元 +4800 元 +19200 元 =887000 元

（2）产出预算

① 75 天的中型番鸭平均体重 2.5 千克，每千克收购价 16 元，全年番鸭产值为 2.5 千克 ×16 元 / 千克 ×6000×4=960000 元。

② 垫料经过 1 年发酵，可以当作有机肥出售，大约可售卖 25000 元。

总计产出：960000 元 +25000 元 =985000 元

（3）利润核算　纯利润：985000 元 –887000 元 =98000 元，因此1000 平方米钢构养殖棚舍采用发酵床养殖中型番鸭年收益大约 98000 元。

第四节
提高鸭场经营效果措施

一、生产适销对路的产品

产品适销对路，才能在满足消费者需要的基础上扩大产品销售，

减少积压，加快资金周转，并降低商品流通费用。同时产品适销对路，才能更快实现商品的价值，即使用价值。要使产品适销对路，必须搞好市场调查和准确的市场预测。由于市场需求和竞争形势的变化，产品组合中的每个项目，必然会发生分化，企业需要经常分析产品组合中的各个项目，或产品线销售增长方面的潜力或发展趋势，以确定企业资金的运用方向，做出开发新产品和剔除衰退产品的决策，以调整产品组合。企业根据市场环境和资源条件变动的前提，适时增加应开发的新产品和淘汰退出的衰退产品，从而随着时间的推移仍然能取得最大利润的产品组合。如果不了解市场需求，生产出的产品客户必然不接受；不了解用户现实和潜在的需要以及市场行情优劣就盲目生产，会造成商品大量积压、资金周转不灵、费用大幅度上升、社会需求也得不到满足。因此，要提高企业经营效益，首先就要搞好市场调查与预测，而后在此基础上组织生产适销对路的产品。

二、提高资金的利用效率

资金是企业的"血液"，资金利用率的高低是衡量企业经营管理水平和经济效益的重要指标。在生产经营过程中，企业要合理地运用资金，实现其价值增值。要加快资金周转速度，让有限的资金发挥更大的效用。企业资金包括固定资产、流动资产和专用基金。这三种资金各有不同的特点，需要采取不同的方法进行管理。要根据企业业务活动特点，使企业的资金科学分布于生产过程的各个阶段，并顺畅地进行周转；要科学运用人力、物力，不断降低成本费用，增加收入，减少资金消耗；要采取科学方法，正确评价资金利用效果，不断改进工作，利用有限的资金尽可能取得大的经济效益。

提高资金的利用效率还必须加强资金使用的计划管理和考核。流动资金是供企业经常周转用的资金。因此，要在保证生产需要的前提下，精打细算，节约使用资金；随时结清贷款，减少不合理的资金占压，以提高流动资金利用效率。固定资金是固定资产的货币形式。固定资产作为主要劳动资料，在生产经营中能长时期地发挥作用，并保持其原有的实物形态。对于固定资产的管理，一是要建立健全固定资产的管理制度，配备专门机构或专门负责固定资产的购置、登记、保管和养护。二是要严格按照上级批准的项目和标准建造或购买固定资产,拒绝超标准或无计划购置。三是要采取各种技术措施,提高固定资产的利用程度。专用基金是企业基本业务以外的各种从特定来源形成并具有专门用途的资金,它不参加基本业务的资金周转,具有独特的资金运转形式,企业必须搞好专用基金的管理。坚持专款专用原则,要划清经营资金和专项资金的界限,划清各种专项资金之间的界限,保证各项专门用途的需要,有步骤地去解决生产经营和生活中的问题。四是要严格按国家规定建立各种专项资金。

三、提高劳动生产率

劳动生产率是指劳动者在一定时期内创造的劳动成果与其相适应的劳动消耗量的比值。单位时间内生产的产品数量越多,劳动生产率就越高;也可以用生产单位产品所耗费的劳动时间来表示,生产单位产品所需要的劳动时间越少,劳动生产率就越高。鸭场提高劳动生产率,能够增加自身利润,增加较大的市场份额,在市场中处于有利地位。

1. 提高职工素质

鸭场劳动生产率的提高依赖于鸭场员工的支撑,从根本上说增强鸭场劳动生产率关键是提高职工的素质,调动其内在积极性。因为人是鸭场最积极、最能动的因素,提高企业劳动生产率的种种措施都是由职工执行的。提高职工素质:一是要坚持全面考核择优录用的基本原则;二是要重视智力投资,加强岗位技能培训;三是要加强日常的思想教育;四是要关心职工物质和精神生活;五是可通过落实各项鸭场管理措施,增强职工的责任感;六是通过落实岗位职责等制度,让职工养成良好的工作习惯,人人有压力,人人有动力。

2. 大力促进科技创新

科技创新是提升鸭场劳动生产率、促进鸭产业提质增效的必要条件。没有现代科学技术,就不可能有现代化的鸭产业。据统计,各种科技因素在提高饲料报酬中所占的比重如下:改进饲料品质约占40%,改进饲养方法约占26%,培育畜禽良种约占15%,提高畜禽健康水平占 10％。企业应在饲料开发技术、改良鸭品种、鸭疾病防治以及鸭产品加工、保鲜、贮运等环节上加大科技创新，使科技成果迅速在生产中得到普及推广和应用，走高产、优质、低成本的科学养鸭道路。

以云计算、大数据及物联网为代表的现代信息技术能够与鸭生产、管理、经营与服务的各环节有效结合，促成鸭产业经济发展实现质的飞跃。其中，基于物联网技术，能够有效获取鸭生产现场的各项参数，并将参数上传至处理层管理系统中，通过数据的汇总和转换，精准控制鸭场设施的开启和关闭，实现远程操作。同时，数字化管理模式能够针对鸭的生长与营养状况精准调节养分，并对养殖信息进行记录与追溯，提升鸭产业生产效率，促进鸭产业现代化的可行之路。

3. 壮大鸭企规模

在投入产出管理方面，大型鸭企以其自身的规模、资金、技术、人才优势，能够实现投入产出高效化，提高企业开拓市场的能力。在鸭企壮大过程中，能够有效促进农业研发、生产、加工、物流、服务的有机融合。在推广鸭生产适度经营的过程中，能充分发挥企业连接农业合作社、家庭农场、农业生产性服务业的纽带作用，形成完善的产业集群体系，这对于劳动生产率的提升具有重要意义。

四、提高产品产量

产品产量完成情况是鸭企经济活动中的一个主要组成部分，具有重要意义。因为产品产量不但是企业的主要指标，而且和原材料消耗、劳动生产率、成本、利润等经济指标都有密切的关系。产品产量完成情况如何，对鸭企的生产经营成果有直接的影响。

1. 选择优良品种

优良的鸭品种在增产中占有十分重要的位置。有资料表明，良种在我国农业生产中的贡献率已达 40％以上，随着现代科学技术的不断进步和发展，良种对农业生产的贡献将会越来越大。鸭良种繁育体系的建设是实现鸭业现代化，提高鸭业经济效益和鸭产品产量的关键环节。通过鸭良种繁育体系建设，可以提高鸭品种的生产性能，改善鸭产品质量，真正实现不增加劳动力、饲料，也可提高产品产量。

2. 加强日常管理

加强日常管理能确保鸭健康生长发育，提高机体抵抗力，增强鸭群整体抗病力从而提高鸭产品产量。

（1）加强鸭舍环境的管理　鸭舍是鸭生长的环境，直接影响到鸭病的发生，所以必须加强对鸭舍的日常管理。鸭舍的卫生、环境是导致鸭病产生的关键，传染病、寄生虫病都是由此产生，因此要确保鸭舍环境和卫生能够符合标准。在日常管理中要及时对鸭舍进行清理、打扫、消毒等，每天通风换气，确保舍内空气流通，以避免滋生病菌。在杀毒时要掌握好杀毒剂的搭配和剂量，对食槽和粪尿沟等要进行仔细杀毒。

（2）制定科学合理的饲料管理机制　饲料是鸭获取营养最主要的来源，因此要注重对饲料的管理，制定科学合理的饲料管理机制可增强鸭的抵抗力。在日常饲料的选择上，要结合鸭的身体状况选择合适的饲料，对于饲料质量也要严格把关，在搭配上要科学合理，不能只使用单一的饲料，必要时可在饲料中添加一些营养物质、有机饲料等。此外还要注重鸭的放养管理，鸭在自由活动中极易接触到带细菌或寄生虫的食物，因此在日常放养过程中要选择一个干净广阔的环境，这样不仅便于管理，还能够及时观察鸭的取食情况。

（3）制定科学合理的鸭病防治解决方案　出现鸭病时，要及时找出鸭病的种类，并根据具体情况进行解决。制定科学合理的鸭病防治方案就是为了降低鸭病的发生率，以便在第一时间内解决鸭病造成的危害，避免病情扩大和传染。当鸭在养殖过程中出现传染病时，要及时找出传染源，切断传播途径，还要及时隔离和处理病鸭；如果是寄生虫病，就需要及时对鸭进行消毒和治疗，必要时还要给鸭服用抗菌药物等。

五、降低饲料费用

在肉鸭生产中，饲料费用占到整个养殖成本的 60% ～ 70%。目前，在饲料价格颇高、养殖利润趋薄的形势下，减少饲料浪费，降低生产成本、提高经济效益显得尤为重要。

1. 品种优良化

优良品种的鸭，其生产性能的遗传潜力较高，生长速度快，抗病力强，对饲料的利用率高。同样的日龄，消耗同样多的饲料，其增重比其他品种鸭大得多。

2. 使用全价饲料

全价饲料可以提高饲料报酬，鸭场要充分利用在市场经济条件下饲料厂家间的竞争，购进质优价廉的全价饲料。全价饲料是根据饲养标准，按科学配方配制而成的，能满足鸭的营养需要，饲料转化率高。使用这种饲料，虽然单位数量价格高，但综合经济效益好。

3. 减少饲料浪费

（1）避免加料过多　用料槽喂鸭时，一次饲料加入量不能超过料槽深度的1/3。如果是人工上料，上完后要进行 1～2 次匀料，饲养员要有责任心，如果上料不精心，致使少部分撒落到地面，这样日积月累，不仅浪费饲料，而且容易滋生疫病，影响其生产性能的发挥。

（2）及时出栏　肉鸭生长速度快，饲养周期短，应实行高水平饲养，喂给高能量、高蛋白质饲料，以促进其生长。肉鸭一般在 45 天左右出栏较合适，因为这时肉鸭增重、饲料报酬已达高峰，经济效益最佳。在其 5 日龄后肉鸭增重速度下降，饲料报酬降低。

（3）限制饲喂　种鸭和蛋鸭生产中，对育成鸭要进行限制饲喂，有目的地控制喂量、日粮的能量和蛋白质水平。

（4）料槽的构造　料槽的大小和结构对饲料的浪费影响很大，料槽过小、过浅、无槽，饲料浪费较多；过大、过深则影响采食和发育，因此要根据鸭龄大小，选择适宜的料槽。

（5）改变料形　饲料按形状分为粉料、颗粒料。通过对肉鸭的饲喂试验，结果表明：喂颗粒料不仅适口性好，而且浪费少，饲料效率提高了 8%～10%。

（6）注意补充砂粒　饲料中不含砂粒，如平时不能定期补充砂粒，饲料的消化率将降低 3%～10%。

（7）及时淘汰　病、弱、残和不产蛋的鸭要及时淘汰；公、母鸭比例要适当；应用人工授精，减少公鸭饲养量。

4. 温度的控制

肉鸭的适宜生长温度一般在 12 ~ 24℃，在此温度范围内可有效利用饲料。因此，要尽量创造条件，如冬季搭棚圈养、夏季搭棚遮阴等，以保温和降温来提高饲料报酬。

5. 定期称重

鸭各饲养阶段均有一个相对的体重标准，定期称重对合理利用饲料有重要意义。

6. 供水和水质

鸭在消化饲料、吸收营养成分时需要饮入比饲料多一倍甚至一倍以上的水。供水不足带来的后果是采食和消化率下降；而水的质量达不到卫生标准，将导致腹泻等疾病发生。因此，要求饲养者必须提供充足、清洁、符合卫生要求的饮用水，让鸭多饮快长，降低饲料成本，提高经济效益。

参 考 文 献

[1] 黄勤楼，黄瑜，郑嫩珠. 优质肉鸭健康养殖技术 [M]. 北京：中国农业科学技术出版社，2014.

[2] 刁有祥，陈浩. 彩色图解科学养鸭技术 [M]. 北京：化学工业出版社，2019.

[3] 熊家军，陶双能. 专业户健康高效养殖技术丛书——现代养鸭关键技术精解 [M].2 版. 北京：化学工业出版社，2018.

[4] 刘建钗，张鹤平. 生态高效养鸭实用技术 [M]. 北京：化学工业出版社，2014.

[5] 李玉冰，李桂怜，蔡泽川. 现代养鸭产业技术 [M]. 北京：中国农业大学出版社，2011.

[6] 付兴周. 提高种蛋孵化率的措施 [J]. 黑龙江畜牧兽医，2003，5：22-23.

[7] 费磊. 提高种蛋孵化率的措施 [J]. 西昌学院学报，2009，23（3）：51-55.

[8] 王瑜. 孵化场（车间）孵化效果的检查与分析 [J]. 水禽世界，2015，6：17-19.

[9] 徐琪. 蛋鸭的笼养技术 [J]. 养殖与饲料，2008，11：4-5.

[10] 刘雅丽，李国勤，王德前，等. 夏季控温笼养对不同品系缙云麻鸭生产性能的影响 [J]. 畜牧与兽医，2011，43（3）：34-36.

[11] 陈奕春. 缙云麻鸭蛋鸭笼养技术 [J]. 中国家禽，2007，29（2）：34-35.

[12] 陈奕春，陶争荣. 蛋鸭笼养与平养方式的比较分析 [J]. 中国家禽，2007，29（12）：29-30.

[13] 董瑞兰，于光辉. 蛋鸭笼养的优点及关键技术措施 [J]. 中国家禽，2011，33（12）：46-49.

[14] 夏宗群. 蛋鸭笼养的优点及生产技术 [J]. 江西畜牧兽医杂志，2012，6：27-28.

[15] 郑丽祯，陈晖，檀俊秩，等. 立体笼养蛋鸭生产性能的观察 [J]. 福建畜牧兽医，1999，21（4）：3-4.

[16] 张宝宏，姜红，梁振平. 笼养蛋鸭各时期的饲养管理 [J]. 养殖技术顾问，2012，3：38.

[17] 辛清武. 优质中型肉用鸭的精液特性及人工授精方法研究 [D]. 武汉：华中农业大学，2011.

[18] 陈红萍，林如龙. 不同输精参数对半番鸭生产中人工授精效果的影响 [J]. 中国家禽，2014，36（9）：56-60.

[19] 朱志明，辛清武，缪中纬，等. 不同输精参数对半番鸭受精率的影响 [J]. 福建农业学报，2013，28（10）：953-956.

［20］ 辛清武，李丽，章琳俐，等.不同输精参数对金定鸭受精率的影响研究［J］.中国家禽，2017，39（18）：75-77.

［21］ 辛清武，朱志明，缪中纬，等.鸭人工授精技术研究进展［J］.中国家禽，2012，34（24）：45-49.

［22］ 辛清武.鸭蛋孵化的要点分析［J］.水禽世界，2009，5：18-19.

［23］ 郭玉璞，蒋金书.鸭病［M］.北京：中国农业大学出版社，1988.

［24］ 甘孟侯.中国禽病学［M］.北京：中国农业出版社，1999.

［25］ 黄瑜，苏敬良.鸭病诊治彩色图谱［M］.北京：中国农业大学出版社，2001.

［26］ 陈伯伦.鸭病［M］.北京：中国农业出版社，2008.

［27］ 陆承平.兽医微生物学［M］.4版.北京：中国农业出版社，2009.

［28］ 郭玉璞，王惠民.鸭病防治［M］.4版.北京：金盾出版社，2009.

［29］ Saif Y M.禽病学［M］.12版.苏敬良，高福，索勋译.北京：中国农业出版社，2012.

［30］ 江斌，林琳，吴胜会，等.鸡鸭疾病速诊快治［M］.福州：福建科学技术出版社，2013.

［31］ 苏敬良，黄瑜，胡薛英，等.鸭病学［M］.北京：中国农业大学出版社，2016.

［32］ 傅光华，江斌，程龙飞，等.音视频解说常见鸭鹅病诊断与防治技术［M］.北京：化学工业出版社，2020.

［33］ 陈烈，王继文，黄璜，等.科学养鸭指南［M］.北京：金盾出版社，2009.

［34］ 王松，黄昆鹏，魏刚才，等.生态养鸭实用新技术［M］.郑州：河南科学技术出版社，2017.

［35］ 王永强，闫益波，李月涛，等.蛋鸭标准化规模养殖技术［M］.北京：中国农业科学技术出版社，2013.

［36］ 黄炎坤，王雪华，程保卫.肉鸭健康养殖技术问答［M］.北京：中国科学技术出版社，2018.

［37］ 李尚敏.肉鸭高效养殖新技术［M］.合肥：安徽科学技术出版社，2017.

［38］ 侯水生，刘灵芝.2019年水禽产业现状、未来发展趋势与建议［J］.中国畜牧杂志，2020，56（03）：130-135.

［39］ 刘卫东，赵云焕.畜禽环境控制与牧场设计［M］.郑州：河南科学技术出版社，2012.

［40］ 叶曙光.稻田养殖模式的现状与效益调查［J］.浙江畜牧兽医，2015，40（03）：24-25.

［41］ 刘学涛.孵化厅的细节设计［J］.家禽科学，2011（06）：20-22.

［42］ 王晓峰.国内外现代化肉鸭养殖系统简析［J］.水禽世界，2010（06）：12-14.

［43］ 杨霞.发酵床养鸭和传统地面养鸭生产性能的对比研究［D］.成都：四川农业大学，2017.

［44］ 顾瑶.樱桃谷商品肉鸭不同饲养模式对生产性能等相关指标的影响研究［D］.

南昌：江西农业大学，2013.

［45］ 程伟．肉鸭发酵床养殖模式探讨［J］.湖北畜牧兽医，2019，40（11）：29-30.

［46］ 李昂．肉鸭全程网上养殖技术［J］.水禽世界，2010（04）：7-9.

［47］ 廖晓光，李东生，廖玉英，等．我国肉鸭主要养殖模式及存在的问题［J］.现代农业科技，2015（20）：234-235.

［48］ 郑翠芝．畜禽场设计与环境控制［M］.北京：中国轻工业出版社，2014.

［49］ 陈春叶．农业企业经营管理［M］.重庆：重庆大学出版社，2016.

［50］ 吴坚．农业企业经营与管理［M］.昆明：云南大学出版社，2018.

［51］ 江斌，陈少莺．鸡病鸭病速诊快治［M］.福州：福建科学技术出版社，2018.

［52］ 江斌，吴胜会，林琳，等．畜禽寄生虫病诊治图谱［M］.福州：福建科学技术出版社，2012.

［53］ 李国清．兽医寄生虫学［M］.北京：中国农业出版社，2013.

［54］ 张大丙，李金祥，陈焕春．鸭病图鉴［M］.北京：中国农业科技出版社，2019.

［55］ 黄瑜，苏敬良，王根芳．鸭病诊治技术［M］.福州：福建科学技术出版社，2011.

［56］ 牛绪东，刘建柱．鸭病鉴别诊断图谱与安全用药［M］.北京：机械工业出版社，2020.

［57］ 孙桂芹，强慧勒．新编禽病快速诊治彩色图谱［M］.北京：中国农业出版社，2020.

［58］ 杨宁．家禽生物学［M］.北京：中国农业出版社，2020.